理工系の基礎物理学

町田 光男・三浦 好典　共著

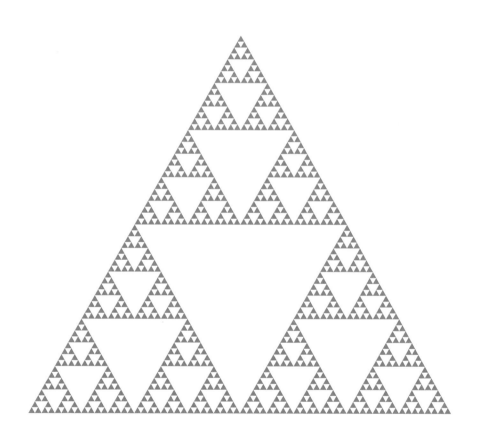

学術図書出版社

はじめに

　この本は物理学を学ぶための入門書であり大学初年の理工系学生を対象に作られたものである．高校での物理を履修していない学生も視野に入れているため，高校物理程度の内容から始めているが，ページが進むにつれ既履修の学生にとっても新しい事柄を多く学べるような内容になっている．

　物理学の基本をなす 5 つの分野，力学 (第 2 章から第 6 章)，熱力学 (第 7 章から第 9 章)，電磁気学 (第 10 章から第 16 章)，振動と波動 (第 17 章と第 18 章)，原子物理学 (第 19 章) をこの本では取り上げる．本文はわかり易く丁寧に述べ，図や挿絵を多く取り入れている．また，数式の導出過程も出来るだけ省略しないように心がけた．各節の終わりには本文の内容の確認や理解の助けとなるように関連した例題とその解答をつけた．学習内容を習得するには多くの問題にあたることも重要であると考え，章末問題とその略解*も加えている．

　力学では物体の直線運動，回転運動，振動運動に関する内容を学ぶ．熱力学では日常生活に身近な熱や温度をあらためて考えることから始めて，熱力学第 1 法則，熱力学第 2 法則の内容を学ぶ．電磁気学の内容は静電磁場，電磁誘導，直流・交流回路である．クーロンの法則，ガウスの法則など様々な電磁気に関する法則を学ぶ．そして，電磁気学で電磁場の概念を学んだ後，電磁場の伝播である光波に関する内容へと進む．ここでは音波を含めた波の基本的な性質について学習する．最後に，光電効果，2 重スリットの実験など量子力学の誕生と構築に深く関わる物理現象を紹介し，ミクロな世界の物理学のごくごく初歩的な内容を学ぶ．

　第 2 章以降では様々な物理量 (長さ，質量，温度，電流など) が扱われ，それらの関係が数式を使って明らかになってゆく．物理量の多くは測定器を使って計測することが可能であり，第 1 章ではそれら物理量の単位と次元について整理し，次章以降の学習の準備とした．

　付録には本文を読むために必要な数学 (ベクトル，関数の微分積分，微分方程式など) の解説を記し，別の本をあらためて参照する必要がないように配慮した．

　講義や自習にこの本の内容が少しでも役立てば有難いことである．

2018 年 12 月

著　者

---

　* 略解は，インターネット上のサポートページ
　　https://www.gakujutsu.co.jp/text/isbn978-4-7806-1050-5/
　　に掲載．

目　　次

1

物理量の単位と次元

1.1 国際単位系

物理量の多くは測定器により計測される．物理量の大きさを数値で表すためには，ある大きさの量を単位として決める必要がある．独立ないくつかの基本量の単位を基本単位として決めれば，他の多くの量の単位は物理学の法則や約束を用いて直接または間接に組み立てることができる．このような単位を組立単位という．こうしてできる基本単位に基づく系統的な単位群を単位系という．国際単位系 (SI 単位系) では，質量，長さ，時間，電流，絶対温度 (熱力学温度)，物質量，光度の 7 つを基本量と定めており，自然界で知られている他の量の単位は基本量の単位 (基本単位) の組立単位で表せる．基本単位の定義は 2019 年に改正され，本書では，光度の定義を除いた 6 つの基本単位の定義を表 1.2 に示す．

表 1.1　SI 単位系の基本単位

物理量	単位
長さ	メートル〔m〕
時間	秒〔s〕
質量	キログラム〔kg〕
電流	アンペア〔A〕
温度	ケルビン〔K〕
物質量	モル〔mol〕
光度	カンデラ〔cd〕

表 1.2　基本単位とその定義

物理量	単位	定義
時間	s	$1\,\mathrm{s}$ は $^{133}\mathrm{Cs}$ (セシウム 133) の摂動を受けない基底状態の超微細構造の周波数 Δf_{Cs} [Hz] とその厳密な数値 9192631770 を用いて設定する．
長さ	m	$1\,\mathrm{m}$ は真空中の光速度 c [m/s] の厳密な数値 299792458 と $1\,\mathrm{s}$ の定義を用いて設定する．
質量	kg	$1\,\mathrm{kg}$ はプランク定数 h $[\mathrm{s}^{-1}\cdot\mathrm{m}^2\cdot\mathrm{kg}]$ の厳密な数値 6.62607015×10^{-34}，$1\,\mathrm{s}$ の定義と $1\,\mathrm{m}$ の定義を用いて設定する．ただし，$\mathrm{s}^{-1}\cdot\mathrm{m}^2\cdot\mathrm{kg}$ は $\mathrm{J}\cdot\mathrm{s}$ である．
電流	A	$1\,\mathrm{A}$ は電気素量 e [C] の厳密な数値 $1.602176634\times10^{-19}$ と $1\,\mathrm{s}$ の定義を用いて設定する．ただし，$\mathrm{C}=\mathrm{A}\cdot\mathrm{s}$ である．
絶対温度	K	$1\,\mathrm{K}$ はボルツマン定数 k_{B} $[\mathrm{s}^{-2}\cdot\mathrm{m}^2\cdot\mathrm{kg}\cdot\mathrm{K}^{-1}]$ の厳密な数値 1.380649×10^{-23}，$1\,\mathrm{s}$ の定義，$1\,\mathrm{m}$ の定義と $1\,\mathrm{kg}$ の定義を用いて設定する．ただし，$\mathrm{s}^{-2}\cdot\mathrm{m}^2\cdot\mathrm{kg}\cdot\mathrm{K}^{-1}$ は $\mathrm{J}\cdot\mathrm{K}^{-1}$ である．
物質量	mol	$1\,\mathrm{mol}$ はアボガドロ数 N_{A} の厳密な数値 6.02214076×10^{23} を用いて設定する．

1.2 組立単位

　独立な基本単位が決まると，他の量の単位は物理学の法則や約束を用いて直接または間接に組み立てることができる．このような単位が組立単位である．たとえば，速さは単位時間に進む距離としているので，その単位は長さの単位と時間の単位から組み立てられた単位 (m/s) ということになる．また，面積は長さの 2 乗 (m^2)，体積は長さの 3 乗 (m^3) で表される組立単位をもつ．表 1.3 に，これ以外の代表的な組立単位を示す．

表 1.3　組立単位の例

物理量	単位の記号	SI 基本単位を用いた表記
速度	-	$\mathrm{m \cdot s^{-1}}$
加速度	-	$\mathrm{m \cdot s^{-2}}$
周波数	Hz (ヘルツ)	$\mathrm{s^{-1}}$
力	N (ニュートン)	$\mathrm{m \cdot kg \cdot s^{-2}}$
圧力	Pa (パスカル)	$\mathrm{m^{-1} \cdot kg \cdot s^{-2}}$
エネルギー	J (ジュール)	$\mathrm{m^2 \cdot kg \cdot s^{-2}}$
電気量	C (クーロン)	$\mathrm{A \cdot s}$
電位	V (ボルト)	$\mathrm{m^2 \cdot kg \cdot s^{-3} \cdot A^{-1}}$
磁束	Wb (ウェーバ)	$\mathrm{m^2 \cdot kg \cdot s^{-2} \cdot A^{-1}}$

　ニュートン〔N〕は組立単位の中で固有の名称をもつ単位の 1 つであり，1 N は基本単位を用いて

$$1\,\mathrm{N} = 1\,\mathrm{kg \cdot m/s^2} \tag{1.1}$$

で与えられる．さらに，これを基に仕事について考える．物理学でいう仕事とは，ある物体に対して**力**を加え，力の方向にその物体が動いたとき，その力 (または物体) は仕事をしたという．そのときの仕事の大きさは，(力の大きさ) と (動いた距離) との積で表す．すなわち，仕事の単位は，仕事 ＝ 力 × 距離によって，力の単位〔N〕× 長さの単位〔m〕＝ 仕事の単位〔N·m〕である．仕事の単位としてジュール〔J〕を用いる．1 J の仕事とは，1 N の力で物体を 1 m だけその力の方向に物体を移動させたときに，力が物体にした仕事である．このことから

$$1\,\mathrm{J} = 1\,\mathrm{N} \times 1\,\mathrm{m} = 1\,\mathrm{N \cdot m} \tag{1.2}$$

が得られる．また，電気の場合には，1 J は 1 W の**電力**が 1 s 間にす

る仕事であるので

$$1\,\mathrm{J} = 1\,\mathrm{W} \times 1\,\mathrm{s} = 1\,\mathrm{W}\cdot\mathrm{s} \qquad (1.3)$$

と表すこともできる.

この他に,補助計量単位がある.これは倍量・基本単位に相当する単位のことで,たとえば長さは m が基本単位であり,mm,cm,km などが補助計量単位である.これは 1/1000,1/100,1000 倍の大きさを表す接頭語と単位を組み合わせて表すもので,接頭語を表1.4 に示す.

天気予報などで気圧を表すのに使われる hPa (ヘクトパスカル),周波数を表すのに使われる MHz (メガヘルツ),原子・分子の世界の長さを表すのに使われる nm (ナノメートル) など,10 のべき乗を表す接頭語が決められている.接頭語の使用に関する規則は次の通りである.

i) 接頭語の記号はローマン体 (立体) を使い接頭語記号と単位記号の間は間隔を空けない.

ii) 接頭語記号と単位記号を結合した全体は新しいひとまとまりの記号として扱い,これに対してべき乗する.

例:$1\,\mathrm{cm}^3 = (1 \times 10^{-2}\,\mathrm{m})^3 = 1 \times 10^{-6}\,\mathrm{m}^3$

iii) 複数の接頭語を並べた合成接頭語を用いてはいけない.

例:$1 \times 10^{-6}\,\mathrm{kg}$ を $1\,\mathrm{\mu kg}$,$1\,\mathrm{nm}$ を $1\,\mathrm{m\mu m}$ などと書くことはできない.

iv) 接頭語は単独で用いてはいけない.

例:$1 \times 10^6\,/\mathrm{m}^3$ を $1\,\mathrm{M}/\mathrm{m}^3$ と書いてはいけない.

表 1.4 単位の接頭語

接頭語	記号	倍数
ピコ	p	10^{-12}
ナノ	n	10^{-9}
マイクロ	μ	10^{-6}
ミリ	m	10^{-3}
センチ	c	10^{-2}
デシ	d	10^{-1}
デカ	da	10^{1}
ヘクト	h	10^{2}
キロ	k	10^{3}
メガ	M	10^{6}
ギガ	G	10^{9}
テラ	T	10^{12}

1.3 物理量の次元

長さを表す物理量 L (length) の単位として,cm,m,km などを用いることができる.また,質量 M (mass) に対しては g,kg,lb などを,時間 T (time) に対しては s,h などを単位として用いることができる.ある物理量 Y の単位が $\mathrm{m}^a\cdot\mathrm{kg}^b\cdot\mathrm{s}^c$ であるとすると,$L^aM^bT^c$ を Y の次元という.物理量の次元とは,物理量の基本的な性格を表すものである.物理学では,様々な方程式が扱われるが,その右辺と左辺は同じ次元をもたなければならない.これを利用して物理量の間の関係を予測することを次元解析という.

代表的な物理量の次元を表1.5 に示す.速度は長さを時間で割った

表 1.5 物理量の次元

物理量	単位	次元
周波数	s^{-1}	T^{-1}
速度	$\mathrm{m}\cdot\mathrm{s}^{-1}$	LT^{-1}
加速度	$\mathrm{m}\cdot\mathrm{s}^{-2}$	LT^{-2}
力	$\mathrm{m}\cdot\mathrm{kg}\cdot\mathrm{s}^{-2}$	LMT^{-2}
圧力	$\mathrm{m}^{-1}\cdot\mathrm{kg}\cdot\mathrm{s}^{-2}$	$\mathrm{L}^{-1}\mathrm{MT}^{-2}$
エネルギー	$\mathrm{m}^2\cdot\mathrm{kg}\cdot\mathrm{s}^{-2}$	$\mathrm{L}^2\mathrm{MT}^{-2}$

ものであるので，速度の次元は LT^{-1} となる．加速度の次元は LT^{-2} であり，また力は質量 × 加速度であるので，その次元は MLT^{-2} である．

例題 1.1 ばねなどの弾性体を変形させると，変形を元に戻そうとする復元力が働く．変形の大きさ x があまり大きくないとき，復元力の大きさ F は x に比例し

$$F = kx$$

と表せる．弾性定数 k の次元を求めよ．

解 $$[k] = \frac{[F]}{[x]} = \frac{LMT^{-2}}{L} = MT^{-2}$$

2

力学の基本

2.1 スカラー量とベクトル量

　表2.1に示した長さ，質量，時間のように，大きさだけをもち，方向には依存しない量をスカラー量という．一方，位置，速度，力は大きさと向きを合わせもった量であるのでベクトルで表され，ベクトル量といわれる．

表2.1 代表的なスカラー量とベクトル量

スカラー量	長さ [m]，質量 [kg]，時間 [s]，温度 [K]，電荷 [C]，仕事 [J]，エネルギー [J]
ベクトル量	位置 [m]，速度 [m/s]，加速度 [m/s²]，力 [N]，運動量 [kg · m/s]，電流 [A]

　図2.1のように，平面上の運動では，物体が運動している平面内に互いに直交する x 軸と y 軸をとり，座標 (x, y) によって物体の位置を表す．この座標は原点 O から物体の位置 P まで引いた位置ベクトル r の x, y 成分とみることができるので，位置ベクトルを用いて物体の位置を表すこともできる．

　力を表すには，力の大きさと向き，力が作用する作用点を示さなければならない．図2.2のように，力をベクトルとして描くとき，ベクトルの始点が力の作用点を，ベクトルの長さが力の大きさを，ベクトルの向きが力の向きを表す．ここで，作用点を通り，力の方向に引いた直線を作用線という．

　力の単位は後述する運動の第2法則から決めることができる．この法則は質量 m の物体に力 F を作用させたとき，力の方向に生じる加速度 a が

$$ma = F \tag{2.1}$$

で与えられることを表す．現在，自然科学で一般的に用いられている SI 単位系では，長さの単位として m，質量の単位として kg，時間

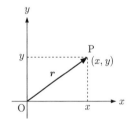

図2.1 位置ベクトルによる位置の表示

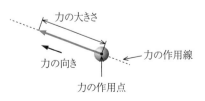

図2.2 ベクトルを用いた力の表し方

の単位として s を用いる. これから, 加速度の単位は m/s^2 となることがわかる. また, 運動の第 2 法則は, 力が質量と加速度の積に等しいことを表しているので, 質量 1 kg の物体に $1\,m/s^2$ の加速度を生じさせる力を 1 N (ニュートン) と決めると, 単位の関係として

$$N = kg \cdot m/s^2 \tag{2.2}$$

が得られる.

　地球上で落下する物体に生じる**重力加速度**の大きさは $g = 9.8\,m/s^2$ である. これから, 1.0 kg の物体に働く重力の大きさ W は

$$W = 1.0 \times 9.8 = 9.8\,N \tag{2.3}$$

となる.

2.2　力の合成と分解

　2 つの力 $\boldsymbol{F}_1$, $\boldsymbol{F}_2$ と同じ効果を与える 1 つの力 $\boldsymbol{F}$ を求めることを, 力の合成という.

$$\boldsymbol{F}_1 + \boldsymbol{F}_2 = \boldsymbol{F} \tag{2.4}$$

ここで, 合成された力を**合力**という. $\boldsymbol{F}$ は平行四辺形法 (図 2.3 (a)) または三角形法 (図 2.3 (b)) で求めることができる. たとえば, 平行四辺形法では, $\boldsymbol{F}$ は $\boldsymbol{F}_1$ と $\boldsymbol{F}_2$ を隣り合う 2 辺とする平行四辺形の対角線のベクトルとなる. また, 差を求める場合には

$$\boldsymbol{F}_1 - \boldsymbol{F}_2 = \boldsymbol{F}_1 + (-\boldsymbol{F}_2) = \boldsymbol{F} \tag{2.5}$$

と考えて, $\boldsymbol{F}_1$ と $-\boldsymbol{F}_2$ の和 (図 2.3 (c)) をとればよい.

　1 つの力 $\boldsymbol{F}$ をそれと同じ効果を与える 2 つの力 $\boldsymbol{F}_1$, $\boldsymbol{F}_2$ に分けることを力の分解という.

$$\boldsymbol{F} = \boldsymbol{F}_1 + \boldsymbol{F}_2 \tag{2.6}$$

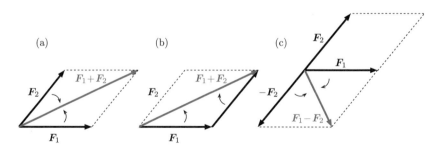

図 2.3　ベクトルの合成

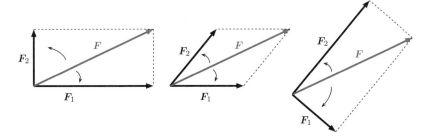

図 2.4 ベクトルの分解

ここで，分解された 2 つの力を**分力**という．図 2.4 のように，平行四辺形法に従って，$\boldsymbol{F}$ を分解するには，まず $\boldsymbol{F}$ を対角線とする平行四辺形を描く．すると，分解された 2 つの力は平行四辺形の隣り合う 2 辺のベクトルとなる．ただし，$\boldsymbol{F}$ を対角線とする平行四辺形はいくらでも描けるので，分解の仕方は無数にある．

ベクトル $\boldsymbol{F}_1$，$\boldsymbol{F}_2$ は次のように成分でも表せる．

$$\boldsymbol{F}_1 = (F_{1x}, F_{1y}), \quad \boldsymbol{F}_2 = (F_{2x}, F_{2y}) \tag{2.7}$$

$\boldsymbol{F}_1$ と $\boldsymbol{F}_2$ の合成ベクトル $\boldsymbol{F}$ を

$$\boldsymbol{F} = \boldsymbol{F}_1 + \boldsymbol{F}_2 = (F_{1x} + F_{2x}, F_{1y} + F_{2y}) \tag{2.8}$$

と定義すると，図 2.5 からわかるように，$\boldsymbol{F}$ は $\boldsymbol{F}_1$ と $\boldsymbol{F}_2$ を隣り合う 2 辺とする平行四辺形の対角線のベクトルとなる．ベクトルの大きさは，$\boldsymbol{F} = (F_x, F_y)$ とすると

$$F = |\boldsymbol{F}| = \sqrt{F_x^2 + F_y^2} \tag{2.9}$$

で与えられる．また，x 軸とベクトル $\boldsymbol{F}$ のなす角度を θ (偏角) とすると

$$\boldsymbol{F} = (F_x, F_y) = (F\cos\theta, F\sin\theta) \tag{2.10}$$

と表すことができる (図 2.6)．

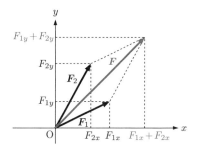

図 2.5 ベクトルの成分を用いた合成

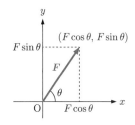

図 2.6 偏角 θ を用いたベクトルの成分

例題 2.1 $\boldsymbol{F}_1 = (5, 1)$，$\boldsymbol{F}_2 = (-2, 3)$ のとき，これら 2 つの合成ベクトル $\boldsymbol{F}$ を求めよ．また，$\boldsymbol{F}$ の大きさ F はいくらか．

解
$$\boldsymbol{F} = (5 - 2, 1 + 3) = (3, 4)$$
$$F = |\boldsymbol{F}| = \sqrt{3^2 + 4^2} = 5$$

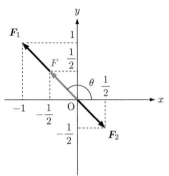

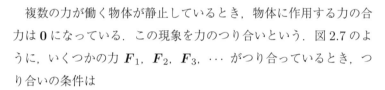

例題 2.2 $F_1 = (-1, 1)$, $F_2 = \left(\dfrac{1}{2}, -\dfrac{1}{2}\right)$ に対して，次の問いに答えよ.

(1) $F = F_1 + F_2$ を求めよ.

(2) F の大きさと，F と x 軸とのなす角度 θ を求めよ.

解 (1) $F = F_1 + F_2 = \left(-1 + \dfrac{1}{2}, 1 - \dfrac{1}{2}\right) = \left(-\dfrac{1}{2}, \dfrac{1}{2}\right)$

(2) $F = |F| = \sqrt{\left(-\dfrac{1}{2}\right)^2 + \left(\dfrac{1}{2}\right)^2} = \sqrt{\dfrac{2}{4}} = \dfrac{\sqrt{2}}{2}$

図より $\theta = \dfrac{3}{4}\pi$.

2.3 力のつり合い

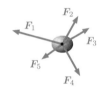

図 2.7 力のつり合い

複数の力が働く物体が静止しているとき，物体に作用する力の合力は $\mathbf{0}$ になっている．この現象を力のつり合いという．図 2.7 のように，いくつかの力 F_1, F_2, F_3, $\cdots$ がつり合っているとき，つり合いの条件は

$$\sum F_i = \mathbf{0} \tag{2.11}$$

となる．また，物体が静止した場合だけでなく，一定の速度で直線上を移動しているような場合でも，物体に働く力はつり合っている．たとえば，アクセルとブレーキを同時に踏んで，自動車が一定速度で走行している場合がこれに相当する．

図 2.8 2 つの力 F_1, F_2 のつり合い

物体に 2 つの力 F_1, F_2 が働いているときのつり合いの条件

$$F_1 + F_2 = \mathbf{0} \tag{2.12}$$

を変形すると

$$F_1 = -F_2 \tag{2.13}$$

となる (図 2.8)．これは大きさが等しく反対向きの 2 つの力がつり合うことを表す．図 2.9 のように，天井から軽いひもでつるされて静止している物体では，物体に働く重力 W とひもの張力 T がつり合っている．

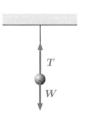

図 2.9 軽いひもでつるされた物体に働く力

$$W + T = \mathbf{0} \tag{2.14}$$

また，図 2.10 に示した机の上に置かれた本の場合は，本に働く重力

W と机が本に及ぼす**垂直抗力 N** がつり合っている.

$$W + N = 0 \qquad (2.15)$$

図 2.11 のように,床に置かれた物体を水平方向に力 F で押しても,力が小さければ物体は動かない.このとき,鉛直方向では,物体に働く重力 W と床が物体に及ぼす垂直抗力 N はつり合っている.

$$W + N = 0 \qquad (2.16)$$

また,水平方向では,**摩擦力 f** と F はつり合っており,つり合いの条件

$$f + F = 0 \qquad (2.17)$$

を満たしている.

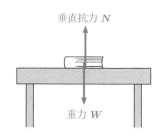

図 2.10　机上に置かれた本に働く力

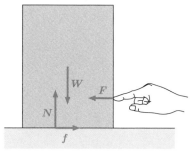

図 2.11　床が物体に及ぼす垂直抗力 N と摩擦力 f

例題 2.3　図のように,物体を軽い糸で天井からつるし,大きさ F の力で水平右向きに引くと,糸と天井のなす角度が $45°$ となり静止した.物体に働く重力の大きさを W,物体が糸から受ける張力の大きさを T として,次の問いに答えよ.

(1) 水平方向と鉛直方向の力のつり合いの条件式を書け.

(2) T, F をそれぞれ W を用いて表せ.

解　(1) 水平方向のつり合いの条件は

$$-T\cos 45° + F = -\frac{T}{\sqrt{2}} + F = 0$$

となる.また,鉛直方向のつり合いの条件は

$$T\sin 45° - W = \frac{T}{\sqrt{2}} - W = 0$$

となる.

(2) 上の 2 つのつり合いの条件から F, T を求めると

$$F = W, \; T = \sqrt{2}W$$

となる.

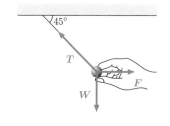

例題 2.4　図のように,重さ W の荷物を 2 人で持っている.荷物を持つ 2 人の腕が鉛直方向となす角度は同じで θ とする.2 人が荷物を支えている力の大きさ F_1, F_2 を求めよ.

解　水平方向に x 軸,鉛直方向に y 軸をとり,荷物に働く重力 W,2 人が支えている力 F_1, F_2 を成分表示すると

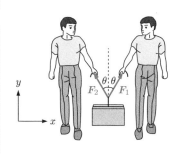

$$\boldsymbol{W} = (0, -W)$$

$$\boldsymbol{F}_1 = (F_1 \sin\theta, F_1 \cos\theta)$$

$$\boldsymbol{F}_2 = (-F_2 \sin\theta, F_2 \cos\theta)$$

となる. x 方向のつり合いの条件は

$$F_1 \sin\theta - F_2 \sin\theta = 0$$

となる. y 方向のつり合いの条件は

$$F_1 \cos\theta + F_2 \cos\theta - W = 0$$

となる. x, y 方向のつり合いの条件から, F_1, F_2 を求めると

$$F_1 = F_2 = \frac{W}{2\cos\theta}$$

となる.

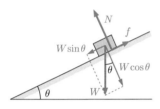

例題 2.5 図のように, 傾斜角 θ の粗い斜面に質量 m の物体を置くと, 物体は斜面上で静止した. 物体と斜面との間に働く摩擦力を求めよ. ただし, 重力加速度の大きさを g, 物体に働く重力の大きさを W とする.

解 物体に働く重力を斜面に垂直な成分 $W_\perp$ と斜面に平行な成分 $W_{/\!/}$ に分解すると

$$W_{/\!/} = W\sin\theta, \; W_\perp = W\cos\theta$$

となる. 斜面に垂直な方向では, 斜面が物体に及ぼす垂直抗力 N と $W_\perp$ がつり合っている. また, 斜面に平行な方向では, 摩擦力 f と $W_{/\!/}$ がつり合っているので, 摩擦力の大きさは

$$f = W\sin\theta$$

であり, 向きは斜面に沿って上向きである.

2.4 位置，速度，加速度 ●━━━━━━━━━━━━━━━━━━━

2.4.1 位置

現実の物体は有限の大きさをもっているが，大きさを無視し，質量が物体の1点に集中していると考えると，運動が理想化され，議論が簡単になる．このように，大きさがなく，質量が1点に集中した物体を質点という．以後，特別に断らないかぎり，物体は質点であるとする．

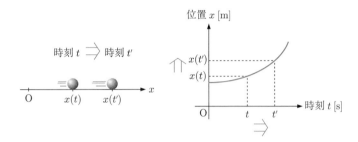

図 2.12 1次元の運動

力学の主要な目的は様々な物体の運動を記述することである．物体の運動が時間とともにどのように変化するかを知るためには，まず任意の時刻における物体の位置を知る必要がある．図 2.12 に示した直線上の運動を記述するには，直線上の適当な位置に原点 O をとり，時刻 t における位置を座標 $x(t)$ で表す．また，図 2.13 のように，平面内の運動を記述するには，平面内に互いに直交する x 軸と y 軸をとり，時刻 t における x 座標を $x(t)$，y 座標を $y(t)$ として，物体の位置を座標 $(x(t), y(t))$ で表す．また，原点を始点として物体の位置を終点とする位置ベクトルで物体の位置を表すことも可能である．たとえば，時刻 t における位置ベクトル $\boldsymbol{r}(t)$ を成分で表すと，次のようになる．

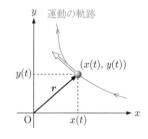

図 2.13 平面内で運動する物体の位置ベクトル

$$\boldsymbol{r}(t) = (x(t), y(t)) \tag{2.18}$$

2.4.2 速さと速度

物体が運動しているとき，移動した距離を所要時間で割ったものを速さという．

$$速さ = \frac{移動距離}{所要時間} \tag{2.19}$$

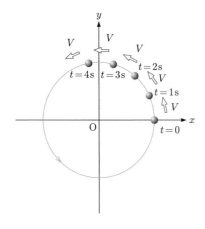

図 2.14 円周上を一定の速さ V で移動する物体の位置

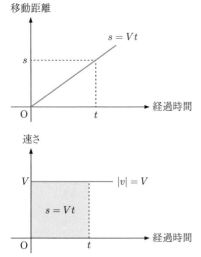

図 2.15 一定の速さ V で動く物体の運動の移動距離と速さ

(a) $v_0 > 0$

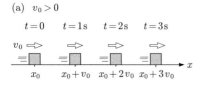

(b) $v_0 < 0$

図 2.16 x 軸上を一定の速度 v_0 で運動する物体の位置

速さは単位時間当たりの移動距離であるので，その単位は m/s である．

図 2.14 は円周上を一定の速さ V で動く物体の位置を，1 秒ごとに示したものである．図から，移動距離は毎秒 V だけ増加するので，時間 t の間の移動距離は Vt になることがわかる．図 2.15 に示すように，一定の速さで移動する物体の移動距離と経過時間の関係を表すグラフは，原点を通る直線となり，直線の傾きは速さ V を与える．また，速さと経過時間の関係を表すグラフは，速さが一定であるので，時間軸に平行な直線となる．この直線と時間軸との間の面積 (網掛け (青塗り) の部分) は移動距離を与える．

速さは同じでも動く方向が違えば運動も異なる．そのため，速さと運動の向きを合わせもった速度で運動を表すことが必要となる．速度は単位時間当たりの位置の変化 (変位) で表されるので，単位は速さと同じ m/s である．

図 2.16 のように，x 軸上を一定の速度 v_0 で移動する物体の運動を考えよう．このような運動を等速直線運動 (等速度運動) という．$v_0 > 0$ のとき，物体は x 軸の正の方向に移動し (図 2.16(a))，$v_0 < 0$ のとき，x 軸の負の方向に移動している (図 2.16(b)) ことがわかる．また，時刻 0 における位置を x_0 とすると，時刻 1 秒における位置は $x_0 + v_0$，時刻 2 秒における位置は $x_0 + 2v_0$ などとなるので，時刻 t における位置は $x_0 + v_0 t$ となる．これから，時刻 t における変位は $v_0 t$ となることがわかる．速度 v は 1 秒当たりの変位なので

$$v = \frac{v_0 t}{t} = v_0 \tag{2.20}$$

となる．

物体が一定の速度 v_0 で x 軸上を正の方向に移動する場合 ($v_0 > 0$)，物体の位置 x と時刻 t の関係は図 2.17 (a) のように直線になる．この場合，時間 Δt の間の変位 Δx は正となるので，速度 v_0 を与える直線の傾き $\Delta x / \Delta t$ は正となる．一方，図 2.17 (b) のように，一定の速度 v_0 で負の方向に移動する場合 ($v_0 < 0$)，Δx は負になるので傾きは負になる．このように，速度はその符号によって移動する方向を表している．

物体を落下させると，重力により加速され，落下の速さは次第に大きくなる．また，駅を出発した電車は加速して，一定の速さで走行する．その後，目的の駅に近づくと減速して停車する．このよう

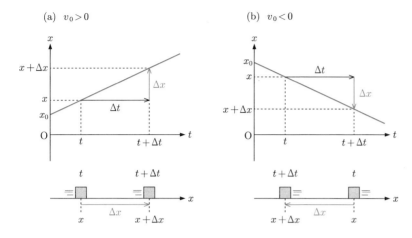

(a) $v_0 > 0$

(b) $v_0 < 0$

図 2.17 等速直線運動をする物体の位置 x と時刻 t の関係 ((a) $v_0 > 0$, (b) $v_0 < 0$)

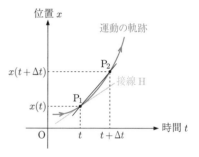

図 2.18 平均の速度と瞬間の速度

に，一般の運動では速度は変化する．

　速度が時間とともに変化する物体の運動を考えよう．この場合，物体の運動の軌跡は図 2.18 に示したように曲線になる．時刻 t における物体の位置 P_1 の座標を $x(t)$，時刻 $t + \Delta t$ における位置 P_2 の座標を $x(t + \Delta t)$ とすると，Δt の間の物体の変位 Δx は

$$\Delta x = x(t + \Delta t) - x(t) \tag{2.21}$$

となる．速度は変位を時間で割ったもので，単位時間当たりの変位として表されるが，Δt を有限にとると，この間に速度は変化する．このような場合，$\Delta x / \Delta t$ から得られるのは平均の速度

$$\overline{v} = \frac{\Delta x}{\Delta t} \tag{2.22}$$

となってしまう．しかし，我々が必要とするのは瞬間の速度であり，これを得るには，P_2 を P_1 に限りなく近づけて，$\Delta t \to 0$ の極限をとればよい．以上のことから，時刻 t における瞬間の速度は

$$v = \lim_{\Delta t \to 0} \frac{\Delta x}{\Delta t} = \lim_{\Delta t \to 0} \frac{x(t + \Delta t) - x(t)}{\Delta t} \tag{2.23}$$

から得られることがわかる．これから

$$v = \frac{dx}{dt} \tag{2.24}$$

となる．したがって，速度は位置を時間で微分することによって求まり，これは図 2.18 の x-t グラフの P_1 における接線 H の傾きに等しい．

　2 次元や 3 次元の場合も同様にして考えることができ，その様子を図 2.19 に示す．時刻 t, $t + \Delta t$ における位置ベクトルをそれぞれ

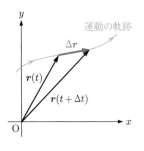

図 2.19 変位ベクトル

$r(t)$, $r(t + \Delta t)$ とすると，t と $t + \Delta t$ の間までの変位ベクトルは

$$\Delta r = r(t + \Delta t) - r(t) \tag{2.25}$$

で表される．t における速度 v はこの変位ベクトルを Δt で割った量を考え，$\Delta t \to 0$ の極限をとれば得られ

$$v = \lim_{\Delta t \to 0} \frac{r(t + \Delta t) - r(t)}{\Delta t} = \frac{dr(t)}{dt} \tag{2.26}$$

となる．2 次元の場合，$r(t)$ の成分を $(x(t), y(t))$，$r(t + \Delta t)$ の成分を $(x(t + \Delta t),\ y(t + \Delta t))$ とすると，速度 v は

$$v = \left(\lim_{\Delta t \to 0} \frac{x(t + \Delta t) - x(t)}{\Delta t}, \lim_{\Delta t \to 0} \frac{y(t + \Delta t) - y(t)}{\Delta t} \right)$$

$$= \left(\frac{dx}{dt}, \frac{dy}{dt} \right) \tag{2.27}$$

となる．

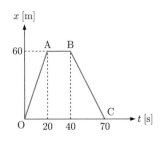

例題 2.6 図は x 軸上を運動する物体の位置 x [m] と時間 t [s] の関係を表す．OA，AB，BC 間の速度を求めよ．

解

OA 間 　$v = \dfrac{\Delta x}{\Delta t} = \dfrac{60 - 0}{20 - 0} = 3\,\mathrm{m/s}$

AB 間 　$v = \dfrac{\Delta x}{\Delta t} = \dfrac{60 - 60}{40 - 20} = 0\,\mathrm{m/s}$

BC 間 　$v = \dfrac{\Delta x}{\Delta t} = \dfrac{0 - 60}{70 - 40} = -2\,\mathrm{m/s}$

2.4.3 　加速度

物体の運動状態を知るには，速度だけでなく，速度の時間変化も知る必要がある．速度の時間変化を表す量として**加速度**が用いられる．

直線上を運動する物体を考え，時刻 t における物体の速度を $v(t)$，時刻 $t + \Delta t$ における物体の速度を $v(t + \Delta t)$ とする（図 2.20）．加速度は単位時間当たりの速度変化で定義されるが，加速度が時間変化する一般の運動の場合には，速度変化を所要時間で割っただけでは平均の加速度 $\bar{a}$ が得られるだけである．

$$\bar{a} = \frac{v(t + \Delta t) - v(t)}{\Delta t} \tag{2.28}$$

時刻 t における加速度 a を得るには，速度の場合と同様にして，Δt を限りなく 0 に近づければよい．

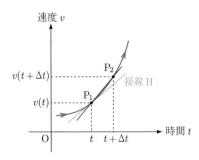

図 2.20 平均の加速度と瞬間の加速度

$$a = \lim_{\Delta t \to 0} \frac{v(t + \Delta t) - v(t)}{\Delta t} \tag{2.29}$$

これから, 時刻 t における瞬間の加速度は

$$a = \frac{dv}{dt} \tag{2.30}$$

となることがわかる. 式 (2.24) のように, 速度 v は物体の位置 x を時間 t で 1 回微分したものなので, 加速度は x を t で 2 回微分したものである. これを

$$a = \frac{d^2x}{dt^2} \tag{2.31}$$

と表し, x の t についての 2 階微分という. また, 2 次元や 3 次元の場合の加速度は, 位置ベクトル $\boldsymbol{r}$ を用いると

$$\boldsymbol{a} = \frac{d\boldsymbol{v}}{dt} = \frac{d^2\boldsymbol{r}}{dt^2} \tag{2.32}$$

となる.

速度と加速度の関係について考えよう. 加速度は単位時間当たりの速度変化であるが, その働きは物体の速度を増加させるとは限らない. 図 2.21 (a) のように, 物体が正の方向に進んでおり $a > 0$ のとき, 速さは時間とともに増加し, 物体は加速される. 一方, 図 2.21 (b) のように, $v > 0$, $a < 0$ のとき, v は減少し, 減速される. また図 2.21 (c), (d) のように, 物体が負の方向に進んでいるときは, $a > 0$ なら減速され, $a < 0$ なら速さは増加して加速される. したがって, v と a が同符号のとき物体は加速され, 異符号のとき減速されることになる.

(a) $v > 0, a > 0$ (b) $v > 0, a < 0$ (c) $v < 0, a > 0$ (d) $v < 0, a < 0$

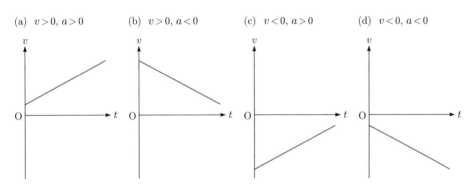

図 2.21 速度と加速度の関係

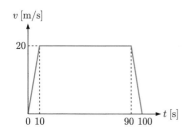

例題 2.7 図は 2 つの駅の間を走る電車の速度 $v\,[\mathrm{m/s}]$ と時間 $t\,[\mathrm{s}]$ の関係を表す．次の問いに答えよ．

(1) $0 \sim 10\,\mathrm{s}$, $10 \sim 90\,\mathrm{s}$, $90 \sim 100\,\mathrm{s}$ の間の加速度を求めよ．

(2) 2 つの駅の距離を求めよ．

解 (1) $0 \sim 10\,\mathrm{s}$ $\quad a = \dfrac{\Delta v}{\Delta t} = \dfrac{20 - 0}{10 - 0} = 2\,\mathrm{m/s}^2$

$10 \sim 90\,\mathrm{s}$ $\quad a = \dfrac{\Delta v}{\Delta t} = \dfrac{20 - 20}{90 - 10} = 0\,\mathrm{m/s}^2$

$90 \sim 100\,\mathrm{s}$ $\quad a = \dfrac{\Delta v}{\Delta t} = \dfrac{0 - 20}{100 - 90} = -2\,\mathrm{m/s}^2$

(2) 台形の面積が 2 つの駅の距離を表すので

$$\frac{80 + 100}{2} \times 20 = 1800\,\mathrm{m}$$

となる．

2.5 位置，速度，加速度の関係

2.5.1 等加速度直線運動

物体が直線上を一定の加速度 a_0 で動く**等加速度直線運動**を考えよう．速度は毎秒 a_0 の割合で変化するので，時間 t 後には $a_0 t$ 変化する．この場合，時刻 0 における速度 (初速度) を v_0 とすると，時刻 t における速度 v は

$$v = a_0 t + v_0 \tag{2.33}$$

となり，時間に比例して変化する．図 2.22 のように，時刻 0 から t までの区間を多数の時間 Δt の区間に等分する．区間 $[t_{i-1},\ t_i]$ では，速度 v_{i-1} $(i = 1, 2, 3, \ldots)$ で物体が動くものとすると，区間での変位は長方形の面積 $(\Delta t \times$ 区間での速度$)$ で表される．時刻 t における物体の変位 Δx は Δt を限りなく小さくすると得られ，台形 OPQR の面積に等しくなる．

$$\Delta x = \frac{1}{2}(a_0 t + v_0 + v_0)t = \frac{1}{2}a_0 t^2 + v_0 t \tag{2.34}$$

また，時刻 0 における物体の位置を x_0，時刻 t における物体の位置を x とすると，変位は

$$\Delta x = x - x_0 \tag{2.35}$$

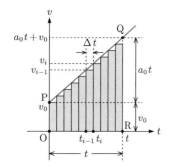

図 2.22 等加速度直線運動の速度から位置を求める

で表されるので

$$x = \frac{1}{2}a_0 t^2 + v_0 t + x_0 \qquad (2.36)$$

となる．図 2.23 に等加速度直線運動の位置と時間，速度と時間，加速度と時間の関係を示す．

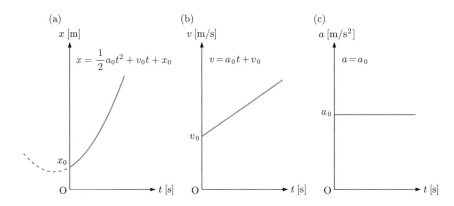

図 2.23 等加速度直線運動の (a) 位置と時間，(b) 速度と時間，(c) 加速度と時間の関係

2.1 図のように，水平面上に置かれた物体に水平方向の $\boldsymbol{F}$ を作用させる．$\boldsymbol{F}$ の作用点と作用線を図示せよ．

2.2 図のように，x 軸と角度 θ_1, θ_2 をなす方向の力 $\boldsymbol{F}_1$, $\boldsymbol{F}_2$ が原点 O に働いている．$\boldsymbol{F}_1$, $\boldsymbol{F}_2$ の大きさをそれぞれ $|\boldsymbol{F}_1|$, $|\boldsymbol{F}_2|$ とする．

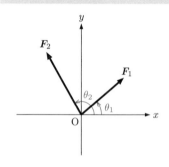

(1) $\boldsymbol{F}_1$ の x 成分と y 成分を $|\boldsymbol{F}_1|$ と θ_1 を用いて表せ．

(2) 2 つの力の合力の x 成分，y 成分を $|\boldsymbol{F}_1|$, $|\boldsymbol{F}_2|$, θ_1, θ_2 を用いて表せ．

(3) O に力 $\boldsymbol{F}_3$ を加えて，3 つの力 $(\boldsymbol{F}_1, \boldsymbol{F}_2, \boldsymbol{F}_3)$ をつり合わせた．このとき，$\boldsymbol{F}_3$ の x 成分，y 成分を $|\boldsymbol{F}_1|$, $|\boldsymbol{F}_2|$, θ_1, θ_2 を用いて表せ．

(4) 力 $\boldsymbol{F}_3$ の大きさを $|\boldsymbol{F}_1|$, $|\boldsymbol{F}_2|$, θ_1, θ_2 を用いて表せ．

2.3 図のように，2 つの物体 A，B が滑車にかけられた軽いひもによって結ばれている．A は摩擦のある水平面上に置かれ，B は鉛直方向にぶら下がった状態で，この 2 つの物体は静止している．

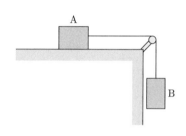

(1) A には重力 $\boldsymbol{W}_\mathrm{A}$，垂直抗力 $\boldsymbol{N}$，摩擦力 $\boldsymbol{f}$，張力 $\boldsymbol{T}$ が，B には重力 $\boldsymbol{W}_\mathrm{B}$，張力 $\boldsymbol{T}$ が働いている．これらの力を図示せよ．

(2) A に働く摩擦力の大きさ $|\boldsymbol{f}|$ とひもの張力の大きさ $|\boldsymbol{T}|$ の関係を求めよ．

(3) $|\boldsymbol{f}|$ と $\boldsymbol{W}_\mathrm{B}$ の大きさ $|\boldsymbol{W}_\mathrm{B}|$ の関係を求めよ．

2.4 図のように，物体が軽い糸 1, 2, 3 で天井からつり下げられて静止している．このとき，糸 1, 2 と天井のなす角度はそれぞれ θ_1, θ_2 であり，3 本の糸の結び目には大きさ T_1 の糸 1 の張力，大きさ T_2 の糸 2 の張力，大きさ T_3 の糸 3 の張力が働いている．また，物体には大きさが W の重力と糸 3 の張力が働いている．

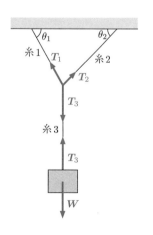

(1) 物体に働く力のつり合いの式を書け．

(2) 3 本の糸の結び目に働く力のつり合いの式を，天井と平行な成分と垂直な成分に分けて求めよ．

(3) T_1, T_2, T_3 を W, θ_1, θ_2 を用いて表せ．

2.5 図は x 軸上を運動している物体の位置 x [m] と時間 t [s] の関係を表す.

(1) AB, BC, CD 間の速度をそれぞれ求めよ.

(2) 0 s から 80 s までの間に移動した距離を求めよ.

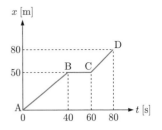

2.6 次の加速度に関する問いに答えよ.

(1) 静止している物体が一定の割合で加速して, 10 秒後には速度が 5 m/s になった. 加速度の大きさを求めよ.

(2) 72 km/h で走行していた電車がブレーキをかけて, 一定の割合で減速して, 100 秒後に隣駅に停車した. ブレーキをかけてから停車するまでの加速度の大きさを求めよ.

(3) 左向きに 10 m/s の速さで移動していた物体が, 一定の割合で減速して, 10 秒後には右向きに 5 m/s の速さになった. 加速度を求めよ.

2.7 図は直線上を運動する物体の速度 v [m/s] と時間 t [s] の関係を表す.

(1) AB, BC, CD 間での加速度をそれぞれ求めよ.

(2) 0 s から 90 s までの加速度と時間の関係を図示せよ.

(3) AB, BC, CD 間の移動距離をそれぞれ求めよ.

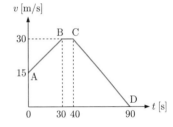

3

運動の3法則と運動量保存則

3.1 運動の3法則

3.1.1 慣性の法則

　静止している物体に力が働いていなければ，その物体は決して動き出すことはなく，静止状態を続ける．また，摩擦のない滑らかな氷上に置かれた物体は，いったん動き出すと力が加わらなくても運動を続ける．たとえば，宇宙空間に放り投げられた物体は一定の速度でどこまでも遠くに行ってしまう．実際，スペースシャトルの船外活動で宇宙飛行士が修理道具を手放してしまい，回収できなかったという事故があったそうである．このように，力が働いていないときの物体の運動の考察から次の法則が得られた．

> 外部から力が働かないか，あるいは働いてもその合力が0であるとき，静止している物体は静止状態を続け，運動している物体は等速直線運動を続ける．

　これを慣性の法則 (運動の第1法則) という．この法則は静止した場合を含めて，物体は運動状態を保持しようとする性質をもっていることを示している．この運動状態を保持しようとする性質を慣性という．慣性は運動の変化に対する抵抗であると考えることができ，質量が大きいほど大きくなる．

　物体の慣性が顕著に現れる例として，図3.1に示しただるま落としを考えよう．木片の1つを木づちで素早く打つと，打たれた木片だけが飛んでいく．一方，打たれなかった木片は慣性により，静止し続けようとする．もう一つの例として，図3.2に示した電車の急発進と急停車を考えよう．電車が急発進すると，中の乗客は静止状態を続けようとするので，後方に倒れそうになる (図3.2(a))．また，走行している電車が急停止すると，乗客は運動状態を続けようとして前方に倒れそうになる (図3.2(b))．

図3.1　だるま落とし

(a) 加速

(b) 減速

図 3.2 電車の急発進 (a) と急停止 (b)

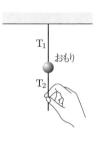

例題 3.1 図のように，天井につるした糸 T_1 の下端におもりをつけ，おもりの下端に別の糸 T_2 をつける．2 つの糸は同質で，おもりの荷重よりやや高い耐荷重をもつものとする．次の問いに答えよ．

(1) T_2 の下端をゆっくり下に引くとき，T_1，T_2 のどちらが先に切れるか．

(2) T_2 の下端を素早く下に引くとき，T_1，T_2 のどちらが先に切れるか．

解 (1) T_2 の下端をゆっくり引くと，T_1 には T_2 を引く力と重りの重力がかかり，T_2 にはそれを引く力だけがかかる．したがって，T_1 が先に切れる．

(2) T_2 の下端を素早く引くと，おもりはその慣性で最初の位置にとどまろうとする．したがって，T_1 に引く力が伝わる前に T_2 が切れる．

3.1.2 運動の法則

慣性の法則によると，力が働かなければ物体の速度は変化しない．それでは，力が働くと物体の速度はどのように変化するのであろうか．それに答えるのが運動の法則である．

力が働くと加速度が生じて，物体の運動状態が変化する．しかし，静止した物体に力を働かせるとき，動かしやすい物体と動かしにくい物体がある．また，運動している物体を静止させる場合でも，静止させやすい物体と静止しにくい物体がある．たとえば，ボーリングのボールは動かしにくく止めにくいが，ピンポン玉は動かしやすく止めやすい (図 3.3)．この原因は質量の相異にある．力が働いて運動が変化する物体に対して，質量，力，加速度の間の関係を詳細に調べてまとめたものが運動の法則 (運動の第 2 法則) である．この法則は次のように表される．

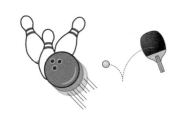

図 3.3 ボーリングのボールとピンポン玉

物体に力が働くとき，物体には力と同じ向きに加速度が生じる．生じた加速度は力に比例し，質量に反比例する．

力 F の作用を受けて直線上を運動する質量 m の物体に対して，力の方向に生じた加速度を a とすると，上の関係は

$$a = k\frac{F}{m} \tag{3.1}$$

と表される．ここで，$k\ (k > 0)$ は加速度，質量，力の単位に応じてさまざまな値をとる比例定数である．SI 単位系では，質量の単位として kg，加速度の単位として $\mathrm{m/s^2}$ が用いられる．これらの単位を用いたとき，$k = 1$ となる力の単位を N (ニュートン) とする．この力の単位を用いると，式 (3.1) は

$$ma = F \tag{3.2}$$

となる．これを**運動方程式**という．力の単位には，次の関係が成り立つ．

$$\mathrm{N = kg \cdot m/s^2} \tag{3.3}$$

これは 1 kg の質量に $1\,\mathrm{m/s^2}$ の加速度を生じさせる力が 1 N になることを示す．また，3 次元の場合，加速度を $\boldsymbol{a}$，力を $\boldsymbol{F}$ とすると，運動方程式は

$$m\boldsymbol{a} = \boldsymbol{F} \tag{3.4}$$

となる．これは成分を用いて表せば

$$ma_x = F_x, \quad ma_y = F_y, \quad ma_z = F_z \tag{3.5}$$

となる．

地球上にある物体は**万有引力**によって鉛直下向きに重力を受けている．ニュートンは，太陽のまわりをまわる惑星の運動に関するケ

プラーの法則を基にして，次の**万有引力の法則**を発見した．

すべての質点の間には，質点間を結ぶ方向に万有引力が働く．万有引力の大きさは 2 つの質点の質量の積に比例し，質点間の距離の 2 乗に反比例する．

図 3.4 万有引力の法則

2 つの質点の質量を m_1, m_2, 質点間の距離を r として，万有引力を式で表すと次のようになる．

$$F = -G \frac{m_1 m_2}{r^2} \tag{3.6}$$

ここで，G は万有引力定数であり，$6.67 \times 10^{-11}\,\mathrm{N \cdot m^2/kg^2}$ という値をとる．また，マイナス符号は万有引力が r の減少する方向に働く引力であることを表す．

図 3.5 のように，地面からの高さが h のところを落下する質量 m のリンゴと質量 M の地球との間に働く万有引力を考えよう．質点と球対称な物体の間に働く万有引力は，質点と球の中心との距離を r として，式 (3.6) で表されることがわかっている．リンゴを質点，地球を半径 R の球とみなすと，これらの間に働く万有引力は

$$F = -G \frac{mM}{(R+h)^2} \tag{3.7}$$

と表される．通常，$R \gg h$ であるので，分母の h は無視でき

$$F \cong -mG \frac{M}{R^2} = -mg, \quad g = G \frac{M}{R^2} \tag{3.8}$$

と近似できる．ここで，g は重力加速度の大きさを表す．$M = 5.98 \times 10^{24}\,\mathrm{kg}$, $R = 6.38 \times 10^6\,\mathrm{m}$ を式 (3.8) の g の右辺に代入すると，$g = 9.80\,\mathrm{m/s^2}$ が得られる．地球上では質量 m の物体に万有引力に基づく重力 $-mg$ が働くので，物体の加速度を a とすると，運動方程式は

$$ma = -mg \tag{3.9}$$

となる．

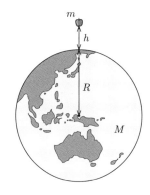

図 3.5 地球上のリンゴ

例題 3.2　次の問いに答えよ．

(1) 質量 5.0 kg の物体に 75 N の大きさの力を働かせた．物体に生じる加速度の大きさを求めよ．

(2) 質量 2.0 kg の物体が 7.0 m/s^2 の加速度で運動している．物体に働いている力の大きさを求めよ．

(3) 質量 4.0 kg の物体の速度が時間 2.0 s の間に 12 m/s 変

化した．この物体に働いている力の大きさを求めよ．ただし，物体の加速度は時間によらず一定であるとする．

(4) 質量 $5.0\,\mathrm{kg}$ の物体に働く重力の大きさを求めよ．ただし，重力加速度の大きさを $9.8\,\mathrm{m/s^2}$ とする．

解 (1) 物体に生じる加速度は運動方程式から

$$a = \frac{F}{m} = \frac{75}{5.0} = 15\,\mathrm{m/s^2}$$

となる．

(2) $m = 2.0\,\mathrm{kg}$, $a = 7.0\,\mathrm{m/s^2}$ から，力の大きさは

$$F = ma = 2.0 \times 7.0 = 14\,\mathrm{N}$$

となる．

(3) 加速度 a は速度変化を時間で割ったものなので

$$a = \frac{\Delta v}{\Delta t} = \frac{12}{2.0} = 6.0\,\mathrm{m/s^2}$$

となる．また，$m = 4.0\,\mathrm{kg}$, $a = 6.0\,\mathrm{m/s^2}$ から，力の大きさは

$$F = ma = 4.0 \times 6.0 = 24\,\mathrm{N}$$

となる．

(4) $m = 5.0\,\mathrm{kg}$, $a = 9.8\,\mathrm{m/s^2}$ から，重力は

$$F = ma = 5.0 \times 9.8 = 49\,\mathrm{N}$$

となる．

例題 3.3　自由落下する質量 m の物体の運動方程式を書け．ただし，物体の加速度を a, 重力加速度の大きさを g とする．また，力は鉛直上向きを正とする．

解 重力は $-mg$ と表されるので，運動方程式は

$$ma = -mg$$

となる．

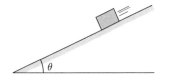

例題 3.4　図のように，質量 m の物体が傾斜角 θ の滑らかな斜面を，斜面に沿って滑り落ちている．重力加速度の大き

さを g, 加速度は斜面に沿って下向きを正として, 次の問い
に答えよ.

(1) 物体が受ける重力を斜面に垂直な成分と平行な成分に
分解せよ

(2) 物体の加速度を a として運動方程式を書け.

解 (1) 重力 mg を斜面に垂直な成分 $W_\perp$ と平行な成分 $W_{//}$
に分解すると

$$W_{//} = mg\sin\theta, \quad W_\perp = mg\cos\theta$$

となる.

(2) $ma = mg\sin\theta$

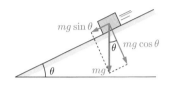

例題 3.5 図のように, 質量 m, M の2つの物体を水平で
滑らかな床の上に置き, 軽くて伸びない糸で連結した. この
状態で, 質量 M の物体に水平右向きの力 F を加えて引っ
張ると, 2つの物体は加速度 a で等加速度運動をした. 糸の
張力の大きさを T, 力は水平右向きを正として, 次の問いに
答えよ.

(1) 質量 m, M の物体の運動方程式を書け.

(2) 加速度 a を求めよ.

(3) 張力の大きさ T を求めよ.

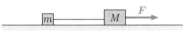

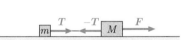

解 (1) 糸の張力を考慮すると, 質量 m と M の物体の運動
方程式はそれぞれ

$$ma = T, \quad Ma = F - T$$

となる.

(2) 運動方程式から T を消去して

$$a = \frac{F}{M+m}$$

となる.

(3) (2) で求めた加速度を質量 m の物体の運動方程式に
代入すると

$$T = \frac{m}{M+m}F$$

が得られる.

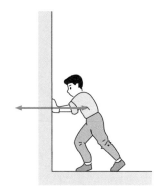

図 3.6 作用・反作用の法則の例

3.1.3 作用・反作用の法則

物体に力が働くときには，力を及ぼしている別の物体がある．したがって，力は物体間に働くといってよい．たとえば，手で壁を押すと，その反作用として壁が手を押し返す (図 3.6)．また，人が歩くとき，足が地面をけって地面を後ろに押すと，地面から足に前向きの力が働き，その結果，足が前へ進む．このように，2 つの物体 A，B が互いに力を及ぼし合っているが，それ以外に何の力も働いていないとき，物体間を及ぼし合う力について次の法則が成り立つ．

物体 A が物体 B に力を及ぼすとき，B は A に大きさが等しく反対向きの力を同一作用線上に及ぼす．

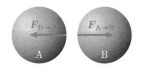

図 3.7 作用・反作用の法則

一方の力を作用と呼べば，他方は反作用と呼べるので，これを作用・反作用の法則 (運動の第 3 法則) という．A が B に及ぼす力を $\boldsymbol{F}_{A \to B}$，B が A に及ぼす力を $\boldsymbol{F}_{B \to A}$ とすると，作用・反作用の法則は

$$\boldsymbol{F}_{A \to B} = -\boldsymbol{F}_{B \to A} \tag{3.10}$$

の関係の力が同一作用線上に働くことを示す (図 3.7)．

式 (3.10) は力のつり合いの式 (2.13) に似ているが，この 2 つの式は全く異なる．力のつり合いの場合，式 (2.13) の $\boldsymbol{F}_1$ と $\boldsymbol{F}_2$ は 1 つの物体に働く力である．一方，作用・反作用の法則では，$\boldsymbol{F}_{B \to A}$ が物体 A に，$\boldsymbol{F}_{A \to B}$ が物体 B に働く力である．例として，机の上に置いた本を考えよう．図 3.8 に示すように，本が机を押す力 $\boldsymbol{F}$ と机からの抗力 $\boldsymbol{N}$ が作用・反作用の関係にある．一方，本に働く重力 $\boldsymbol{W}$ と $\boldsymbol{N}$ がつり合いの関係にある．

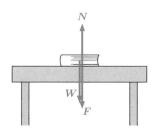

図 3.8 作用・反作用の法則とつり合いの条件

例題 3.6 ヘリコプターにはメインローターの他にテールローターがついている．その理由を作用・反作用の法則を用いて説明せよ．

解 ヘリコプターのメインローターが回転しはじめると，作用・反作用の法則に従い機体はメインローターとは反対の方向に回転する．機体の回転を抑えるため，テールローターを回転させ機体が回転する方向と反対の力を発生させている．

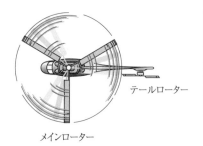

テールローター

メインローター

3.2 運動方程式の立て方 ─────────●

物体の運動は，物体に作用する力に基づいて立てた運動方程式を解くことにより決定される．したがって，力学では運動方程式を立てることが重要なプロセスとなる．運動方程式を立てる手順は次のように行う．

(1) 物体に作用する全ての力を矢印で図に書き入れる．矢印の近くに力の大きさを書き入れる．

(2) 運動を記述する座標軸を導入する．

(3) 座標軸と同じ向きの力を正の力，座標軸と反対向きの力を負の力として運動方程式を立てる．

運動方程式を具体的に求めてみよう．図 3.9 (a) のように，質量 m の物体に大きさ F_1 の力が x 軸の正の向き，大きさ F_2 の力が x 軸の負の向きに働いているとする．大きさ F_1 の力は x 軸の正の向きなので正の力 (図 3.9 (b))，大きさ F_2 の力は x 軸の負の向きなので負の力 (図 3.9 (c)) となる．したがって，物体の加速度を a とすると，運動方程式は

$$ma = F_1 - F_2 \tag{3.11}$$

となる．

図 3.9 座標軸と力の符号

運動を記述する座標軸のとり方に依存して運動方程式は変化する．図 3.10 (a) のように，質量 m の物体に大きさ F の力を鉛直上向きに作用させて，物体を等加速度 a で引き上げる．これに対して運動を記述する x 軸を鉛直上向きと鉛直下向きにとった場合，運動方程式はどのように表されるか考えよう．

x 軸を鉛直上向きにとった場合 (図 3.10 (b))，力 (F) は x 軸の正の向きなので正の力，重力 (mg) は x 軸の負の向きに作用するので負の力となる．したがって，運動方程式は

$$ma = F - mg \tag{3.12}$$

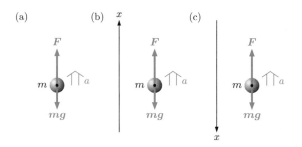

図 3.10 座標軸のとり方

となり，a は正となる．次に，x 軸を鉛直下向きにとった場合 (図 3.10 (c))，力 (F) は x 軸の負の向きになるので負の力，重力 (mg) は x 軸の正の向きになるので正の力となるので，運動方程式は

$$ma = -F + mg \tag{3.13}$$

となり，a は負となる．以上のように，x 軸のとり方により運動方程式は変化するが，得られる運動は同じになることに注意しよう．

最後に，糸で連結された物体の運動方程式を考えよう．図のように，質量 m_0 の伸びない糸でつながれた質量 m_1 の物体 1 と質量 m_2 の物体 2 を水平面に置き，糸が張った状態で物体 1 に大きさ F の力を作用させて等加速度 a で左向きに引く．運動を記述するための x 軸を左向きにとり，物体 1 に働く糸の張力の大きさを T_1，物体 2 に働く糸の張力の大きさを T_2 として，物体 1，2 と糸の運動方程式を求めてみよう．

図 3.12 (a)，(b)，(c) にそれぞれ物体 1，糸，物体 2 に働く力を示す．物体 1 に働くのは x 軸の負の向きの糸の張力 T_1 と x 軸の正の向きの力 F である．したがって，物体 1 の運動方程式は

$$m_1 a = F - T_1 \tag{3.14}$$

となる．次に，糸に働くのは物体 1 からの力 T_1，物体 2 からの力 T_2 である．力 T_1 は x 軸の正の向きなので正の力，力 T_2 は x 軸の負の向きなので負の力となるので，糸の運動方程式は

$$m_0 a = T_1 - T_2 \tag{3.15}$$

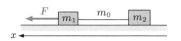

図 3.11 糸で連結された 2 つの物体

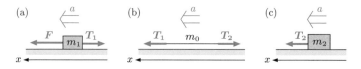

図 3.12 物体 1，2 と糸に作用する力

となる．最後に，物体 2 に働くのは x 軸の正の向きの糸の張力 T_2 だけなので，物体 2 の運動方程式は

$$m_2 a = T_2 \tag{3.16}$$

となる．これらの運動方程式を連立させて解くと物体 1, 2 と糸の運動が分かる．

糸の質量が無視できる場合 $(m_0 = 0)$，糸で連結された物体の運動方程式は簡単になる．この場合には，$T_1 - T_2 = 0$ となるので $T_1 = T_2 = T$ とすると，物体 1, 2 の運動方程式は

$$m_1 a = F - T, \quad m_2 a = T \tag{3.17}$$

となる．これから

$$a = \frac{1}{m_1 + m_2} F, \quad T = \frac{m_2}{m_1 + m_2} F \tag{3.18}$$

が得られる．

3.3 運動方程式の解法

3.3.1 不定積分を用いた解法

質量 m の物体が一定の力 F を受けて運動している．このとき，物体の時刻 t における速度を $v(t)$ とすると，運動方程式は

$$m \frac{dv}{dt} = F \tag{3.19}$$

となる．加速度を

$$a_0 = \frac{F}{m} \tag{3.20}$$

とすると，加速度に関する微分方程式

$$\frac{dv}{dt} = a_0 \tag{3.21}$$

が得られる．式 (3.21) を満たす $v(t)$ は時間で微分すると a_0 を与える関数である．したがって，$v(t)$ は次の加速度の不定積分で与えられる (付録 A.3 関数の積分を参照).

$$v(t) = \int a_0 \, dt = a_0 t + c_1 \tag{3.22}$$

ここで，c_1 は積分定数といわれ，任意の定数である．また，位置 $x(t)$ と $v(t)$ の関係は

$$\frac{dx}{dt} = v(t) \tag{3.23}$$

となるので，$x(t)$ は $v(t)$ の不定積分で与えられる．

$$x(t) = \int v(t)\, dt = \int (a_0 t + c_1)\, dt = \frac{1}{2} a_0 t^2 + c_1 t + c_2 \quad (3.24)$$

ここで，c_2 も積分定数である．

加速度の式 (3.21) は x を用いて表すと

$$\frac{d^2 x}{dt^2} = a_0 \quad (3.25)$$

となる．このような 2 階微分を含む微分方程式の解を求めるときには，積分を 2 回繰り返さなければならない．1 回積分を実行するたびに積分定数が 1 つ現れるので，一般解は式 (3.24) のように，積分定数を 2 つ含むことになる．

一般解の積分定数は初期条件を与えれば決定することができる．たとえば，物体を時刻 $t = 0$ に $x = x_0$ の位置から速度 v_0 で投げ出したとする．このとき，初期条件は

$$x(0) = x_0, \quad v(0) = v_0 \quad (3.26)$$

となる．式 (3.22) から

$$v(0) = c_1 = v_0 \quad (3.27)$$

が得られる．また，式 (3.24) から

$$x(0) = c_2 = x_0 \quad (3.28)$$

が得られる．したがって，時刻 t における物体の位置は

$$x(t) = \frac{1}{2} a_0 t^2 + v_0 t + x_0 \quad (3.29)$$

となる．また，速度は

$$v(t) = a_0 t + v_0 \quad (3.30)$$

となる．

3.3.2　定積分を用いた運動方程式の解法

定積分を用いた運動方程式の解法について考えよう．まず，簡単のため，図 3.13(a) のような加速度が一定の直線運動を考えよう．時刻 t_0 から t の間で加速度は a で一定であるので，t_0 から t までの速度変化は

$$v(t) - v(t_0) = a(t - t_0) \quad (3.31)$$

となる．次に，加速度が時間とともに変化する場合を考えよう．加速度を $a(t)$ とすると

$$\frac{dv}{dt} = a(t) \quad (3.32)$$

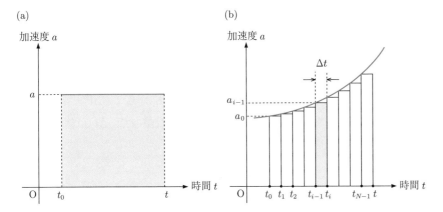

図 3.13 加速度から速度を求める

となる. 図 3.13(b) に示すように, t_0 と t の間を N 等分して

$$t_1 - t_0 = t_2 - t_1 = \cdots = t - t_{N-1} = \Delta t \tag{3.33}$$

とする. 各区間の速度変化は

$$v(t) - v(t_{N-1}) \cong a(t_{N-1})\Delta t$$

$$v(t_{N-1}) - v(t_{N-2}) \cong a(t_{N-2})\Delta t \tag{3.34}$$

$$\cdots\cdots$$

$$v(t_1) - v(t_0) \cong a(t_0)\Delta t$$

となるので, これらを加え合わせると

$$v(t) - v(t_0) \cong \sum_{i=1}^{N} a(t_{i-1})\Delta t \tag{3.35}$$

が得られる. $\Delta t \to 0$ の極限をとると, 右辺は定積分になるので

$$v(t) - v(t_0) = \int_{t_0}^{t} a(t')\,dt' \tag{3.36}$$

となる. 式 (3.36) の左辺は

$$v(t) - v(t_0) = \int_{t_0}^{t} dv \tag{3.37}$$

と表せるので, 式 (3.36) は

$$\int_{t_0}^{t} dv = \int_{t_0}^{t} a(t')\,dt' \tag{3.38}$$

となる. この式 (また式 (3.36)) は, 式 (3.32) に dt を掛けて両辺を t_0 から t まで積分したものになっている.

逆に, 式 (3.36) は式 (3.32) を満たしていることを確認するために, 式 (3.36) の微分を考えよう. 時刻が t から $t + \Delta t$ に変化した

ときの速度変化 Δv を，式 (3.36) を用いて計算すると

$$\Delta v = v(t + \Delta t) - v(t) = \int_{t_0}^{t+\Delta t} a(t')\,dt' - \int_{t_0}^{t} a(t')\,dt' \quad (3.39)$$

となる．図 3.14 のように，右辺第 1 項と第 2 項の積分はそれぞれ加速度曲線と時間軸で挟まれた領域の区間 t_0 から $t + \Delta t$ までの面積，区間 t_0 から t までの面積に等しい．したがって，Δv は網掛け (青塗り) の部分に等しいとしてよい．

$$\Delta v \cong a(t)\Delta t \quad (3.40)$$

この関係は $\Delta t \to 0$ の極限で厳密に成立し

$$\frac{dv}{dt} = \lim_{\Delta t \to 0} \frac{\Delta v}{\Delta t} = a(t) \quad (3.41)$$

となる．したがって，式 (3.36) の $v(t)$ は式 (3.32) を満たしていることがわかる．

速度が時間の関数として与えられると

$$\frac{dx}{dt} = v(t) \quad (3.42)$$

の関係から $x(t)$ を求めることができる．式 (3.32) から $v(t)$ を求めたときと同様にして，式 (3.42) を積分すると

$$x(t) - x(t_0) = \int_{t_0}^{t} v(t')\,dt' \quad (3.43)$$

が得られる．ただし，$x(t_0)$ は任意の値であっても，$x(t)$ は微分方程式 (3.42) を満たす．また，式 (3.36) の $v(t_0)$ についても同様である．したがって，運動を具体的に定めるには，初期条件を用いて $x(t_0)$ と $v(t_0)$ を決める必要がある．たとえば，$t_0 = 0$ として，初期条件を

$$x(0) = x_0, \quad v(0) = v_0 \quad (3.44)$$

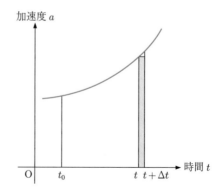

図 3.14 微小時間 Δt の間に生じる速度変化

とすると

$$x(t) = x_0 + \int_0^t v(t')\,dt', \quad v(t) = v_0 + \int_0^t a(t')\,dt' \qquad (3.45)$$

となる.

例題 3.7 図のように, 時刻 $t = 0$ に地面からの高さが x_0 の位置から初速 v_0 で鉛直上向きに質量 m の物体を投げ上げる. 物体の位置を表すために, 鉛直上向きに x 軸をとり, 地面の高さを $x = 0$, 重力加速度の大きさを g とする. 次の問いに答えよ.

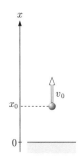

(1) 物体の運動方程式を書け.

(2) 初期条件を書け.

(3) 時刻 t における物体の速度を求めよ.

(4) 時刻 t における物体の位置を求めよ.

解 (1) $m\dfrac{d^2x}{dt^2} = -mg$

(2) 時刻 $t = 0$ での位置, 速度をそれぞれ $x(0)$, $v(0)$ とすると, 初期条件は

$$x(0) = x_0, \quad v(0) = v_0$$

となる.

(3) 速度 $v(t)$ は

$$\frac{dv}{dt} = -g$$

から

$$v(t) = \int (-g)dt = -gt + c_1$$

となる. 初期条件 $v(0) = v_0$ から $c_1 = v_0$ となる. したがって, 速度は

$$v(t) = -gt + v_0$$

となる.

(4) 位置 $x(t)$ は

$$x(t) = \int (-gt + v_0)dt = -\frac{1}{2}gt^2 + v_0 t + c_2$$

となる. 初期条件 $x(0) = x_0$ から $c_2 = x_0$ となる. したがって, 位置は

$$x(t) = -\frac{1}{2}gt^2 + v_0 t + x_0$$

となる.

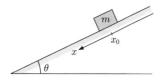

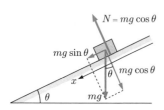

例題3.8 図のように，傾斜角 θ の滑らかな斜面に沿って下向きに x 軸をとる．時刻 $t=0$ に斜面上の位置 $x=x_0$ から初速 0 で質量 m の物体を放す．重力加速度の大きさを g として，次の問いに答えよ．

(1) 物体の運動方程式を書け．

(2) 時刻 t における物体の速度を求めよ．

(3) 時刻 t における物体の位置を求めよ．

解 (1) 物体に働く重力を斜面に垂直な成分と平行な成分に分解する．斜面に垂直な成分は垂直抗力 N とつり合っている．正味の力は斜面に平行な成分 $mg\sin\theta$ だけとなるので，運動方程式は

$$m\frac{d^2x}{dt^2} = mg\sin\theta$$

となる.

(2) 速度 $v(t)$ は

$$\frac{dv}{dt} = g\sin\theta$$

から

$$v(t) = \int g\sin\theta\,dt = g\sin\theta \cdot t + c_1$$

となる．初期条件 $v(0)=0$ から $c_1=0$ となる．したがって，速度は

$$v(t) = g\sin\theta \cdot t$$

となる.

(3) 位置 $x(t)$ は

$$x(t) = \int g\sin\theta \cdot t\,dt = \frac{1}{2}g\sin\theta \cdot t^2 + c_2$$

となる．初期条件 $x(0)=x_0$ から $c_2=x_0$ となる．したがって，位置は

$$x(t) = \frac{1}{2}g\sin\theta \cdot t^2 + x_0$$

となる.

3.4 運動量と力積 ────────●

運動している物体を静止させようとするとき，速さが大きいほど，質量が大きいほど静止させにくい．したがって，物体の速さが大きく質量も大きいとき運動には勢いがある．そこで，運動の勢いを表す量として，質量 m と速度 $\boldsymbol{v}(t)$ の積をとった

$$\boldsymbol{p}(t) = m\boldsymbol{v}(t) \tag{3.46}$$

という量を定義する．これを運動量という．成分で表すと

$$p_x = mv_x(t), \quad p_y = mv_y(t), \quad p_z = mv_z(t) \tag{3.47}$$

となる．式 (3.46) を時間で微分すると

$$\frac{d\boldsymbol{p}}{dt} = m\frac{d\boldsymbol{v}}{dt} \tag{3.48}$$

の関係が得られるので，運動方程式は

$$\frac{d\boldsymbol{p}}{dt} = \boldsymbol{F}(t) \tag{3.49}$$

と表せる．これを成分で表すと

$$\frac{dp_x}{dt} = F_x(t), \quad \frac{dp_y}{dt} = F_y(t), \quad \frac{dp_z}{dt} = F_z(t) \tag{3.50}$$

となる．

運動方程式 (3.49) は微小時間 Δt の間に変化する運動量 $\Delta \boldsymbol{p}$ を表す式であるとみなせる．Δt の間の $\boldsymbol{F}(t)$ の変化は無視できるとすると，運動量変化は

$$\Delta \boldsymbol{p} = \boldsymbol{F}\Delta t \tag{3.51}$$

となる．また，時刻 t_0 から t までの間に生じる運動量変化は，加速度に関する微分方程式 (3.32) から速度の式 (3.36) を求めたときと同様にして計算すると

$$\boldsymbol{p}(t) - \boldsymbol{p}(t_0) = \int_{t_0}^{t} \boldsymbol{F}(t')\,dt' \tag{3.52}$$

となる．式 (3.51) や (3.52) の右辺を力積という．また，これらの式は，運動量変化が加えられた力積に等しいことを表す．

式 (3.51) は力の作用時間が長くなると作用する力の大きさを小さくできることを示している．その例として，エアバッグでは事故のとき，力の作用時間を長くすることで，体に加わる力の大きさを小さくしている．また，式 (3.51) から，速いボールを投げるためには，強い力を長時間ボールに加えて投げる必要があることも理解できる．

2つの物体が互いに近づいて力を及ぼし合い，最初にもっていた運動量を変化させるのが衝突である．たとえば，ボールが壁に衝突するとはね返り，運動量が変化する．衝突はごく短い接触時間の間に大きな相互作用を互いに及ぼし合う現象である．このような極めて短時間に作用する力のことを**撃力**という．撃力は図3.15に示したような概形をしているが，計算上は接触時間の間に一定の力が働いたと近似することが多い．そこで，接触時間 Δt の間に受ける力積 I (網掛け (青塗り) 部分) を Δt で割った量

$$\overline{F} = \frac{I}{\Delta t} \tag{3.53}$$

を平均の撃力とし，この力が瞬間的に物体間に働いているとする．たとえば，運動量 p で運動していた物体が接触時間 Δt の衝突によって運動量 p' に変化するとき，力積は運動量変化で与えられるので，平均の撃力は

$$\overline{F} = \frac{p' - p}{\Delta t} \tag{3.54}$$

となる．

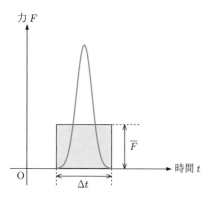

力 F

$\overline{F}$

O　　Δt　　時間 t

図 3.15 撃力と平均の撃力

例題 3.9　質量 m の物体が時刻 0 に自由落下した．この物体の運動量は時刻 t_1 から t_2 の間にどれだけ変化するか．ただし，鉛直下向きの速度を正とする．

解　t_1, t_2 における物体の運動量をそれぞれ $p(t_1)$, $p(t_2)$ とする．物体は鉛直下向きの重力 mg を受けているので，式 (3.52) から運動量変化は

$$p(t_2) - p(t_1) = \int_{t_1}^{t_2} mg \, dt = mg(t_2 - t_1)$$

となる．

例題 3.10　x 軸の負の向きに速さ $40\,\mathrm{m/s}$ で飛んできた質量 $0.020\,\mathrm{kg}$ のボールをバットで打ち返すと，ボールは x 軸の正の向きに速さ $40\,\mathrm{m/s}$ で飛んでいった．次の問いに答えよ．

(1) ボールが受けた力積の大きさ I を求めよ．

(2) ボールの接触時間を $0.10\,\mathrm{s}$ とする．ボールに働く平均の撃力の大きさを求めよ．

解　(1) 速度変化は $40 - (-40) = 80\,\mathrm{m/s}$ となる．また，

ボールの質量は $0.020\,\mathrm{kg}$ なので，運動量変化は

$$\Delta p = 0.020 \times 80 = 1.6\,\mathrm{kg \cdot m/s}$$

となる．運動量変化は力積に等しいので

$$I = \overline{F}\Delta t = \Delta p = 1.6\,\mathrm{kg \cdot m/s} = 1.6\,\mathrm{N \cdot s}$$

と求まる．

(2) $\overline{F} = \dfrac{I}{\Delta t} = \dfrac{1.6}{0.10} = 16\,\mathrm{N}$

例題 3.11 図のように，速さ v で飛んできた質量 m のボールをバットで打ったら，ボールは真上に速さ v で飛び出し，キャッチャーフライとなった．このとき，水平右向きに x 軸，鉛直上向きに y 軸をとると，バッターが打つ直前のボールの運動量は $\boldsymbol{p}_1 = (-mv, 0)$，打った直後のボールの運動量は $\boldsymbol{p}_2 = (0, mv)$ と表せる．ボールが受けた力積の大きさを求めよ．

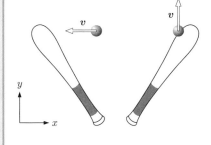

解 力積は運動量変化に等しいので

$$\boldsymbol{p}_2 - \boldsymbol{p}_1 = (mv, mv)$$

となる．力積の大きさは

$$I = \sqrt{(mv)^2 + (mv)^2} = \sqrt{2}\,mv$$

となる．

3.5 運動量保存則

2つの物体が衝突などにより互いに力を及ぼし合っているが，それ以外に他から何の力も受けなければ，2つの物体の運動量の和は変化しない．これを運動量保存則という．ここでは，衝突などのように，内力だけが働くとき，運動量が保存されることを確かめよう．

質量 m_A，運動量 $\boldsymbol{p}_\mathrm{A}$ の物体 A と質量 m_B，運動量 $\boldsymbol{p}_\mathrm{B}$ の物体 B が衝突により互いに力を及ぼし合っているが，それ以外に何の力も働いていないとする（図 3.16）．A が B に及ぼす力を $\boldsymbol{F}_\mathrm{A \to B}$，B が A に及ぼす力を $\boldsymbol{F}_\mathrm{B \to A}$ とすると，2つの物体に対して次の運動方程式が成り立つ．

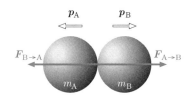

図 3.16 内力だけを及ぼし合う 2 つの物体 A，B

$$\frac{d\boldsymbol{p}_{\mathrm{A}}}{dt} = \boldsymbol{F}_{\mathrm{B}\to\mathrm{A}}, \quad \frac{d\boldsymbol{p}_{\mathrm{B}}}{dt} = \boldsymbol{F}_{\mathrm{A}\to\mathrm{B}} \tag{3.55}$$

上の 2 つの運動方程式を加え合わせると

$$\frac{d}{dt}(\boldsymbol{p}_{\mathrm{A}} + \boldsymbol{p}_{\mathrm{B}}) = \boldsymbol{F}_{\mathrm{B}\to\mathrm{A}} + \boldsymbol{F}_{\mathrm{A}\to\mathrm{B}} \tag{3.56}$$

が得られる．物体は内力だけを及ぼし合っているので，右辺は作用・反作用の法則により

$$\boldsymbol{F}_{\mathrm{B}\to\mathrm{A}} + \boldsymbol{F}_{\mathrm{A}\to\mathrm{B}} = \boldsymbol{0} \tag{3.57}$$

となり

$$\frac{d}{dt}(\boldsymbol{p}_{\mathrm{A}} + \boldsymbol{p}_{\mathrm{B}}) = \boldsymbol{0} \tag{3.58}$$

が得られる．これから，全運動量は時間に依存せず一定となる．

$$\boldsymbol{p}_{\mathrm{A}} + \boldsymbol{p}_{\mathrm{B}} = \text{一定} \tag{3.59}$$

この関係は物体の数がもっと多くても，**外力**が働かなければ作用・反作用の法則によって成り立つことが保証される．

　力積から運動量保存則を導出することもできる．上と同様に，物体 A と B が衝突により互いに力を及ぼし合っているが，それ以外に何の力も働いていないとする．運動方程式 (3.52) の時間を t_1 から t_2 までとすると

$$\boldsymbol{p}_{\mathrm{A}}(t_2) - \boldsymbol{p}_{\mathrm{A}}(t_1) = \int_{t_1}^{t_2} \boldsymbol{F}_{\mathrm{B}\to\mathrm{A}}(t')\,dt',$$

$$\boldsymbol{p}_{\mathrm{B}}(t_2) - \boldsymbol{p}_{\mathrm{B}}(t_1) = \int_{t_1}^{t_2} \boldsymbol{F}_{\mathrm{A}\to\mathrm{B}}(t')\,dt' \tag{3.60}$$

となる．上の 2 つの式を加え合わせると

$$\boldsymbol{p}_{\mathrm{A}}(t_2) + \boldsymbol{p}_{\mathrm{B}}(t_2) - \boldsymbol{p}_{\mathrm{A}}(t_1) - \boldsymbol{p}_{\mathrm{B}}(t_1) = \int_{t_1}^{t_2} (\boldsymbol{F}_{\mathrm{B}\to\mathrm{A}}(t') + \boldsymbol{F}_{\mathrm{A}\to\mathrm{B}}(t'))\,dt' \tag{3.61}$$

が得られる．衝突の間，常に $\boldsymbol{F}_{\mathrm{B}\to\mathrm{A}} + \boldsymbol{F}_{\mathrm{A}\to\mathrm{B}} = \boldsymbol{0}$ であるので

$$\boldsymbol{p}_{\mathrm{A}}(t_2) + \boldsymbol{p}_{\mathrm{B}}(t_2) = \boldsymbol{p}_{\mathrm{A}}(t_1) + \boldsymbol{p}_{\mathrm{B}}(t_1) \tag{3.62}$$

という運動量保存則が成り立つ．

例題 3.12　水平でまっすぐなレールの上に 5000 kg の貨車がブレーキをかけずに止まっている．この貨車に 6.0 m/s の速さでレールの上を走行していた 10000 kg の貨車が衝突して連結した．連結したときの速さを求めよ．ただし，貨車はレールの上を滑らかに動くものとする．

解 連結後の速さを v とすると，運動量保存則から

$$(5000 + 10000)v = 10000 \times 6.0 + 5000 \times 0$$

の関係が得られる．これから

$$v = 4.0\,\mathrm{m/s}$$

となる．

例題 3.13 水平な床の上に，滑らかに動く 100 kg の台車が止まっており，その上に質量 20 kg の少年が乗っている．少年が台車の後から水平方向に 2.0 m/s の速さで飛び出したところ，台車はその反動で前に動き出した．このときの台車の速さを求めよ．

解 動き出した台車の速さを v とすると，運動量保存則から

$$100 \times v + 20 \times (-2.0) = 100 \times 0 + 20 \times 0$$

の関係が得られる．これから，$v = 0.40\,\mathrm{m/s}$ となる．

3.1 図のように，質量 m_1, m_2, m_3 の 3 つの物体を水平で滑らかな床の上に置き，軽くて伸びない糸 1，2 で連結した．m_1 の物体に水平右向きに一定の力 F を加えて引くと，3 つの物体は加速度 a で等加速度運動をした．糸 1，2 の張力の大きさをそれぞれ T_1, T_2 とし，力は水平右向きを正とする．

(1) m_1, m_2, m_3 の物体の運動方程式を書け．

(2) a を求めよ．

(3) T_1, T_2 を求めよ．

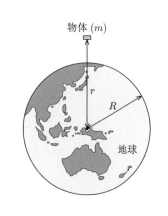

3.2 図のように，滑らかな床の上に質量 $10\,\mathrm{kg}$ の 2 つの物体 A, B を接して置き，A に $50\,\mathrm{N}$ の力を左方向に加えると，2 つの物体は離れることなく加速度 a の等加速度運動をした．

(1) 2 つの物体は大きさが f で反対向きの力を互いに及ぼし合っているとして，A, B の運動方程式を求めよ．

(2) a を求めよ．

(3) f を求めよ．

3.3 地球の中心から r 離れた場所で，物体に働く万有引力は地球表面で働く万有引力の $\dfrac{1}{2}$ になった．r を地球の半径 R を用いて表せ．

3.4 火星の質量は $6.42 \times 10^{23}\,\mathrm{kg}$，半径は $3.37 \times 10^6\,\mathrm{m}$ である．火星表面での重力加速度の大きさは地球表面での重力加速度の大きさの何倍になるか．ただし，万有引力定数を $6.67 \times 10^{-11}\,\mathrm{N \cdot m^2/kg^2}$，地球表面での重力加速度の大きさを $9.80\,\mathrm{m/s^2}$ とする．

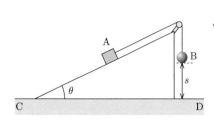

3.5 図のように，床 CD に対して角度 θ をなす滑らかな斜面の上端に，軽い滑車をとり付け，この滑車に軽くて伸びないひもをかける．次に，ひもの一端に質量 m の物体 A を付けて斜面に置き，他端に同じ質量 m の物体 B を付ける．ひもが張った状態で，B を床から高さ s の位置で静かに放すと，A は大きさ a の加速度で斜面に沿って滑り上がり，B は A と同じ大きさの加速度で鉛直方向に下降した．糸の張力の大きさを T，

重力加速度の大きさを g とする.

(1) 加速度の方向を力の正の向きとして，A，B の運動方程式を書け.

(2) A，B の加速度を求めよ.

(3) B を放してから t 秒後の A と B の速さを求めよ.

(4) B を放してから t 秒後の B の地面からの高さを求めよ.

(5) B が CD に到達する直前の A の速さを求めよ.

3.6 図のように，滑らかな床に質量 m の物体を置き，床と角度 θ の方向に一定の力 F で物体を引くと，物体は床面上を水平右向きに滑り出した．重力加速度の大きさを g とする.

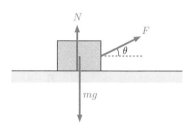

(1) 物体の水平方向の加速度を a，床が物体に及ぼす垂直抗力の大きさを N として，水平方向の運動方程式と鉛直方向のつり合いの式を書け.

(2) a を F, m, θ を用いて表せ.

(3) 物体が滑り出してから t 秒後の物体の速さを求めよ.

(4) 物体が滑り出してから t 秒までの物体の移動距離を求めよ.

3.7 質量 $2.0\,\mathrm{kg}$ の物体を地面から $19.6\,\mathrm{m}$ の高さより自由落下させた．重力加速度の大きさを $9.8\,\mathrm{m/s^2}$ とする.

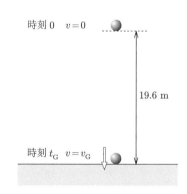

(1) 落下しはじめてから地面に到達するまでの時間 t_{G} を求めよ.

(2) 地面に到達する直前の速さ v_{G} を求めよ.

(3) 地面に衝突してから静止するまでに物体が受ける力積はいくらか.

3.8 速度 $10\,\mathrm{m/s}$ で運動していた質量 $0.10\,\mathrm{kg}$ の物体が，0.10 秒の間一定の撃力を受けて静止した.

(1) 静止するまでの物体の運動量変化を求めよ.

(2) 物体に加えた撃力の大きさ F を求めよ.

(3) 物体に加えた力積を求めよ.

3.9 図のように，地面と平行に $50\,\mathrm{m/s}$ の速さで飛んできた $200\,\mathrm{g}$ の野球ボールをバットで打ち返したところ，ボールは $50\,\mathrm{m/s}$ の速さで $60°$ 上方向に飛んでいった.

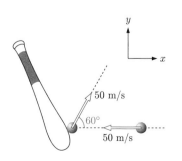

(1) ボールが受けた力積の大きさを求めよ.

(2) ボールとバットの接触時間を 0.050 秒とする．ボールに働く平均の撃力の大きさを求めよ.

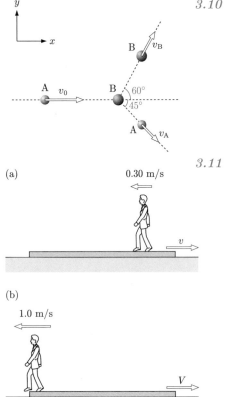

3.10 図のように，水平面上で，x軸に沿って速さ v_0 で飛んできた質量 m の物体 A を，静止した質量 M の物体 B に衝突させると，A と B は x 軸に対してそれぞれ 45° の方向に速さ v_A と 60° の方向に速さ v_B で飛んでいった．

(1) A と B の運動量に対して成り立つ保存則を x 成分と y 成分に分けて書け．

(2) v_A, v_B を求めよ．

3.11 滑らかで水平な床の上に質量 20 kg の板があり，板の右端に質量 50 kg の人が乗っている．人や板が左側に動く場合を速度の正の向きとする．

(1) 図 (a) のように，静止していた板の上を人が床に対して速さ 0.30 m/s で左方向に動きだした．このとき，板が床に対して動く速度 v を求めよ．

(2) 図 (b) のように，0.30 m/s の速度で左側に向かって動いていた人が，板の左端に達した瞬間，床に対して 1.0 m/s の速さで左側に飛び出す．人が飛び出した後の板の速度 V を求めよ．

4

いろいろな運動

4.1 直線運動 ●

4.1.1 等速度運動

物体が一定の速度で移動する運動を等速度運動 (等速直線運動) という．この運動では，物体は直線上を一定の時間にいつでも同じだけ変位する．図 4.1 に示した等速直線運動の例では，物体は 1 秒当たり v_0 移動しているので，速度 v は

$$v = v_0 \tag{4.1}$$

となる．これから，時刻 0 から t までの間の変位は

$$\Delta x = v_0 t \tag{4.2}$$

となる．また，時刻 0 における物体の位置を x_0 とすると，時刻 t における物体の位置 x は

$$x = \Delta x + x_0 = v_0 t + x_0 \tag{4.3}$$

となる．等速度運動の速度，変位，位置を図 4.2 に示す．

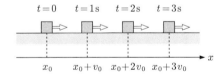

図 4.1 等速直線運動

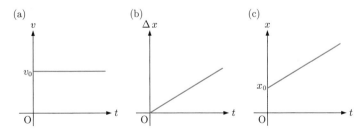

図 4.2 等速直線運動の速度 v，変位 Δx，位置 x

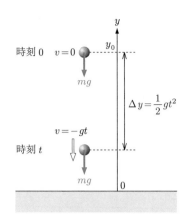

図 4.3 自由落下

4.1.2 自由落下

　地球上の物体は常に鉛直下向きに重力を受けている．物体が初速 0 で重力だけを受けて落下する運動を**自由落下**という．自由落下は初速 0，加速度の大きさ g の等加速度運動である．図 4.3 のように，質量 m の物体の位置を表すために，鉛直上向きに y 軸をとり，運動の開始点を y_0 $(y_0 > 0)$，運動の開始時刻を 0 とする．また，時刻 t における物体の位置を y，速度を v とする．重力は y が減少する方向に働くので，物体の運動方程式は

$$m\frac{dv}{dt} = -mg \tag{4.4}$$

となる．これから，加速度として

$$\frac{dv}{dt} = -g \tag{4.5}$$

が得られる．式 (4.5) を満たす v は，時間で微分すると $-g$ を与える関数である．この関数は加速度を積分すると得られるので，v は

$$v = \int (-g)\,dt = -gt + c_1 \tag{4.6}$$

となる．積分定数 c_1 は初期条件から決まる．速度に関する初期条件は，$t = 0$ のとき $v = 0$ なので，$c_1 = 0$ となる．したがって

$$v = -gt \tag{4.7}$$

が得られる．同様にして

$$v = \frac{dy}{dt} = -gt \tag{4.8}$$

の関係から，積分によって y を求めると

$$y = -\frac{1}{2}gt^2 + c_2 \tag{4.9}$$

となる．位置に関する初期条件は，$t = 0$ のとき $y = y_0$ なので，$c_2 = y_0$ となる．これから

$$y = -\frac{1}{2}gt^2 + y_0 \tag{4.10}$$

となる．また，時刻 0 から t までの間の落下距離は

$$\Delta y = |y - y_0| = \frac{1}{2}gt^2 \tag{4.11}$$

となる．

　地面の高さを 0 として，地面に着地する時刻とその時の速度を求めよう．着地する時刻 t_G は，式 (4.10) に $t = t_G$，$y = 0$ を代入すれば求まる．

$$y = -\frac{1}{2}gt_G{}^2 + y_0 = 0 \tag{4.12}$$

これから，t_G として正の解を選ぶと

$$t_\mathrm{G} = \sqrt{\frac{2y_0}{g}} \qquad (4.13)$$

が得られる．また，着地するときの速度 v_G は，t_G を式 (4.8) に代入すれば

$$v_\mathrm{G} = -\sqrt{2gy_0} \qquad (4.14)$$

と求まる．自由落下の速度と位置の時間依存を図 4.4 に示す．

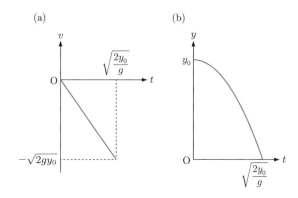

図 4.4 自由落下の速度と位置の時間依存

4.1.3 鉛直投げ上げ

　鉛直上向きに初速を与えて投げ上げた物体の運動を鉛直投げ上げという．投げ上げられた物体は重力によって減速され，速さが 0 となったところで最高点に到達する．その後，物体は自由落下して最初の位置に向かって落下してくる．

　図 4.5 のように，鉛直上向きに y 軸をとり，物体を原点 O から初速 v_0 で鉛直に投げ上げたとする．また，運動の開始時刻を 0，時刻 t における位置を y，速度を v とする．運動方程式は自由落下と同じで，式 (4.4) で与えられる．加速度を積分して速度 v と位置 y を求めると

$$\begin{cases} v = -gt + c_1 \\ y = -\dfrac{1}{2}gt^2 + c_1 t + c_2 \end{cases} \qquad (4.15)$$

が得られる．速度に関する初期条件は，$t = 0$ のとき $v = v_0$ なので，$c_1 = v_0$ となる．また，位置に関する初期条件は，$t = 0$ のとき $y = 0$ なので，$c_2 = 0$ となる．以上のことから，鉛直投げ上げの速度と位置は

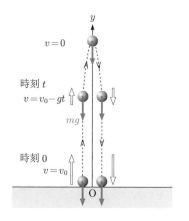

図 4.5 鉛直投げ上げ

$$
\begin{cases}
v = -gt + v_0 \\
y = -\dfrac{1}{2}gt^2 + v_0 t
\end{cases}
\tag{4.16}
$$

となる.

地面の高さを 0 として，地面から鉛直に投げ上げられた物体の運動を考えよう．まず，最高点に到達する時刻 t_P と最高点の高さ h_P を求めよう．最高点では速度は 0 となるので，式 (4.16) の v に $t = t_\mathrm{P}$, $v = 0$ を代入すると

$$
0 = -gt_\mathrm{P} + v_0
\tag{4.17}
$$

となる．これから

$$
t_\mathrm{P} = \frac{v_0}{g}
\tag{4.18}
$$

が得られる．また，h_P は求めた t_P を式 (4.16) の y に代入して

$$
h_\mathrm{P} = \frac{{v_0}^2}{2g}
\tag{4.19}
$$

となる．

次に，地面に着地する時刻 t_G とその時の速度 v_G を求めよう．地面の高さは 0 なので，t_G は式 (4.16) の y に $t = t_\mathrm{G}$, $y = 0$ を代入して得られる式

$$
-\frac{1}{2}g{t_\mathrm{G}}^2 + v_0 t_\mathrm{G} = 0
\tag{4.20}
$$

の 2 つの解のうち 0 でない解となる．これから

$$
t_\mathrm{G} = 2\frac{v_0}{g}
\tag{4.21}
$$

が得られる．また，v_G は求めた t_G を式 (4.16) の v に代入すると

$$
v_\mathrm{G} = -v_0
\tag{4.22}
$$

と求まる．鉛直投げ上げの速度と位置の時間依存を図 4.6 に示す．

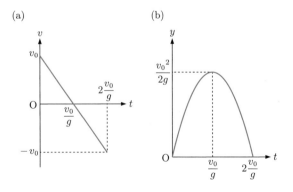

図 4.6 鉛直投げ上げの速度と位置の時間依存

> **例題 4.1** 質量 m のボールを高さ h_1 から自由落下させて硬い床に衝突させたところ，物体は高さ h_2 のところまで跳ね上がった．次の問いに答えよ．
>
> (1) ボールが床に衝突する直前の速度 v_1 と直後の速度 v_2 を求めよ．ただし，速度は鉛直上向を正とする．
>
> (2) 跳ね返りによりボールが受けた力積 I を求めよ．
>
> **解** (1) h_1 からの自由落下により床に衝突する v_1 は式 (4.14) から
>
> $$v_1 = -\sqrt{2gh_1}$$
>
> である．また，跳ね返りによる運動は v_2 で鉛直に投げ上げる運動である．式 (4.19) より h_2 と v_2 との関係は，$h_2 = \dfrac{v_2{}^2}{2g}$ である．したがって
>
> $$v_2 = \sqrt{2gh_2}$$
>
> が得られる．
>
> (2) I は
>
> $$I = mv_2 - mv_1 = m\sqrt{2gh_2} - m(-\sqrt{2gh_1})$$
> $$= m\sqrt{2g}(\sqrt{h_1} + \sqrt{h_2})$$
>
> となる．

4.2 放物運動

4.2.1 水平投射

水平方向に投射された物体の運動を水平投射という．投射された物体は曲線を描いて飛んでいき，やがて地面に落下する．図 4.7 は物体を水平方向に投射したときの運動の様子を，x 軸を水平右向きに，y 軸を鉛直上向きにとって表したものである．図からわかるように，物体の x 方向の運動は等速度運動，y 方向の運動は自由落下である．このように，平面運動は x，y 方向に分解すると理解が容易になる．

運動の開始時刻を 0，運動の開始点 $\boldsymbol{r}(0)$，初速度 $\boldsymbol{v}(0)$ を

$$\begin{cases} \boldsymbol{r}(0) = (0, y_0) \\ \boldsymbol{v}(0) = (v_0, 0) \end{cases} \tag{4.23}$$

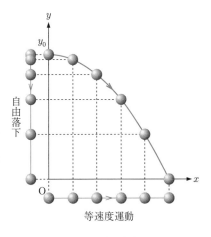

図 4.7 水平投射

とする．また，時刻 t における物体の位置 $\boldsymbol{r}$，速度 $\boldsymbol{v}$ を

$$\begin{cases} \boldsymbol{r} = (x, y) \\ \boldsymbol{v} = (v_x, v_y) \end{cases} \tag{4.24}$$

とする．物体に働く力は鉛直下向きの重力だけなので，力は

$$\boldsymbol{F} = (F_x, F_y) = (0, -mg) \tag{4.25}$$

と表される．運動方程式

$$m\frac{d\boldsymbol{v}}{dt} = \boldsymbol{F} \tag{4.26}$$

を x 成分と y 成分に分けて表すと

$$\begin{cases} m\dfrac{dv_x}{dt} = 0 \\ m\dfrac{dv_y}{dt} = -mg \end{cases} \tag{4.27}$$

となる．

　x 方向の運動は速度 v_0 の等速度運動である．位置に関する初期条件は，$t = 0$ のとき $x = 0$ なので，v_x と x は次のようになる．

$$\begin{cases} v_x = v_0 \\ x = v_0 t \end{cases} \tag{4.28}$$

　一方，y 方向の運動は高さ y_0 からの自由落下なので，v_y と y は次のようになる．

$$\begin{cases} v_y = -gt \\ y = -\dfrac{1}{2}gt^2 + y_0 \end{cases} \tag{4.29}$$

　地面の高さを 0 として，地面に着地する時刻 t_{G} とそのときの速さ v_{G} を求めよう．式 (4.29) の y に $t = t_{\mathrm{G}}$，$y = 0$ を代入すると

$$t_{\mathrm{G}} = \sqrt{\frac{2y_0}{g}} \tag{4.30}$$

が得られる．これから，着地するときの速度は

$$\boldsymbol{v}(t_{\mathrm{G}}) = (v_0, -\sqrt{2gy_0}) \tag{4.31}$$

となるので，速さ (速度ベクトルの大きさ) は

$$v(t_{\mathrm{G}}) = |\boldsymbol{v}(t_{\mathrm{G}})| = \sqrt{v_0{}^2 + 2gy_0} \tag{4.32}$$

となる．

　次に，水平投射した物体の軌道を求めよう．式 (4.28) の x から得られた

$$t = \frac{x}{v_0} \tag{4.33}$$

を式 (4.29) の y に代入すると，x と y の関係として

$$y = -\frac{1}{2}\frac{g}{v_0^2}x^2 + y_0 \tag{4.34}$$

が得られる．これは $y = y_0$ を最大値とする上に凸な放物線である
(図 4.8).

4.2.2 斜方投射

斜め上に投げられた物体は曲線を描いて飛んでいき，やがて地面
に落ちる．このように斜め上方向に投射された物体の運動を斜方投
射という．図 4.9 のように，原点 O から初速 v_0 で水平と角度 θ を
なす方向に斜方投射された物体の運動を考えよう．x 軸を水平右向
きに，y 軸を鉛直上向きにとって，物体の運動を x と y 方向に分解
する．図からわかるように，x 方向の運動は等速度運動，y 方向の
運動は原点からの鉛直投げ上げである．運動の開始時刻を 0，運動
の開始点 $\boldsymbol{r}(0)$，初速度 $\boldsymbol{v}(0)$ を

$$\begin{cases} \boldsymbol{r}(0) = (0,0) \\ \boldsymbol{v}(0) = (v_0\cos\theta, v_0\sin\theta) \end{cases} \tag{4.35}$$

とする．また，時刻 t における物体の位置を $\boldsymbol{r} = (x, y)$，速度を
$\boldsymbol{v} = (v_x, v_y)$ とする．物体に働く力は，水平投射の場合と同じ鉛直
下向きの重力だけなので，力は式 (4.25) で与えられる．また，運動
方程式も同様で，式 (4.27) で与えられる．

x 方向の運動は速度 $v_0\cos\theta$ の等速度運動である．位置に関する
初期条件は，$t = 0$ のとき $x = 0$ なので，v_x と x は次のように

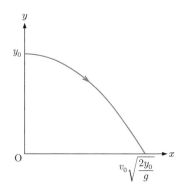

図 4.8 水平投射された物体の軌道

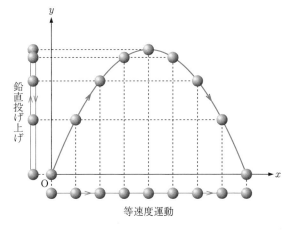

図 4.9 斜放投射

なる.

$$\begin{cases} v_x = v_0 \cos\theta \\ x = v_0 \cos\theta \cdot t \end{cases} \tag{4.36}$$

一方, y 方向の運動は原点からの初速 $v_0 \sin\theta$ の鉛直投げ上げなので, v_y と y は次のようになる.

$$\begin{cases} v_y = -gt + v_0 \sin\theta \\ y = -\dfrac{1}{2}gt^2 + v_0 \sin\theta \cdot t \end{cases} \tag{4.37}$$

物体が最高点に到達する時刻 t_{P} と最高点の位置 $(x_{\mathrm{P}}, y_{\mathrm{P}})$ を求めよう. 最高点では $v_y = 0$ となるので, 式 (4.37) の v_y に $t = t_{\mathrm{P}}$, $v = 0$ を代入して, t_{P} を求めると

$$t_{\mathrm{P}} = \frac{v_0 \sin\theta}{g}$$

が得られる. $x_{\mathrm{P}}, y_{\mathrm{P}}$ は求めた t_{P} をそれぞれ式 (4.36) の x, 式 (4.37) の y に代入して

$$x_{\mathrm{P}} = \frac{v_0{}^2 \sin\theta \cos\theta}{g}, \quad y_{\mathrm{P}} = \frac{(v_0 \sin\theta)^2}{2g} \tag{4.38}$$

となる.

次に, 地面の高さを 0 $(y = 0)$ として, 物体が地面に着地する時刻 t_{G} を求めよう. t_{G} は式 (4.37) の y に $t = t_{\mathrm{P}}$, $y = 0$ を代入して得られる式

$$-\frac{1}{2}g t_{\mathrm{G}}{}^2 + v_0 \sin\theta \cdot t_{\mathrm{G}} = 0 \tag{4.39}$$

の 2 つの解のうち, 0 でない方になる.

$$t_{\mathrm{G}} = 2\frac{v_0 \sin\theta}{g} \tag{4.40}$$

物体は投射されてから着地するまで一定の速さ $v_0 \cos\theta$ で水平方向に移動するので, 原点から着地点までの距離 L (水平到達距離) は

$$L = t_{\mathrm{G}} v_0 \cos\theta = \frac{2v_0{}^2 \sin\theta \cos\theta}{g} = \frac{v_0{}^2 \sin 2\theta}{g} \tag{4.41}$$

となる. ただし, 最後の式の変形には倍角の公式

$$2\sin\theta \cos\theta = \sin 2\theta \tag{4.42}$$

を用いた.

L の最大値を最大到達距離という. L が最大となるのは $\sin 2\theta = 1$ のときである. このとき $\theta = 45°$ で, 最大到達距離は

$$L_{\max} = \frac{v_0{}^2}{g} \tag{4.43}$$

となる.

最後に，物体の軌道を求めよう．式 (4.36) の x から求めた

$$t = \frac{x}{v_0 \cos\theta} \quad (4.44)$$

を式 (4.37) の y に代入すると，x と y の関係として

$$y = \frac{\sin\theta}{\cos\theta}x - \frac{g}{2(v_0\cos\theta)^2}x^2 \quad (4.45)$$

が得られる．図 4.10 のように，これは $\left(\dfrac{v_0{}^2\sin\theta\cos\theta}{g}, \dfrac{(v_0\sin\theta)^2}{2g}\right)$ を頂点とする上に凸な放物線である．

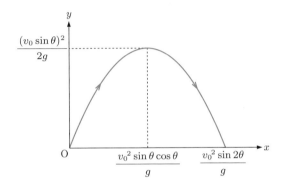

図 4.10 斜放射された物体の軌道

4.3 等速円運動

図 4.11 のように，天井から糸でつり下げられたおもりを水平面内でまわすと，おもりは一定の速さで円を描いて運動する．このように，物体が円周上を一定の速さでまわる運動を等速円運動という．

4.3.1 極座標と弧度法

等速円運動を扱うには，図 4.12 に示した極座標 $(r,\ \theta)$ を用いて物体の位置の座標 (x, y) を表すとよい．r を原点 O と物体の位置 P の距離とすると

$$r = \sqrt{x^2 + y^2} \quad (4.46)$$

である．また，θ を OP と x 軸のなす角度とすると，P の座標 x, y は

$$\begin{cases} x = r\cos\theta \\ y = r\sin\theta \end{cases} \quad (4.47)$$

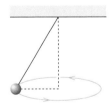

図 4.11 円錐振り子

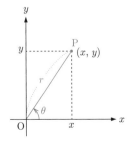

図 4.12 極座標 $r,\ \theta$

と表すことができる．θ は物体が反時計まわりに回転するとき正，時計まわりに回転するとき負とする．

SI 単位系における角度の単位はラジアン〔rad〕である．図 4.13 のように，半径 1 の円 (単位円) を考え，弧の長さ θ に対する中心角を θ [rad] と定義する．円の中心角とそれに対する弧の長さは比例するので，半径 r，中心角 θ に対する弧の長さは $r\theta$ となる．

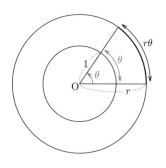

図 4.13 ラジアンの定義

4.3.2 等速円運動

等速円運動を考えよう．図 4.14 のように，物体は原点 O を中心とする半径 r の円周上を反時計まわりに一定の速さ v で運動しているとする．x 軸と動径ベクトル (原点から物体に引いたベクトル) のなす角度を θ とし，物体は時刻 0 で $\theta = 0$，時刻 t で点 P に到達したとする．P での θ は，1 秒当たりの回転角 ω (角速度) を用いて

$$\theta = \omega t \tag{4.48}$$

と表せる．円運動の周期 T は 1 周の角度 2π をまわる時間なので

$$T = \frac{2\pi}{\omega} \tag{4.49}$$

となる．また，物体は 1 周の長さ $2\pi r$ を周期 T でまわるので，速さは

$$v = \frac{2\pi r}{T} = \omega r \tag{4.50}$$

で与えられる．

等速円運動する物体の加速度を求めよう．図 4.15(a) のように，物体は時刻 t のとき点 P に位置し，それから微小時間 Δt だけ経過

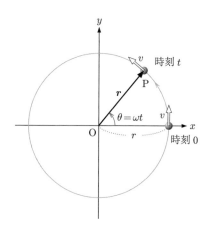

図 4.14 等速円運動

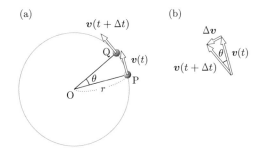

図 4.15 等速円運動における速度変化

した時刻 $t + \Delta t$ のとき点 Q に移動したとする．Δt の間の回転角 θ は，ω を用いて

$$\theta = \omega \Delta t \tag{4.51}$$

と表せる．等速円運動では速さは一定であるが，運動の方向は常に変化しているので，速度はベクトルで表される．P における速度を $\boldsymbol{v}(t)$，Q における速度 $\boldsymbol{v}(t + \Delta t)$ を

$$\boldsymbol{v}(t + \Delta t) = \boldsymbol{v}(t) + \Delta \boldsymbol{v} \tag{4.52}$$

とする．$|\boldsymbol{v}(t)| = |\boldsymbol{v}(t + \Delta t)| = v$ であり，Δt が微少量なので

$$|\Delta \boldsymbol{v}| \cong v\theta = v\omega \Delta t \tag{4.53}$$

と表すことができる (図 4.15(b))．これから，加速度の大きさ a は

$$a = \frac{\Delta v}{\Delta t} = v\omega = r\omega^2 = \frac{v^2}{r} \tag{4.54}$$

となる．

図 4.15 (b) で，Δt を小さくしていくと，$\boldsymbol{v}(t + \Delta t)$ は $\boldsymbol{v}(t)$ に近づくため，$\Delta \boldsymbol{v}$ と $\boldsymbol{v}(t)$ のなす角度は垂直になっていく．これは加速度が速度と垂直になることを表す．速度は円の接線方向を向いているため，それに垂直な加速度は円の中心を向くことになる．このような円の中心を向く加速度を**向心加速度**という．

物体が向心加速度 $\boldsymbol{a}$ をもつとき

$$\boldsymbol{F} = m\boldsymbol{a} \tag{4.55}$$

で表される力が働いていることになる．力の向きは，向心加速度と同じなので，円の中心方向である．このような力を**向心力**といい，その大きさは

$$F = mr\omega^2 = m\frac{v^2}{r} \tag{4.56}$$

で表される.

　極座標を用いて等速円運動する物体の速度，加速度，向心力を求めよう．図 4.16 のように，物体は原点 O を中心とする半径 r の円周上を反時計まわりに角速度 ω で等速円運動しているとする．物体の動径ベクトル $\boldsymbol{r}$ と x 軸のなす角度を θ とし，時刻 0 で $\theta = 0$ とする．このとき，時刻 t での動径ベクトルの成分は

$$\begin{cases} x = r \cos \omega t \\ y = r \sin \omega t \end{cases} \tag{4.57}$$

と表せる．速度の x 成分 v_x，y 成分 v_y はそれぞれ x，y を時間で微分すれば得られる．

$$\begin{cases} v_x = \dfrac{dx}{dt} = -\omega r \sin \omega t \\ v_y = \dfrac{dy}{dt} = \omega r \cos \omega t \end{cases} \tag{4.58}$$

また，次に示すように，速度と動径ベクトルの内積は 0 となるので，速度は動径ベクトルに垂直な円の接線方向となる．

$$\boldsymbol{v} \cdot \boldsymbol{r} = x v_x + y v_y = -\omega r^2 \sin \omega t \cos \omega t + \omega r^2 \sin \omega t \cos \omega t = 0 \tag{4.59}$$

　式 (4.58) をさらに時間で微分すると加速度が得られる．

$$\begin{cases} a_x = \dfrac{d^2 x}{dt^2} = -\omega^2 r \cos \omega t = -\omega^2 x \\ a_y = \dfrac{d^2 y}{dt^2} = -\omega^2 r \sin \omega t = -\omega^2 y \end{cases} \tag{4.60}$$

加速度は $\boldsymbol{a} = -\omega^2 \boldsymbol{r}$ となるので，動径ベクトルと反対向きで円の中心に向かっている．式 (4.60) に物体の質量 m を掛けると，力の x

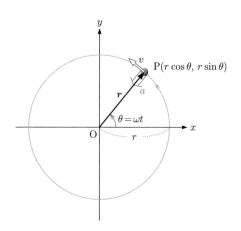

図 4.16　等速円運動する物体の極座標表示

成分 F_x, y 成分 F_y が得られる.

$$\begin{cases} m\dfrac{d^2x}{dt^2} = -m\omega^2 r\cos\omega t = -m\omega^2 x = F_x \\ m\dfrac{d^2y}{dt^2} = -m\omega^2 r\sin\omega t = -m\omega^2 y = F_y \end{cases} \tag{4.61}$$

図 4.17 のように，物体に働く向心力 $\boldsymbol{F} = -m\omega^2\boldsymbol{r}$ は，等速円運動の各時刻で円の中心を向き，その大きさは

$$F = \sqrt{F_x{}^2 + F_y{}^2} = mr\omega^2 = m\frac{v^2}{r} \tag{4.62}$$

となる．また，

$$\boldsymbol{F}_x = (-m\omega^2 x, 0), \quad \boldsymbol{F}_y = (0, -m\omega^2 y) \tag{4.63}$$

である．

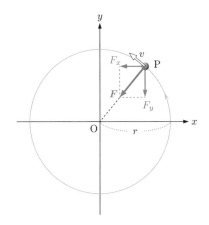

図 4.17 等速円運動する物体に働く向心力

等速円運動する物体には，常に円の中心に向かう向心力が働いている．たとえば，ハンマー投げで，ハンマーの鉄球が円運動するのは，回転の中心に向かってワイヤーで鉄球を引っ張っているからである．これが円運動の向心力になっている．ワイヤーから手を放し，向心力がなくなると，ハンマーは円運動の円の接線方向に飛んでいく．

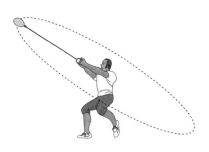

図 4.18 ハンマー投げ

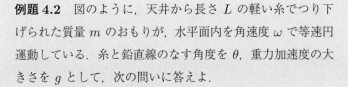

例題 4.2 図のように，天井から長さ L の軽い糸でつり下げられた質量 m のおもりが，水平面内を角速度 ω で等速円運動している．糸と鉛直線のなす角度を θ，重力加速度の大きさを g として，次の問いに答えよ．

(1) 糸の張力 S を求めよ．

(2) 角速度 ω を求めよ．

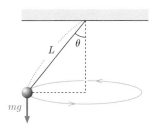

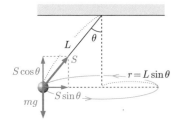

解 (1) 図のように，おもりには糸の張力 S と重力 mg が働いている．おもりは水平面内を円運動するので，鉛直方向は力がつり合っている．したがって

$$S\cos\theta = mg$$

である．これから，糸の張力は

$$S = \frac{mg}{\cos\theta}$$

と求まる．

(2) 図から，向心力 F は

$$F = S\sin\theta = mg\frac{\sin\theta}{\cos\theta} = mg\tan\theta$$

となる．また，F は円運動の半径を r，角速度を ω とすると

$$F = mr\omega^2$$

で与えられる．$r = L\sin\theta$ なので，角速度は

$$\omega = \sqrt{\frac{F}{mr}} = \sqrt{\frac{g}{L\cos\theta}}$$

となる．

例題 4.3 図のように，質量 M の太陽 S を中心として質量 m の地球 E が角速度 ω で半径 r の円周上を等速円運動しているとする．万有引力定数を G として，次の問いに答えよ．

(1) 地球の公転周期 T を求めよ．

(2) $r = 1.5 \times 10^{11}\,\mathrm{m}$，$G = 6.7 \times 10^{-11}\,\mathrm{m^3/(kg \cdot s^2)}$，$M = 2.0 \times 10^{30}\,\mathrm{kg}$ として T の値を求めよ．

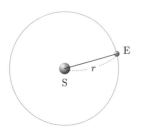

解 (1) 地球には太陽に向かう万有引力が働いている．その大きさは

$$F = G\frac{Mm}{r^2}$$

で表される．これが向心力となり地球は太陽を中心として等速円運動する．地球の向心加速度は $r\omega^2$ なので，地球の運動方程式は

$$G\frac{mM}{r^2} = mr\omega^2$$

となる．これから，角速度は

$$\omega = \sqrt{G\frac{M}{r^3}}$$

となる. また, 周期は $\dfrac{2\pi}{\omega}$ なので

$$T = \frac{2\pi}{\omega} = 2\pi\sqrt{\frac{r^3}{GM}}$$

が得られる.

(2) (1) で求めた周期に数値を代入すると

$$T = 2 \times 3.14 \times \sqrt{\frac{(1.5 \times 10^{11})^3}{6.7 \times 10^{-11} \times 2.0 \times 10^{30}}} \cong 3.2 \times 10^7\,\text{s}$$

となる. 1日は $60 \times 60 \times 24 = 86400\,\text{s}$ なので, $T = 370$ 日 が得られる.

4.4 摩擦を受けたときの運動

4.4.1 静止摩擦力と動摩擦力

図 4.19 のように, 摩擦が働く平面上に置かれた物体を平面に平行な力 $\boldsymbol{F}$ で引く. このとき, 力の大きさがあまり大きくなければ物体は動かない. これは物体に垂直抗力 $\boldsymbol{N}$, 重力 $\boldsymbol{W}$ の他に, 水平方向の抗力としての摩擦力 $\boldsymbol{f}$ が働くからである. このような静止した物体に働く摩擦力を静止摩擦力という. 静止した物体では, 作用する力はつり合いの関係にある. $\boldsymbol{W}$ と $\boldsymbol{N}$ は鉛直方向を向いているので

$$\boldsymbol{W} + \boldsymbol{N} = \boldsymbol{0} \quad (\text{大きさ } W = N) \tag{4.64}$$

となる. また, $\boldsymbol{f}$ と $\boldsymbol{F}$ は水平方向を向いているので

$$\boldsymbol{f} + \boldsymbol{F} = \boldsymbol{0} \quad (\text{大きさ } f = F) \tag{4.65}$$

となる.

引く力を大きくすると, 静止摩擦力も大きくなるが, 引く力が限界値をこえて大きくなると, 物体は動き出す. この限界の静止摩擦力を最大摩擦力という. 最大摩擦力の大きさ f_{m} は垂直抗力の大きさに比例して

$$f_{\mathrm{m}} = \mu N \tag{4.66}$$

と表される (図 4.20). μ は静止摩擦係数といわれ, 接触する両物体の面の状態によって決まる定数である.

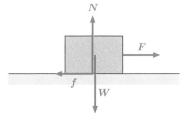

図 4.19 静止摩擦力 $\boldsymbol{f}$

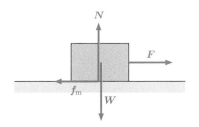

図 4.20 最大摩擦力 $\boldsymbol{f}_{\mathrm{m}}$

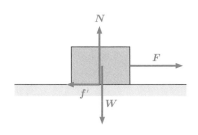

図 4.21 動摩擦力 f'

図 4.21 のように，引く力が最大摩擦力をこえて物体が動き出した後も，物体は面から運動を妨げる向きに摩擦力を受ける．このような運動する物体に働く摩擦力を**動摩擦力**という．動摩擦力の大きさ f' も垂直抗力の大きさに比例して

$$f' = \mu' N \tag{4.67}$$

と表される．μ' も面の状態によって決まる定数で，**動摩擦係数**と呼ばれる．表 4.1 に摩擦係数の例を示す．テフロン - テフロンの場合を除き，多くの場合

$$\mu > \mu' \tag{4.68}$$

である．

表 4.1 静止摩擦係数と動摩擦係数の例

接触する 2 つの物体	静止摩擦係数	動摩擦係数
ガラス - ガラス	0.9	0.4
木 - 木	0.6	0.5
鋼鉄 - 鋼鉄	0.7	0.5
テフロン - テフロン	0.04	0.04

例題 4.4 図 4.19 のように，摩擦のある平面上の物体に水平右向きの力 F を作用させ，F を 0 から徐々に大きくする．$F \le f_{\mathrm{m}}$ のとき，物体は静止したままであったが，$F > f_{\mathrm{m}}$ になると，物体は右向きに動き出した．このとき，物体と平面との間に働く摩擦力 f の変化を，F を横軸にして図示せよ．

解 物体が静止しているとき，F と f はつり合っている．この関係は $F = f_{\mathrm{m}}$ まで成り立つ．物体が動き出すと，運動を妨げる向きに動摩擦力が働くが，動摩擦力は F の大きさに依存しない．動摩擦力を f' として，f と F の関係を示すと図のようになる．

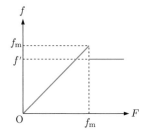

例題 4.5 摩擦が働く斜面に物体を置き，斜面の傾斜角を次第に大きくしていく．図のように，傾斜角が θ_{m} になったとき，物体が斜面に沿って下向きに滑り出した．このとき，θ_{m} と静止摩擦係数 μ の関係を求めよ．

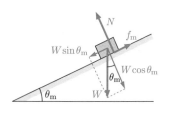

解 物体に働く重力の大きさを W, 垂直抗力の大きさを N, 最大摩擦力の大きさを f_m とする. 鉛直下向きの重力は斜面に垂直な成分 $W\cos\theta_\mathrm{m}$ と斜面に平行な成分 $W\sin\theta_\mathrm{m}$ に分解されるので, つり合いの式は

$$N = W\cos\theta_\mathrm{m}, \quad f_\mathrm{m} = W\sin\theta_\mathrm{m}$$

となる. 最大摩擦力は

$$f_\mathrm{m} = \mu N$$

と表されるので, μ と θ_m の関係は

$$\mu = \frac{f_\mathrm{m}}{N} = \frac{W\sin\theta_\mathrm{m}}{W\cos\theta_\mathrm{m}} = \tan\theta_\mathrm{m}$$

となる.

例題 4.6 床の上に置いた物体を初速 $2.0\,\mathrm{m/s}$ で滑らせたところ, $0.50\,\mathrm{m}$ 動いて静止した. 物体と床との間の動摩擦係数を求めよ. ただし, 重力加速度の大きさを $9.8\,\mathrm{m/s^2}$ とする.

解 物体の質量を m, 摩擦係数を μ' とする. 垂直抗力の大きさは mg なので, 動摩擦力の大きさは $\mu' mg$ となる. 物体が動き出した向きを速度や加速度の正の方向とすると, 物体の運動は加速度 $-\mu' g$ の等加速度運動となる. 初速度 v_0 で滑り出した時刻を 0 とすれば, 時刻 t における速度は

$$v = v_0 - \mu' g t$$

となる. $v = 0$ となる時刻 t_0 とそのときまでに物体が動く距離 L_0 は

$$t_0 = \frac{v_0}{\mu' g}, \quad L_0 = v_0 t_0 - \frac{1}{2}\mu' g t_0^2 = \frac{v_0^2}{2\mu' g}$$

となる. これから, 動摩擦係数は

$$\mu' = \frac{v_0^2}{2 L_0 g}$$

となる. $v_0 = 2.0\,\mathrm{m/s}$, $L_0 = 0.50\,\mathrm{m/s}$, $g = 9.8\,\mathrm{m/s^2}$ を代入すると

$$\mu' = \frac{2.0^2}{2 \times 0.50 \times 9.8} \cong 0.41$$

が得られる.

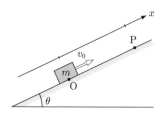

例題**4.7**　図のように，傾斜角 θ の摩擦が働く斜面に沿って上向きに x 軸をとる．原点 O から物体を速さ v_0 で x 軸に沿って滑り上がらせると，物体は点 P に到達して停止した．物体が原点を出発した時刻を 0，重力加速度の大きさを g，物体と斜面との間の動摩擦係数を μ' として，次の OP 間の運動に関する問いに答えよ．

(1) 時刻 t における物体の速度を求めよ．

(2) 時刻 t における物体の位置を求めよ．

(3) P に到達する時刻を求めよ．

解　(1) 物体の運動に関係する力は重力の斜面に平行な成分 $-mg\sin\theta$ と動摩擦力 $-\mu'mg\cos\theta$ なので，物体の加速度は $-g(\mu'\cos\theta + \sin\theta)$ となる．物体は初速度 v_0，加速度 $-g(\mu'\cos\theta + \sin\theta)$ の等加速度運動をすることになる．したがって，時刻 t における速度は

$$v = v_0 - g(\mu'\cos\theta + \sin\theta)t$$

となる．

(2) 時刻 t における位置は

$$x = v_0 t - \frac{1}{2}g(\mu'\cos\theta + \sin\theta)t^2$$

となる．

(3) P に到達する時刻 t_{P} は $v = 0$ から求まる．

$$0 = v_0 - g(\mu'\cos\theta + \sin\theta)t_{\mathrm{P}}$$

より

$$t_{\mathrm{P}} = \frac{v_0}{g(\mu'\cos\theta + \sin\theta)}$$

となる．

4.5 抵抗力を受けたときの運動 ●

物体が空気中を運動するとき，運動する方向と反対向きに空気抵抗 (抵抗力) を受ける．この抵抗力は物体の速さがあまり大きくないとき，速さに比例するが，速さが大きくなると，速さの 2 乗に比例するようなる．

雨滴のように，空気中をあまり大きくない速さで落下する物体の運動を考えよう．物体には，速度に比例する抵抗力が働くとする．図 4.22 のように，鉛直下向きに x 軸をとり，物体の質量を m，抵抗力の比例定数を b $(b > 0)$ とする．物体には，下向きの重力 mg と上向きの抵抗力が働いている．落下速度を v $(v > 0)$ とすると，上向きの抵抗力は $-bv$ となるので，物体の運動方程式は

$$m\frac{dv}{dt} = mg - bv \tag{4.69}$$

となる．これを解くために，次の変数 V を導入する．

$$v = \frac{mg}{b} + V \tag{4.70}$$

これを式 (4.69) に代入すると，左辺は

$$m\frac{dv}{dt} = m\frac{d}{dt}\left(\frac{mg}{b} + V\right) = m\frac{dV}{dt} \tag{4.71}$$

となり，右辺は

$$mg - bv = -bV \tag{4.72}$$

となる．式 (4.71), (4.72) から，運動方程式は

$$\frac{dV}{dt} = -\frac{b}{m}V \tag{4.73}$$

と変形できる．

式 (4.73) を解くために，公式

$$y = Ce^{at} \quad \text{のとき} \quad \frac{dy}{dt} = aCe^{at} = ay \tag{4.74}$$

を用いると，式 (4.73) の一般解として

$$V = Ce^{-\frac{b}{m}t} \tag{4.75}$$

が得られる．ここで，C は運動の初期条件で決まる積分定数である．得られた V から v を求めると

$$v = Ce^{-\frac{b}{m}t} + \frac{mg}{b} \tag{4.76}$$

となる．落下開始時 (時刻 0) の物体の速さは小さいので，時刻 0 で $v = 0$ とすると

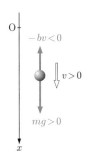

図 4.22 速度に比例する空気抵抗を受けた物体に働く力

$$C = -\frac{mg}{b} \tag{4.77}$$

となり，速度として

$$v = \frac{mg}{b}\left(1 - e^{-\frac{b}{m}t}\right) \tag{4.78}$$

が得られる．

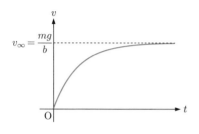

図 4.23 速度に比例する空気抵抗を受けた物体の落下速度の時間変化

図 4.23 は落下速度の時間変化を示したものである．落下開始時で速さが大きくないうちは，抵抗力は重力に比べて無視でき，物体は重力加速度 g の等加速度運動をする．落下する速さが大きくなるに従って抵抗力も大きくなり，速度の増え方も遅くなる．最終的には加速度は 0 となり，物体はそれ以上加速されなくなる．このときの速度 v_∞ は，式 (4.69) の左辺を 0 として

$$v_\infty = \frac{mg}{b} \tag{4.79}$$

となる．この速度を終端速度という．

例題 4.8 高度 2.0×10^3 m の雨雲から質量 4.2×10^{-9} kg の雨滴が自由落下した．重力加速度の大きさを 9.8 m/s^2 として，次の問いに答えよ．

(1) 空気抵抗がないとき，雨滴が地面に到達したときの速さ v_{G} を求めよ．

(2) 雨滴は空気抵抗を受けて終端速度 v_∞ で地面に到達したとする．空気抵抗の比例定数が $b = 3.4 \times 10^{-8}$ kg/s のときの終端速度を求めよ．

解 (1) 高さ h から自由落下したとき，地面に到達するときの速さは $\sqrt{2gh}$ となる．したがって

$$v_{\mathrm{G}} = \sqrt{2 \times 9.8 \times 2.0 \times 10^3} \cong 2.0 \times 10^2 \text{ m/s}$$

となる．

(2) v_∞ は式 (4.79) で与えられるので

$$v_\infty = \frac{4.2 \times 10^{-9} \times 9.8}{3.4 \times 10^{-8}} \cong 1.2 \text{ m/s}$$

となる．したがって，空気抵抗により雨滴の速さは 100 分の 1 程度に減速される．

4.6 振動

4.6.1 単振動

図 4.24 (a) は，xy 平面上の半径 A の円周上を，角速度 ω で等速円運動する物体を，一定時間ごとに示したものである．等速円運動は周期運動なので，これを x 軸方向から見ると，図 4.24 (b) に示したように，物体は y 軸を上下に往復運動しているように観測される．この往復運動の中心 O を負から正の向きに通過した時刻を 0 とすると，時刻 t における変位 y は，図 4.24 (a) からわかるように

$$y = A\sin\omega t \tag{4.80}$$

となる．このように，変位が正弦関数または余弦関数で表される往復運動を単振動という．図 4.24 (c) は単振動の変位 y を時間 t に対して示したものであり，等速円運動と同様に，単振動も周期運動になっていることがわかる．

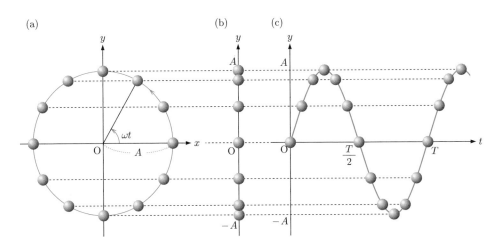

図 4.24 等速円運動 (a)，単振動 (b)，単振動の y-t グラフ (c)

図 4.25 は単振動の変位 y の時間変化を示したものである．A は振動の中心から端までの距離を表し，振幅といわれる．また，等速円運動の角速度 ω に相当する量を，単振動では角振動数といい，その単位は rad/s である．単振動する物体が 1 往復 (1 振動) するのに要する時間を周期 T という．これは等速円運動の 1 回転に要する時間に相当するので，T と ω の間には

$$T = \frac{2\pi}{\omega} \tag{4.81}$$

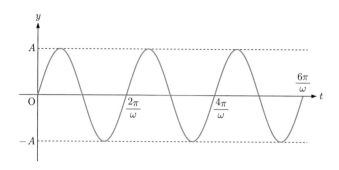

図 4.25 単振動の変位 y の時間変化

の関係がある．また，物体が1秒間に振動する回数 f を振動数とい
い，f と T の間には

$$f = \frac{1}{T} \tag{4.82}$$

の関係がある．f の単位は1/sであるが，これに対してHzを用いる．

　ばねは引き伸ばせば前の状態に戻ろうとして縮み，また反対に，
押し縮めれば前の状態に戻ろうとして伸び，物体に力を及ぼす．ば
ねに接続されて振動する物体の運動は典型的な単振動の例である．
ここでは，単振動をもう少し定量的に扱おう．

　図 4.26 (b) のように，ばねの右端に質量 m の物体を接続し，滑
らかな平面上に置いて左端を固定する．このとき，ばねの長さは自
然長 L で，ばねは物体に力を及ぼさない．ばねが自然長のときの物
体の位置を原点 O に，ばねの伸びる方向に x 軸をとる．物体の原
点からの変位を x とすれば，物体に働く力 F は x に比例し，その
向きは常に原点に向かう方向になる．たとえば，図 4.26 (a) のよう
に，ばねが自然長から引き伸ばされたときには，$x > 0$，$F < 0$ と
なり，図 4.26 (c) のように，ばねが自然長から押し縮められたとき
には，$x < 0$，$F > 0$ となる．**ばね定数**を k $(k > 0)$ とすると，い
ずれの場合も**フックの法則**に従う力

$$F = -kx \tag{4.83}$$

が物体に作用している．このように，運動の中心から変位した物体
を常に運動の中心に戻そうとする力を**復元力**という．また，このよ
うなばねの力を**弾性力**と呼ぶこともある．

　物体の運動方程式は，加速度が $\dfrac{d^2x}{dt^2}$ で表されることを用いると

$$m\frac{d^2x}{dt^2} = -kx \tag{4.84}$$

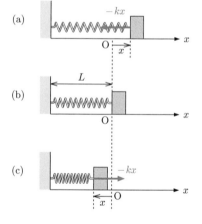

図 4.26 ばねに接続された物体の運動

となる．さらに，運動方程式を

$$\frac{d^2x}{dt^2} = -\omega^2 x, \quad \omega = \sqrt{\frac{k}{m}} \tag{4.85}$$

と変形する．この微分方程式を解くには，2回微分すると元の関数を $-\omega^2$ 倍したものを与える関数を見つければよい．そのような性質をもつものとして，2つの関数

$$x_1 = \sin\omega t, \quad x_2 = \cos\omega t \tag{4.86}$$

がある．たとえば，x_1 に対して微分を行うと

$$\frac{dx_1}{dt} = \omega\cos\omega t, \quad \frac{d^2x_1}{dt^2} = -\omega^2\sin\omega t = -\omega^2 x_1 \tag{4.87}$$

が得られる．また，x_2 に対しても

$$\frac{dx_2}{dt} = -\omega\sin\omega t, \quad \frac{d^2x_2}{dt^2} = -\omega^2\cos\omega t = -\omega^2 x_2 \tag{4.88}$$

が得られる．したがって，x_1 と x_2 が式 (4.85) の解である．

式 (4.85) は線形2階微分方程式なので，その一般解は任意の定数を2つ含む．このことから，c_1, c_2 を任意の定数として，式 (4.85) の一般解は

$$x = c_1 x_1 + c_2 x_2 = c_1\sin\omega t + c_2\cos\omega t \tag{4.89}$$

で与えられることがわかる．

また，式 (4.85) のような線形2階微分方程式では，その独立な2つの解を x_1, x_2 とすると，一般解は

$$x = c_1 x_1 + c_2 x_2$$

となることが知られている．x_1 と x_2 が独立であるためには，ロンスキーの行列式 W が

$$W = \begin{vmatrix} x_1 & x_2 \\ \dfrac{dx_1}{dt} & \dfrac{dx_2}{dt} \end{vmatrix} = x_1\frac{dx_2}{dt} - x_2\frac{dx_1}{dt} \neq 0 \tag{4.90}$$

であればよい (付録 A.5 を参照)．$\sin\omega t$, $\cos\omega t$ に対する W は

$$W = \begin{vmatrix} \sin\omega t & \cos\omega t \\ -\omega\cos\omega t & \omega\sin\omega t \end{vmatrix} = \omega \neq 0 \tag{4.91}$$

であるので，$\sin\omega t$ と $\cos\omega t$ は互いに独立な関数であり，式 (4.89) が式 (4.85) の一般解であることが確かめられる．

さらに，式 (4.89) は

$$x = C\sin(\omega t + \varphi) \tag{4.92}$$

の形に書き直すことができる．ただし

$$C = \sqrt{c_1{}^2 + c_2{}^2}, \quad \cos\varphi = \frac{c_1}{C}, \quad \sin\varphi = \frac{c_2}{C} \qquad (4.93)$$

であり，C，φ はそれぞれ単振動の振幅，初期位相と呼ばれる任意の定数である．

例題 4.9 単振動する物体の変位が

$$x(t) = x_0 \cos 4\pi t$$

で与えられる．単振動の周期，振動数を求めよ．ただし，時間 t の単位は s とする．

解 単振動の変位の式から，角振動数 ω が

$$\omega = 4\pi$$

であることがわかる．これから周期は

$$T = \frac{2\pi}{\omega} = \frac{1}{2}\,\text{s}$$

となる．また，得られた周期から，振動数は

$$f = \frac{1}{T} = 2\,\text{Hz}$$

となる．

例題 4.10 単振動する質量 m の物体の変位が

$$x(t) = x_0 \cos \omega t$$

で与えられる．物体の速度と加速度，物体に働く復元力を求めよ．

解 速度は，変位 x を微分して

$$v = \frac{dx}{dt} = -\omega x_0 \sin \omega t$$

となる．加速度は，速度を微分して

$$a = \frac{dv}{dt} = -\omega^2 x_0 \cos \omega t = -\omega^2 x$$

となる．また，復元力 F は

$$F = ma$$

の関係から

$$F = -m\omega^2 x$$

となる．

例題 4.11　一般解 (4.89) が次の初期条件を満たすようにせよ.

$$\begin{cases} t = 0 \text{ のとき } v = v_0 \\ t = 0 \text{ のとき } x = x_0 \end{cases}$$

解　式 (4.89) から変位 x の一般解は

$$x(t) = c_1 \sin \omega t + c_2 \cos \omega t$$

と表せる. 速度 v は x を時間 t で微分して

$$v(t) = \frac{dx}{dt} = \omega c_1 \cos \omega t - \omega c_2 \sin \omega t$$

となる. 初期条件から

$$x(0) = c_2 = x_0$$
$$v(0) = \omega c_1 = v_0$$

となる. これから

$$x(t) = \frac{v_0}{\omega} \sin \omega t + x_0 \cos \omega t$$

が得られる.

例題 4.12　図のように, 質量 m の物体が滑らかな水平面の上にあり, その左端と右端には一端が固定されたばねが接続されている. 物体の左端と右端に接続されたばねのばね定数をそれぞれ k_1, k_2 として, ばねの質量は無視できるものとする. また, 水平右向きに x 軸をとり, 2 つのばねが自然長の状態にあるときの物体の位置を $x = 0$ (原点 O) とする. 次の問いに答えよ.

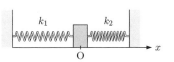

(1) O からの変位が x のとき, 物体の運動方程式を書け. また, 物体を振動させたときの角振動数 ω を求めよ.

(2) 時刻 $t = 0$ で, 物体を $x = -A$ の状態から静かに放す. 時刻 t における物体の位置 x を求めよ.

解　(1) $x > 0$ のとき, 物体は左のばねから負の向きの復元力を受け, 右のばねからも負の向きの復元力を受ける. また, $x < 0$ のとき, 物体は左のばねから正の向きの復元力を受け, 右のばねからも正の向きの復元力を受けるので, 物体

の運動方程式は

$$m\frac{d^2x}{dt^2} = -k_1 x - k_2 x = -(k_1 + k_2)x$$

となる．したがって，角振動数は

$$\omega = \sqrt{\frac{k_1 + k_2}{m}}$$

となる．

(2) O からの変位は式 (4.89) で与えられる．$t = 0$ のとき $x = -A$ なので

$$x(0) = c_1 \sin(\omega \times 0) + c_2 \cos(\omega \times 0) = c_2 = -A$$

また，初速は 0 なので，$v(0) = 0$ である．式 (4.89) を t で微分して速度を求めると

$$v(t) = \frac{dx}{dt} = c_1 \omega \cos \omega t - c_2 \omega \sin \omega t$$

となる．したがって，$v(0) = c_1 \omega = 0$ から，$c_1 = 0$ である．$c_1 = 0, c_2 = -A$ を式 (4.89) に代入すると，x は

$$x(t) = -A \cos \omega t$$

となる．

4.6.2　単振り子

図 4.27 のように，上端が点 O で固定された軽い糸の下端に，小物体 P を接続し，鉛直面内を小さな振幅で振動させる．これを単振り子という．糸の長さを R，小物体の質量を m，振り子の振れ角を θ とする．また，振り子が，O からおろした垂線より右側に位置するときの振れ角を正，左側に位置するときの振れ角を負とする．

振り子の運動は，O を中心とする円弧上に限定されるので，1 次元の運動と考えることができる．物体に働く重力 mg を円周の接線方向の成分 $mg \sin \theta$ と糸方向の成分 $mg \cos \theta$ に分解する．糸方向では，糸の張力 T と重力の糸方向の成分がつり合っているので，振り子の運動を考えるとき，これらの力は無視してよい．したがって，重力の接線成分だけが円周上での物体の運動を変化させることになる．

O からおろした垂線と円周との交点を A，円弧 AP の長さを s とすると

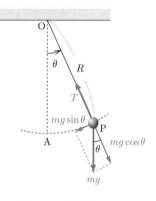

図 4.27　単振り子

$$s = R\theta \tag{4.94}$$

となる. これから, θ が $d\theta$ 変化したとき, 円弧の変化 ds が

$$ds = Rd\theta \tag{4.95}$$

となることがわかる. また, 物体の位置が時間 dt の間に ds 変化したと考えると, 円周に沿った運動の速度 v は

$$v = \frac{ds}{dt} = R\frac{d\theta}{dt} \tag{4.96}$$

となる. また, 加速度は

$$\frac{dv}{dt} = R\frac{d^2\theta}{dt^2} \tag{4.97}$$

となる. 物体に働く重力の接線方向の大きさは $mg\sin\theta$ である. この力は常に θ の大きさを減少させる復元力として作用するので, 物体の運動を変化させる力は円周上で

$$f = -mg\sin\theta \tag{4.98}$$

と表される. 式 (4.97), (4.98) から, 運動方程式は

$$mR\frac{d^2\theta}{dt^2} = -mg\sin\theta \tag{4.99}$$

となる. $\sin\theta$ については, θ の大きさが小さいとき

$$\sin\theta \cong \theta \tag{4.100}$$

と近似できる (付録 A.4 を参照). これを用いると, 運動方程式は

$$\frac{d^2\theta}{dt^2} = -\frac{g}{R}\theta \tag{4.101}$$

と変形できる. この微分方程式は, ばねに接続された物体の運動方程式と同形である. したがって, 単振り子の角振動数は

$$\omega = \sqrt{\frac{g}{R}} \tag{4.102}$$

であり, 周期は

$$T = 2\pi\sqrt{\frac{R}{g}} \tag{4.103}$$

となる. これからわかるように, 単振り子の周期は物体の質量によらず, 振幅が小さいときは周期は振幅によらない. このように, 周期が振幅によらないことを振り子の等時性という.

例題 4.13 単振り子のおもりの質量を 2 倍にし, かつ糸の長さを $\frac{1}{4}$ にすると, 周期と角振動数はそれぞれ何倍になるか.

解 周期は式 (4.103) から質量に依存しない．糸の長さを $\frac{1}{4}$ にすると式 (4.103) から，周期は

$$\frac{2\pi\sqrt{\frac{R}{4}\frac{1}{g}}}{2\pi\sqrt{\frac{R}{g}}} = \frac{1}{2}$$

のように，$\frac{1}{2}$ 倍になる．式 (4.102) から，角振動数も質量に依存しない．糸の長さを $\frac{1}{4}$ にすると，角振動数は

$$\frac{\sqrt{g\frac{4}{R}}}{\sqrt{\frac{g}{R}}} = 2$$

のように，2 倍になる．

4.6.3 減衰振動

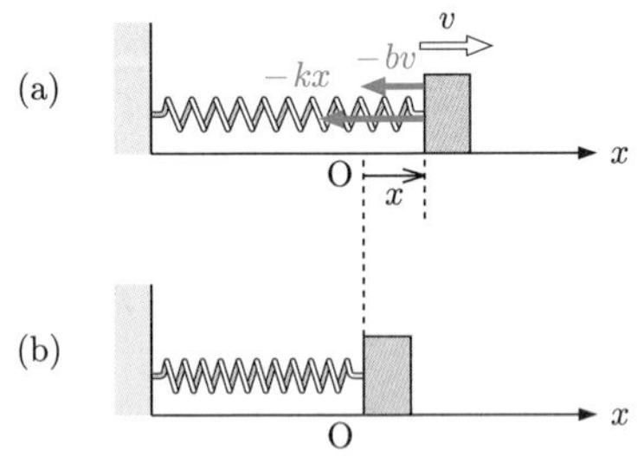

図 4.28 速度に比例する抵抗を受けて振動する物体

日常観測される振動は，摩擦などの抵抗により次第にエネルギーを失い，減衰してやがて静止する．このような現実の運動を記述するには，抵抗による影響を考慮する必要がある．

図 4.28 (b) のように，左端を固定したばね定数 k の軽いばねの右端に質量 m の物体を接続し，ばねが自然長になるようにして置く．このときの物体の位置を原点 O にとる．次に，図 4.28 (a) のように，物体に初速を与えて，振動させる．物体の O からの変位を x とすると，復元力は $-kx$ となる．また，物体には速度 $v = \frac{dx}{dt}$ に比例する抵抗力 $-b\frac{dx}{dt}$ が働いているとすると，運動方程式は

$$m\frac{d^2x}{dt^2} = -kx - b\frac{dx}{dt} \tag{4.104}$$

となる．$\omega = \sqrt{\frac{k}{m}}$，$\gamma = \frac{b}{2m}$ とすると，上の運動方程式は

$$\frac{d^2x}{dt^2} + 2\gamma\frac{dx}{dt} + \omega^2 x = 0 \tag{4.105}$$

と変形できる．これは同次線形 2 階微分方程式といわれる微分方程式で，基本解は

$$x = e^{\lambda t} \tag{4.106}$$

の形で表せる (付録 A.5.1 を参照)．この解を式 (4.105) に代入して，整理すると，λ に関する 2 次方程式

$$\lambda^2 + 2\gamma\lambda + \omega^2 = 0 \tag{4.107}$$

が得られる．式 (4.105) の一般解は，この 2 次方程式の解を用いて表すことができ，また，γ の大きさによって解の性質は次のように異なる．

(i) $\omega > \gamma$ のとき

これは抵抗力がばねの力の大きさに比べて小さい場合である．$\Omega = \sqrt{\omega^2 - \gamma^2}$ とすると

$$\lambda_1 = -\gamma + i\Omega, \quad \lambda_2 = -\gamma - i\Omega \tag{4.108}$$

となるので，一般解は

$$\begin{aligned}
x(t) &= c_1 x_1(t) + c_2 x_2(t) \\
&= e^{-\gamma t}(c_1 e^{i\Omega t} + c_2 e^{-i\Omega t}) \\
&= A e^{-\gamma t} \cos\Omega t + B e^{-\gamma t} \sin\Omega t \\
&= R e^{-\gamma t} \sin(\Omega t + \alpha)
\end{aligned} \tag{4.109}$$

で与えられる．ただし

$$A = c_1 + c_2, \quad B = i(c_1 - c_2), \quad R = \sqrt{A^2 + B^2},$$
$$\sin\alpha = \frac{A}{\sqrt{A^2 + B^2}}, \quad \cos\alpha = \frac{B}{\sqrt{A^2 + B^2}} \tag{4.110}$$

である．

物体は ω より少し小さい角振動数 $\sqrt{\omega^2 - \gamma^2}$ で振動し，その振幅は $R e^{-\gamma t}$ で指数関数的に減衰する．図 4.29 に減衰振動の例を示す．減衰振動する物体は振動しながらつり合いの位置に近づき，やがて静止する．

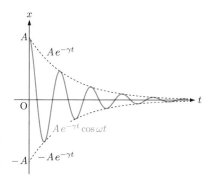

図 4.29 減衰振動する物体の運動

(ii) $\omega < \gamma$ のとき

これは抵抗力がばねの力の大きさに比べて大きい場合である．$\sigma = \sqrt{\gamma^2 - \omega^2}$ とすると，一般解は

$$x(t) = c_1 e^{\lambda_1 t} + c_2 e^{\lambda_2 t} = c_1 e^{-(\gamma - \sigma)t} + c_2 e^{-(\gamma + \sigma)t} \tag{4.111}$$

と表せる．抵抗力がばねの力より大きいので，物体は振動せずにつり合いの位置に指数関数的に近づく．これを過減衰という．式 (4.111) を

$$x(t) = e^{-(\gamma - \sigma)t}(c_1 + c_2 e^{-2\sigma t}) \tag{4.112}$$

と変形すると，右辺第 1 項と比べて第 2 項が速く減衰することがわかる．図 4.30 に過減衰の例を示す．

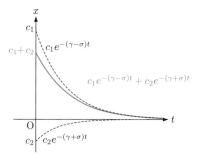

図 4.30 過減衰する物体の運動

(iii) $\omega = \gamma$ のとき

このとき，$\lambda_1 = \lambda_2 = -\gamma$ となり，基本解は $x_1(t) = x_2(t) = e^{-\gamma t}$ で，1 つだけになる．もう 1 つの解を見つけるために

$$x(t) = e^{-\gamma t} f(t) \tag{4.113}$$

を仮定して，式 (4.105) に代入すると

$$e^{-\gamma t} \frac{d^2 f(t)}{dt^2} = 0 \tag{4.114}$$

が得られる．これから，$f(t)$ は

$$\frac{d^2 f(t)}{dt^2} = 0 \tag{4.115}$$

の関係を満たすことになり

$$f(t) = c_1 t + c_2 \tag{4.116}$$

が得られる．したがって，一般解は基本解

$$x_1(t) = te^{-\gamma t}, \quad x_2(t) = e^{-\gamma t} \tag{4.117}$$

の 1 次結合

$$x(t) = c_1 x_1(t) + c_2 x_2(t) = (c_1 t + c_2)e^{-\gamma t} \tag{4.118}$$

で表されることになる．

過減衰と同様に，この場合も x は振動しないで指数関数的に減衰してつり合いの位置に近づく．この運動は減衰振動から過減衰振動に変化する境目の運動を表すので，臨界減衰という．図 4.31 に臨界減衰の例を示す．

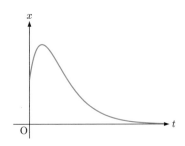

図 4.31 臨界減衰する物体の運動

4.6.4 強制振動

ばねに接続されて振動する物体や振り子のように，それ自体固有の振動をする系に対して，外部から時間に関して周期的な強制力を加える．これを強制振動という．たとえば，ブランコはその鎖の長さに応じた固有の振動数をもっている．ブランコの揺れに合わせてブランコに乗った子供を押してやると，ブランコの振れは大きくなる．このとき押す力が強制力となる．

ばね定数 k のばねに接続されて単振動する質量 m の物体に，角振動数 ω の周期的な強制力

$$F(t) = F_0 \sin \omega t \tag{4.119}$$

を加える場合を考えよう．このとき，物体の運動方程式は

$$m\frac{d^2x}{dt^2} = -kx + F_0 \sin\omega t \tag{4.120}$$

となる. ここで

$$\omega_0 = \sqrt{\frac{k}{m}}, \quad f_0 = \frac{F_0}{m} \tag{4.121}$$

とすると, 運動方程式から次の微分方程式が得られる.

$$\frac{d^2x}{dt^2} + \omega_0{}^2 x = f_0 \sin\omega t \tag{4.122}$$

この微分方程式の一般解 $x_G(t)$ は, 式 (4.122) の右辺を 0 とした同次線形 2 階微分方程式

$$\frac{d^2x}{dt^2} + \omega_0{}^2 x = 0 \tag{4.123}$$

の一般解

$$x_0(t) = c_1 \sin\omega_0 t + c_2 \cos\omega_0 t \tag{4.124}$$

に, 式 (4.122) の特殊解 $x_S(t)$ を加えたものである (付録 A.5 を参照).

$$x_G(t) = x_0(t) + x_S(t) \tag{4.125}$$

特殊解 $x_S(t)$ を求めよう. 式 (4.122) の右辺は $\sin\omega t$ で振動しているので, 特殊解として $x_S(t) = C\sin\omega t$ を仮定すると, 左辺第 1, 2 項からそれぞれ $-\omega^2 \sin\omega t$, $\omega_0{}^2 \sin\omega t$ を生じるので

$$C = \frac{f_0}{\omega_0{}^2 - \omega^2} \tag{4.126}$$

となる. ただし, $\omega \neq \omega_0$ とする. したがって, 式 (4.122) の一般解として

$$x_G(t) = c_1 \sin\omega_0 t + c_2 \cos\omega_0 t + \frac{f_0}{\omega_0{}^2 - \omega^2}\sin\omega t \tag{4.127}$$

が得られる. 右辺の第 1, 2 項は自由振動項, 第 3 項は強制振動項と呼ばれる.

次に, 減衰振動する物体に角振動数 ω の周期的な強制力を加える場合を考えよう. 運動方程式から次の非同次線形 2 階微分方程式

$$\frac{d^2x}{dt^2} + 2\gamma\frac{dx}{dt} + \omega_0{}^2 x = f_0 \sin\omega t \tag{4.128}$$

が得られる. この微分方程式の一般解 $x_G(t)$ は, 同次線形 2 階微分方程式

$$\frac{d^2x}{dt^2} + 2\gamma\frac{dx}{dt} + \omega_0{}^2 x = 0 \tag{4.129}$$

の一般解 (減衰振動)

$$x_0(t) = Se^{-\gamma t}\sin(\omega_0 t + \alpha) \tag{4.130}$$

に式 (4.128) の特殊解 $x_S(t)$ を加えたものである.

特殊解は次のようにして求める (付録 A.5.2 を参照). 式 (4.128) の右辺は角振動数 ω で振動しているので, 一般解には角振動数 ω_0 で減衰振動する成分と角振動数 ω で振動する成分が存在する. ω_0 で振動する成分は同次微分方程式の一般解 $x_0(t)$ (減衰振動) である. そして, ω で振動する成分が式 (4.128) の特殊解 $x_S(t)$ である. 式 (4.128) の左辺第 1 項は $\sin\omega t$ を $-\sin\omega t$ に, $\cos\omega t$ を $-\cos\omega t$ にする. 一方, 左辺第 2 項は $\sin\omega t$ を $\cos\omega t$ に, $\cos\omega t$ を $-\sin\omega t$ に変換するので, 特殊解は

$$x_S(t) = a\sin\omega t + b\cos\omega t \tag{4.131}$$

とおく必要がある (付録 A.5 を参照). これを式 (4.128) に代入して, 整理すると

$$\begin{cases} (\omega_0{}^2 - \omega^2)a - 2\gamma\omega b = f_0 \\ 2\gamma\omega a + (\omega_0{}^2 - \omega^2)b = 0 \end{cases} \tag{4.132}$$

が得られる. これから, a, b を求めると

$$a = f_0\frac{\omega_0{}^2 - \omega^2}{(\omega_0{}^2 - \omega^2)^2 + (2\gamma\omega)^2}, \quad b = -f_0\frac{2\gamma\omega}{(\omega_0{}^2 - \omega^2)^2 + (2\gamma\omega)^2} \tag{4.133}$$

となる. したがって, 特殊解として

$$x_S(t) = f_0\left\{ \frac{\omega_0{}^2 - \omega^2}{(\omega_0{}^2 - \omega^2)^2 + (2\gamma\omega)^2}\sin\omega t \right.$$
$$\left. - \frac{2\gamma\omega}{(\omega_0{}^2 - \omega^2)^2 + (2\gamma\omega)^2}\cos\omega t \right\} \tag{4.134}$$

を得る. また, $x_S(t)$ は

$$\sin\beta = \frac{2\gamma\omega}{\sqrt{(\omega_0{}^2 - \omega^2)^2 + (2\gamma\omega)^2}},$$
$$\cos\beta = \frac{\omega_0{}^2 - \omega^2}{\sqrt{(\omega_0{}^2 - \omega^2)^2 + (2\gamma\omega)^2}} \tag{4.135}$$

とすると

$$x_S(t) = \frac{f_0}{\sqrt{(\omega_0{}^2 - \omega^2)^2 + (2\gamma\omega)^2}}\sin(\omega t - \beta) \tag{4.136}$$

と表すことができる. 以上のことから, 式 (4.128) の一般解として

$$x_G(t) = Se^{-\gamma t}\sin(\omega_0 t + \alpha) + \frac{f_0}{\sqrt{(\omega_0{}^2 - \omega^2)^2 + (2\gamma\omega)^2}}\sin(\omega t - \beta) \tag{4.137}$$

が得られる.

減衰振動項は時間とともに減衰して消失する。一方、強制振動項は強制力が存在する限りいつまでも継続する。また、強制力の角振動数 ω が固有振動数 ω_0 に近づくと強制振動項の振幅

$$A(\omega) = \frac{f_0}{\sqrt{(\omega_0{}^2 - \omega^2)^2 + (2\gamma\omega)^2}} \tag{4.138}$$

は増大する。この現象を共振という。図 4.32 に、強制振動項の振幅 $A(\omega)$ の ω 依存性をいくつかの $\dfrac{\gamma}{\omega_0}$ に対して示す。$\dfrac{\gamma}{\omega_0}$ が小さくなると、ω_0 付近で $A(\omega)$ が急速に増大する。

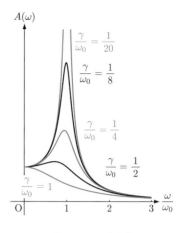

図 4.32 共鳴曲線

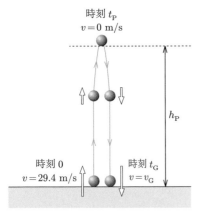

時刻 t_{P}
$v = 0$ m/s

h_{P}

時刻 0
$v = 29.4$ m/s

時刻 t_{G}
$v = v_{\mathrm{G}}$

4.1 十分に高い所から物体を自由落下させる. 落下を開始した地点から 19.6 m 落下するまでにかかる時間とそのときの速さを求めよ. ただし, 重力加速度の大きさを $9.80\,\mathrm{m/s^2}$ とする.

4.2 図のように, 地面から初速 $29.4\,\mathrm{m/s}$ でボールを鉛直方向に投げ上げる. 重力加速度の大きさを $9.80\,\mathrm{m/s^2}$ とする.

(1) 投げ上げてからボールが最高点に到達するまでの時間 t_{P} を求めよ.

(2) 最高点の地面からの高さ h_{P} を求めよ.

(3) 投げ上げてから, 地面に着地するまでの時間 t_{G} を求めよ.

(4) 地面に着地する直前の速さ v_{G} を求めよ.

4.3 図のように, 地面から高さ 19.6 m の地点から, 水平方向に初速 $20.0\,\mathrm{m/s}$ でボールを投げる. 重力加速度の大きさを $9.80\,\mathrm{m/s^2}$ とする.

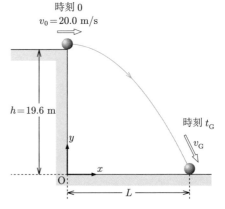

時刻 0
$v_0 = 20.0$ m/s

$h = 19.6$ m

時刻 t_{G}

v_{G}

y

x

O

L

(1) ボールを投げてから地面に着地するまでの時間 t_{G} を求めよ.

(2) ボールを投げた地点から着地する地点までの水平距離 L を求めよ.

(3) ボールが着地する直前の速さ v_{G} を求めよ.

4.4 図のように, 地面から高さ 19.6 m の地点から, ボールを水平と角度 30° をなす方向に初速 $29.4\,\mathrm{m/s}$ で投げ出す. 重力加速度の大きさを $9.80\,\mathrm{m/s^2}$ とする.

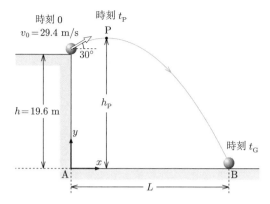

(1) ボールを投げてから最高点 P に到達するまでの時間 t_P を求めよ.

(2) P の地面からの高さ h_P を求めよ.

(3) ボールを投げてから点 B に着地するまでの時間 t_G を求めよ.

(4) AB 間の距離 L を求めよ.

4.5 図のように, 質量 m の物体を鉛直な壁に力 F で押し付ける. 物体と壁との間の静止摩擦係数を μ とするとき, 物体が落下しないようにするには, F はどのような条件を満たさなければならないか. ただし, 重力加速度の大きさを g とする.

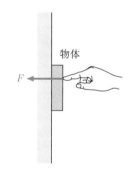

4.6 空気中を落下する球形をした雨滴の半径と終端速度の関係を考えよう. 雨滴の半径が 2 倍になると, 雨滴の終端速度は何倍になるか. ただし, 落下する雨滴の空気抵抗の比例定数は雨滴の半径に比例するものとし, 雨滴の密度は一様とする.

4.7 図のように, 滑らかな床の上に質量 M の物体 A が置いてあり, さらにその上に質量 m の物体 B がのっている. A と B の間には摩擦力が働くものとする.

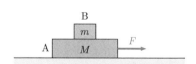

(1) A を水平右向きの力 F で引くと, A と B は一体となり同じ加速度 a で等加速度運動をした.

  (a) A と B との間の摩擦力を f として, A と B の運動方程式を書け.

  (b) a を求めよ.

(2) F を大きくしていくと, B が A の上を滑りはじめる. B が滑らないためには F の大きさをいくら以下にする必要があるか. ただし, A と B との間の静止摩擦係数を μ とする.

(3) 次に，B が A の上を滑り出すのに十分な大きさの F を水平右向きに加えた．

    (a) このとき，B は床に対して左右どちらの向きに滑るか．

    (b) A, B の床に対する加速度をそれぞれ α, β として，A と B の運動方程式を書け．ただし，A と B との間の動摩擦係数を μ' とする．

    (c) α, β を求めよ．

4.8 長さ l の軽い糸の一端を固定点に固定し，他端に質量 m のおもりを付けて，糸が張った状態でおもりを鉛直面内で回転させる．

(1) 最高点での速さを v，そのときの糸の張力を T として，おもりの向心力の方向の運動方程式を書け．

(2) 最高点で糸がたるまないようにするための条件を，最高点での速さを用いて示せ．

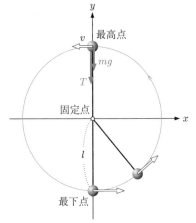

4.9 水平で滑らかな板の中心に穴があいている．図のように，穴に軽い糸を通して糸の一端に質量 m のおもり A，糸の他端に質量 M のおもり B を付けて，A を板の上で半径 r の円周上を等速円運動させる．B が静止した状態で A が等速円運動するためには，A の速さをいくらにしたらよいか．

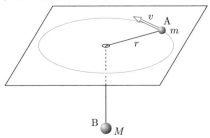

4.10 図のように，自然長 l，ばね定数 k の軽いばねがある．このばねの一端を天井に固定して鉛直につるし，他端に質量 m のおもりを付けると，ばねは Δl 伸びて静止した．この状態でのおもりの位置を x 軸の原点 O にとり，また，重力加速度の大きさを g とする．

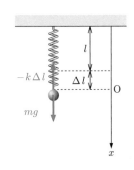

(1) ばねが静止しているときのつり合いの条件から Δl を求めよ．

(2) おもりを単振動させたとき，O からのおもりの変位を x とする．おもりの運動方程式を求めよ．

(3) この単振動の角振動数と周期を求めよ.

4.11 図のように，上端が点 O で固定された長さ l の軽い糸の下端に質量 m の物体を付けて，単振り子をつくる．ただし，O から鉛直方向に $\frac{1}{3}l$ だけ下方の点 A に釘が打ち込まれているので，この振り子は，OA より右側に振れるとき，A を中心として振り子運動する．

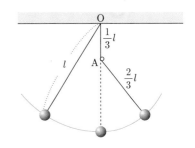

(1) 振り子が OA より左へ振れて，再び OA に戻るまでの時間 T_1 を求めよ.

(2) 振り子が OA より右へ振れて，再び OA に戻るまでの時間 T_2 を求めよ.

(3) この振り子の周期 T を求めよ.

5

力学的エネルギー

流れている水が水車に当たると，水は水車を回転させる．また，高いところにあるダムに貯えられた水は発電機のタービンを回転させる．このように，運動している物体や高いところにある物体は，力を作用させて別の物体を動かすことができるので仕事をする能力をもつ．物体が仕事する能力をもっているとき，物体はエネルギーをもっているという．

5.1　仕事

日常生活では，仕事は労働や職業などの意味で使われることが多いが，物理学で扱う仕事はこれとはいくぶん意味が異なる．物理学では，物体に力を作用させて移動させたとき，力は物体に仕事をしたという．たとえば，図5.1のように，直線上で一定の力 F を作用させて物体を力の方向に s だけ移動させるとき，力は物体に対して仕事

$$W = Fs \tag{5.1}$$

をしたという．仕事の単位はジュール〔J〕である．物体に 1 N の力を作用させて，力と同じ方向に 1 m 移動させるとき，力が物体にした仕事を 1 J とする．これから

$$\mathrm{J} = \mathrm{N} \cdot \mathrm{m} = \mathrm{kg} \cdot \mathrm{m}^2/\mathrm{s}^2 \tag{5.2}$$

となる．

式 (5.1) からわかるように，いくら力を加えても物体が移動しなければ仕事は 0 である．また，図 5.2 (a) のように，力 F と変位 s が同じ方向のとき $W > 0$，図 5.2 (b) のように，反対向きのとき $W < 0$ と決める．たとえば，静止した物体に一定の力を作用して移動するような場合，力の方向と移動方向は同じなので，力がする仕事は正となり，物体は力の方向に加速される．一方，運動していた物体に摩擦が働くとき，摩擦力と変位は反対方向なので摩擦力がす

図 5.1　力が物体にする仕事

(a)　$W > 0$

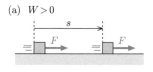

(b)　$W < 0$

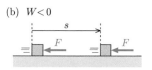

図 5.2　正の仕事 (a) と負の仕事 (b)

る仕事は負となる．このとき，物体は摩擦力により減速され，やがて停止する．

図 5.3 のように，力を作用させて物体を動かしても，力が物体の変位に垂直な場合は，仕事は 0 となる．たとえば，荷物を持って水平に移動する場合は，荷物を持ち上げる力がする仕事は 0 となる．

図 5.4 のように，力 F の向きと物体の変位の向きが一致せず，角度 θ をなすような場合には，力の変位に平行な成分だけが仕事をし，垂直な成分は仕事には寄与しない．この場合，力の平行な成分は $F\cos\theta$ なので，力がする仕事は

$$W = Fs\cos\theta \tag{5.3}$$

となる．また，力をベクトル $\boldsymbol{F}$，変位をベクトル $\boldsymbol{s}$ で表し，ベクトルの内積 (付録 A.1 を参照) を用いると，仕事は

$$W = \boldsymbol{F} \cdot \boldsymbol{s} = Fs\cos\theta \tag{5.4}$$

となる．

式 (5.3), (5.4) から，$\theta < \dfrac{\pi}{2}$ のとき $W > 0$，$\theta > \dfrac{\pi}{2}$ のとき $W < 0$ となる．また，$\theta = \dfrac{\pi}{2}$ のとき $\cos\theta = 0$ となるので $W = 0$ となる．等速円運動では，$\theta = \dfrac{\pi}{2}$ となるので向心力がする仕事は 0 となる．また，運動している物体に摩擦力が働く場合は，$\theta = \pi$ となるので摩擦力がする仕事は負となる．

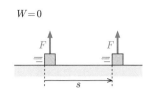

図 5.3 力と変位が垂直なときの仕事

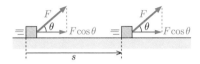

図 5.4 力と変位が角度 θ なすときの仕事

例題 5.1 質量 m の物体をゆっくりと真上に引き上げる．最初の位置から h だけ高い地点に引き上げるとき，力が物体にした仕事を求めよ．ただし，重力加速度の大きさを g とする．

解 物体を持ち上げるには，物体に働く重力 mg とつり合うようにして，ゆっくり持ち上げる必要がある．最初だけ重力より無視できる程度大きな力で持ち上げ，その後は重力に等しい力で h だけ高い地点に引き上げる．このとき，力が物体にした仕事は

$$W = mgh$$

となる．

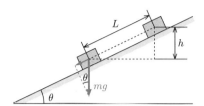

例題 5.2 図のように，質量 m の物体が傾斜角 θ の滑らかな斜面上に置かれている．この物体を斜面に沿ってゆっくりと，最初の地点から h だけ高い地点に引き上げる．このとき，引き上げる力が物体にする仕事を求めよ．

解 物体に働く重力の斜面に平行な成分は，$mg\sin\theta$ なので，斜面に沿って L 引き上げるときの仕事は

$$W = mg\sin\theta \cdot L$$

となる．引き上げる高さを h とすれば

$$L\sin\theta = h$$

の関係が成り立つ．これから，仕事は

$$W = mgh$$

となる．これは真上に h 引き上げたときの仕事に等しい．したがって，最初の地点から h だけ高い地点に引き上げるのに必要な仕事は，傾斜角によらないことを表している．

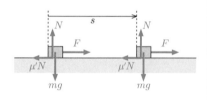

例題 5.3 図のように，水平右向きの一定の力 F を作用させて質量 m の物体を摩擦が働く水平面上を等速度で距離 s だけ移動させる．水平面と物体の間の動摩擦係数を μ'，重力加速度の大きさを g として，次の問いに答えよ．

(1) F の大きさを求めよ．

(2) F のした仕事 W を求めよ．

解 (1) 物体は等速度で移動しているので加速度は 0 である．垂直抗力の大きさを N とすると，力のつり合いの式は

$$0 = F - \mu'N$$

となる．$N = mg$ なので，これを上式に代入すると物体に作用する力は

$$F = \mu'mg$$

となる．

(2) 仕事は

$$W = Fs = \mu'mgs$$

となる.

式 (5.1) や (5.3) は一定の力がする仕事であるが，多くの場合，物体が移動すると物体に作用する力も変化する．次に，そのような場合の仕事について考えよう．

簡単のため，物体は x 軸上を動くものとし，物体の位置が x のとき，物体に作用する力を $F(x)$ とする．また，物体は x_0 から x まで動くとし，この移動の際に力がする仕事を求めよう．図 5.5 のように，x_0 と x の間を N 等分して

$$x_1 - x_0 = x_2 - x_1 = \cdots = x_i - x_{i-1} = x - x_{N-1} = \Delta x \quad (5.5)$$

とする．また，物体が基準点 (原点) から x_i に移動するときに，力がする仕事を $W(x_i)$ とすると，各区間の仕事は

$$
\begin{cases}
W(x) - W(x_{N-1}) = F(x_{N-1})\Delta x \\
\qquad\qquad \vdots \\
W(x_i) - W(x_{i-1}) = F(x_{i-1})\Delta x \\
\qquad\qquad \vdots \\
W(x_1) - W(x_0) = F(x_0)\Delta x
\end{cases}
\quad (5.6)
$$

となる．すべての区間の仕事を加え合わせると，左辺の和は $W(x) - W(x_0)$ となるので

$$W(x) - W(x_0) = \sum_{i=1}^{N} F(x_{i-1})\Delta x \quad (5.7)$$

が得られる．$\Delta x \to 0$ の極限をとると，右辺は積分範囲を x_0 から x までとする $F(x)$ の定積分となり

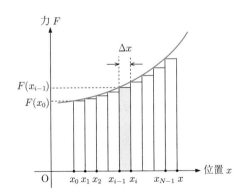

図 5.5 物体に作用する力が位置により変化するときの仕事

$$W(x) - W(x_0) = \int_{x_0}^{x} F(x')\,dx' \tag{5.8}$$

の関係を得る．ただし，積分範囲の上限と積分変数を区別するため，積分変数を x' としている．

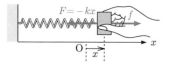

例題 5.4　図のように，一端が固定されたばね定数 k のばねの他端に付けた物体を引いて，ばねを自然長の状態から x だけゆっくりと引き伸ばした．このとき，引き伸ばす力がした仕事を求めよ．

解　ばねが自然長のときのおもりの位置を原点 O とし，ばねが伸びる方向に x 軸をとる．ばねが伸びているとき，引き伸ばす力 f とばねの復元力 F がつり合っているとする．おもりの変位が x のとき，f はフックの法則 $(F = -kx)$ から

$$f = kx$$

となる．式 (5.8) から，ばねを x だけ引き伸ばすのに必要な仕事は

$$W = \int_0^x kx'dx' = \frac{1}{2}kx^2$$

となる．W は図 (f-x 図) の網掛け (青塗り) 部分の面積に等しい．また，ばねを自然長から x だけ押し縮めるとき，押し縮める力がする仕事も $\frac{1}{2}kx^2$ となる．

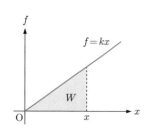

図 5.6 のように，物体が力を受けて曲線上を点 A から点 B まで (経路 C) 動くときの仕事を求めるには，C を微小区間に分割して考えればよい．微小区間では，力は一定であり，また変位は直線とみなせる．C 上に長さ Δs_i の微小区間 i をとり，この区間と同じ長さと向きをもつベクトルを $\Delta \boldsymbol{s}_i$ とする．また，区間 i で物体に働く力を $\boldsymbol{F}_i$ とすれば，物体がこの区間を移動する間に力 $\boldsymbol{F}_i$ のする仕事は

$$\Delta W_i = \boldsymbol{F}_i \cdot \Delta \boldsymbol{s}_i \tag{5.9}$$

となる．ここで，区間 i に接する方向にとった単位ベクトル $\boldsymbol{e}_i$ を用いると，$\Delta \boldsymbol{s}_i$ は

$$\Delta \boldsymbol{s}_i = \Delta s_i \boldsymbol{e}_i \tag{5.10}$$

と表せる．

$\boldsymbol{F}$ は経路上で変化するので，物体が C に沿って A から B に移動

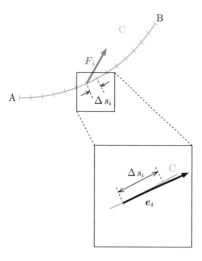

図 5.6　物体が曲線経路 C を移動するときの $\boldsymbol{F}_i$ のする仕事

するときに力のする仕事 $W_{A \to B}$ は，C 全体にわたって仕事を足し合わせれば求まる.

$$W_{A \to B} = \sum \boldsymbol{F}_i \cdot \Delta \boldsymbol{s}_i \tag{5.11}$$

また，区間を無限小とする極限をとると，式 (5.11) は積分となる. この積分は

$$W_{A \to B} = \int_C \boldsymbol{F} \cdot d\boldsymbol{s} = \int_C F_t \cdot ds \tag{5.12}$$

と表され，C に沿った $\boldsymbol{F}$ の線積分と呼ばれる. ここで，F_t は物体に働く力の C に接する方向の成分 (C の接線成分) である.

例題 5.5 図のように，物体が一定の力 $\boldsymbol{F} = (f, f)$ を受けて，xy 平面の点 A と点 B を結ぶ直線上を A から B に向かって移動した. $\boldsymbol{F}$ のした仕事 W を求めよ.

解 物体の変位ベクトル $\Delta \boldsymbol{s}$ は

$$\Delta \boldsymbol{s} = (5, 4) - (1, 2) = (4, 2)$$

である. 仕事は $\boldsymbol{F}$ と $\Delta \boldsymbol{s}$ の内積なので

$$W = \boldsymbol{F} \cdot \Delta \boldsymbol{s} = 6f$$

となる.

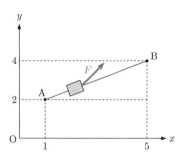

5.2 運動エネルギー

運動している物体は別の物体に衝突して，衝突した物体に力を加えて動かすことができる. エネルギーは仕事をする能力なので，運動している物体はエネルギーをもっている. このように，運動する物体がもつエネルギーを運動エネルギーという. 運動エネルギーの単位は仕事と同じジュール〔J〕である.

図 5.7 のように，速度 v_0 で等速度運動する質量 m の物体に，一定の力 F を運動の方向に作用し，力を作用する時刻を 0 とする. 運動方程式から，物体の加速度 a は

$$a = \frac{F}{m} \tag{5.13}$$

となる. 物体は初速度 v_0，加速度 a の等加速度運動をするので，時刻 t における物体の速度 v は

$$v = at + v_0 \tag{5.14}$$

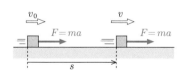

図 5.7 運動の方向に一定の力 F が働く物体

となる. また, 時刻 0 から t の間の変位 s は

$$s = \frac{1}{2}at^2 + v_0 t \tag{5.15}$$

となる. 式 (5.14), (5.15) から t を消去すると

$$v^2 - v_0{}^2 = 2as \tag{5.16}$$

が得られる. 上式に $a = \dfrac{F}{m}$ を代入して整理すると

$$\frac{1}{2}mv^2 - \frac{1}{2}mv_0{}^2 = Fs \tag{5.17}$$

となる. 物体は力 F を受けて力の方向に s だけ変位しているので, 力が物体にした仕事 W として

$$W = Fs = \frac{1}{2}mv^2 - \frac{1}{2}mv_0{}^2 \tag{5.18}$$

を得る.

式 (5.18) で $v_0 = 0$ とすると, $Fs = \dfrac{1}{2}mv^2$ が得られる. これは仕事 Fs が $\dfrac{1}{2}mv^2$ という量に変換されたことを表す. $\dfrac{1}{2}mv^2$ を運動エネルギーと呼ぶことにする. このように考えると, 式 (5.18) は速度 v_0 の物体に仕事 Fs をすると, 物体は速度 v まで加速され, それに伴い物体の運動エネルギーが $\dfrac{1}{2}mv_0{}^2$ から $\dfrac{1}{2}mv^2$ に増加すると解釈できる.

例題 5.6 質量 $10\,\text{kg}$ の物体が速さ $2.0\,\text{m/s}$ で等速度運動をしている. この物体に $6.0\,\text{N}$ の力を作用して運動の向きに $10\,\text{m}$ 移動させた. 次の問いに答えよ.

(1) 力を作用させる前の運動エネルギーを求めよ.

(2) 力を作用させて $10\,\text{m}$ 移動させたときの運動エネルギーと速さを求めよ.

解 (1) 物体の質量を m, 力を加える前の速さを v_0 とすると, 力を加える前の運動エネルギーは

$$K_0 = \frac{1}{2}mv_0{}^2$$

である. $v_0 = 2.0\,\text{m/s}$, $m = 10\,\text{kg}$ を代入すると, 運動エネルギーは

$$K_0 = \frac{1}{2} \times 10 \times 2.0^2 = 20\,\text{J}$$

となる.

(2) 力を加えた後の速さを v, 力の大きさを F, 移動距離

を s とすると，力を加えた後の運動エネルギー K は，式 (5.18) から

$$K = K_0 + Fs$$

となる．$K_0 = 20\,\text{J}$，$F = 6.0\,\text{N}$，$s = 10\,\text{m}$ を代入して，運動エネルギーを求めると

$$K = 20 + 6.0 \times 10 = 80\,\text{J}$$

となる．これから速さ v は

$$v = 4.0\,\text{m/s}$$

となる．

例題 5.7　速さ $10\,\text{m/s}$ で運動していた質量 $10\,\text{kg}$ の物体が，摩擦が働く平面にさしかかったら，平面上を $25\,\text{m}$ 移動して停止した．物体と平面の間に働く動摩擦力を求めよ．

解　物体の質量を m，滑らかな平面上での速さを v_0，摩擦が働く平面上を停止するまでに移動する距離を L，動摩擦力の大きさを F とする．動摩擦力は負の仕事をするので，式 (5.18) から

$$-FL = 0 - \frac{1}{2}m{v_0}^2$$

の関係が得られる．これから

$$F = \frac{m{v_0}^2}{2L}$$

となる．上式に，$m = 10\,\text{kg}$，$v_0 = 10\,\text{m/s}$，$L = 25\,\text{m}$ を代入すると

$$F = \frac{10 \times 10^2}{2 \times 25} = 20\,\text{N}$$

が得られる．

5.3 位置エネルギー

高いところにあるダムに貯えられた水は，発電所まで流れ落ちて発電機をまわす仕事をする．水が流れ落ちるときに生じる運動エネルギーはダムに貯えられていたときすでにもっていたと考えることができる．このことから，高いところに位置する物体は質量と高さに応じたエネルギーをもつと考えられる．これを位置エネルギーという．位置エネルギーの単位は仕事と同じジュール〔J〕である．

図5.8のように，質量 m の物体を高さ0の地面から高さ h の地点まで持ち上げるには

$$W = mgh \qquad (5.19)$$

の仕事が必要となる．

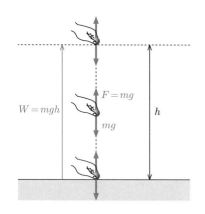

図 5.8 質量 m の物体を高さ h のところに持ち上げるのに必要な仕事

図5.9 (a) のように，高さ h の地点にある質量 m の物体1にひもの一端をつなぎ，滑車を介して地上の同じ質量の物体2にひもの他端をつなぐ．物体1に微小な下向きの力を加えて，物体1を地面まで下降させ，物体2を高さ h の地点まで上昇させる (図5.9 (b))．このとき，物体1は物体2に mgh の仕事をしたことになる．したがって，高さ h の地点にある質量 m の物体は mgh の仕事をする能力があると考えられる．このように，高いところに位置する物体がもつエネルギーを位置エネルギーという．

図5.10のように，高さ x の地点に位置する物体は支えをなくせば重力によって自由落下する．このとき，物体は高さ x_0 の基準点

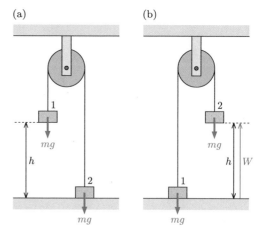

図 5.9 高さ h のところに位置する質量 m の物体がする仕事

まで落下したとすれば，重力は物体に $mg(x - x_0)$ の仕事をする．これによって，物体は速度 v まで加速されたとすると，物体が獲得した運動エネルギーは

$$K = \frac{1}{2}mv^2 = mg(x - x_0) \tag{5.20}$$

となる．これは位置エネルギーが重力を介して運動エネルギーに変換されたことを表す．

位置エネルギーはどこを基準にしたものなのかを明確にする必要がある．物体の位置を x，基準点を x_0 とすると，位置エネルギーは

$$U(x) = mg(x - x_0) \tag{5.21}$$

となる．物体の位置が基準点より高ければ $(x > x_0)$，$U(x) > 0$ となる．一方，物体の位置が基準点より低ければ $(x < x_0)$，$U(x) < 0$ であるが，これは物体を基準点まで動かすには外から仕事をする必要があることを表している．

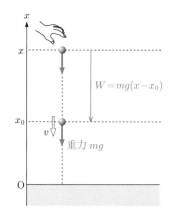

図 5.10 高さ x の地点の物体が高さ x_0 の基準点に落下するときに重力がする仕事

例題 5.8 図のように，地面から $10\,\mathrm{m}$ の高さに $10\,\mathrm{kg}$ の物体がある．重力加速度の大きさを $9.8\,\mathrm{m/s^2}$ として，次の問いに答えよ．

(1) 地面を基準点とした場合，物体の位置エネルギーはいくらか．

(2) 高さ $20\,\mathrm{m}$ のビルの屋上を基準点とした場合，物体の位置エネルギーはいくらか．

解 (1) 物体が基準点から $+10\,\mathrm{m}$ の位置にあるので，位置エネルギーは

$$U = mg(x - x_0) = 10 \times 9.8 \times 10 = 980\,\mathrm{J}$$

となる．

(2) 物体が基準点から $-10\,\mathrm{m}$ の位置にあるので，位置エネルギーは

$$U = mg(x - x_0) = 10 \times 9.8 \times (-10) = -980\,\mathrm{J}$$

となる．

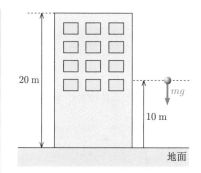

例題 5.9 図のように，ばね定数 k のばねに接続された物体を押して，ばねを自然長の状態から x だけ押し縮めた．基

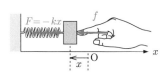

準点を自然長の位置にとり，ばねの弾性力による位置エネルギーを求めよ．

解 ばねが自然長のときのおもりの位置を原点 O とし，ばねが伸びる方向に x 軸をとる．ばねが縮んでいるとき，押し縮める力 f とばねの復元力 F がつり合っているとする．おもりの変位が $x\,(x < 0)$ のとき，f はフックの法則 $(F = -kx)$ から

$$f = kx$$

となるので，ばねを x だけ縮めるのに必要な仕事は

$$W = \int_0^x kx'dx' = \frac{1}{2}kx^2$$

となる．したがって，弾性力による位置エネルギーは $\dfrac{1}{2}kx^2$ と求まる．

5.4 保存力 ────────────●

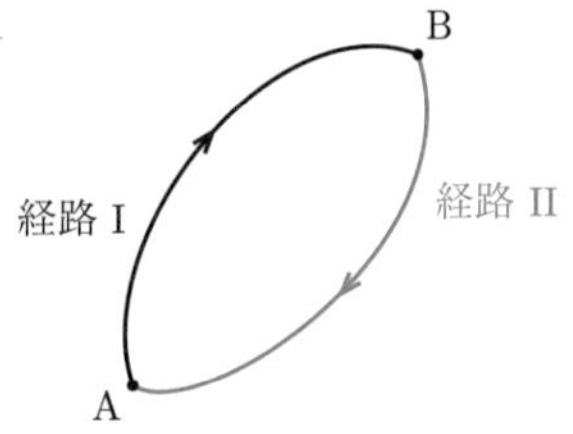

図 5.11 のように，物体に力を作用して始点 A から終点 B まで移動させるときに必要な仕事が，経路によらずいつも同じ値になる力を**保存力**という．重力，ばねの弾性力，静電気力，万有引力などは保存力である．一方，摩擦や空気の抵抗力は保存力ではなく，これらの力がする仕事は経路に依存する．

保存力の例として，重力を考えよう．図 5.12 (a) のように，質量 m の物体が高さの差 h の 2 点 A，B 間を異なる経路 I，II，III で

図 5.11 始点 A から終点 B に移動させる経路 I，II

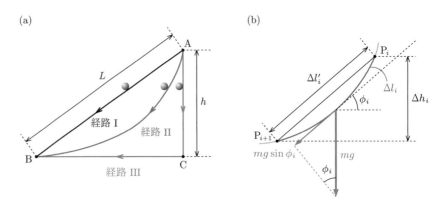

(a)   (b)

図 5.12 経路 I，II，III に沿って重力がする仕事

落下するとき，重力がする仕事は経路によらず同じになることを示そう．

▌経路 I で移動する場合▐

このとき，物体は A を始点，B を終点として，傾斜角 θ の斜面を距離

$$L = \frac{h}{\sin \theta} \tag{5.22}$$

落下する．重力の斜面に平行な成分は $mg \sin \theta$ なので，重力がする仕事は

$$W = mg \sin \theta \frac{h}{\sin \theta} = mgh \tag{5.23}$$

となる．

▌経路 II で移動する場合▐

このとき，物体は経路 II の曲線上を落下する．図 5.12 (b) のように経路 II を短い長さ Δl_i に分割する．Δl_i が小さければ，曲線の一部としての弧 $P_{i-1}P_i$ の長さ Δl_i は，弦 $P_{i-1}P_i$ の長さ $\Delta l_i'$ に等しいと考えてよい．弦と水平線のなす角度を ϕ_i，2 点 P_{i-1}, P_i 間の高さの差を Δh_i とすると，物体が長さ Δl_i の曲線を移動するとき重力がする仕事は

$$\Delta W_i = mg \sin \phi_i \cdot \Delta l_i' = mg \sin \phi_i \cdot \frac{\Delta h_i}{\sin \phi_i} = mg \Delta h_i \tag{5.24}$$

となる．経路 II のすべての仕事 ΔW_i の和をとると，物体が AB 間を経路 II で動くとき重力がする仕事が得られ

$$W = \Delta W_1 + \Delta W_2 + \cdots + \Delta W_i + \cdots$$
$$= mg(\Delta h_1 + \Delta h_2 + \cdots + \Delta h_i + \cdots) = mgh \tag{5.25}$$

となる．

▌経路 III で移動する場合▐

物体は AC 間で，鉛直下向きに落下し，CB 間では水平方向に移動する．AC 間，CB 間で重力が物体にする仕事はそれぞれ mgh，0 なので，この場合も重力がする仕事は mgh となる．

以上のことから，I，II，III どの経路をたどっても，重力が物体にする仕事は同じである．したがって，重力は保存力である．

運動エネルギー K と位置エネルギー U の和をとったものを，力学的エネルギー E という．

$$E = K + U \tag{5.26}$$

物体が保存力だけを受けて運動するとき，物体の力学的エネルギーはどのようになるだろうか．経路Iで考えてみよう．

はじめ物体はAで静止 ($K_{\mathrm{A}} = 0$) していたとする．位置エネルギーの基準点をBにとると，Aでの力学的エネルギーは

$$E_{\mathrm{A}} = K_{\mathrm{A}} + U_{\mathrm{A}} = 0 + mgh = mgh \tag{5.27}$$

となる．

次に，Bにおける力学的エネルギーを求めよう．斜面上での物体の加速度は $a = g\sin\theta$ なので，式 (5.16) を用いると

$$v_{\mathrm{B}}{}^2 - v_{\mathrm{A}}{}^2 = 2ax = 2 \times g\sin\theta \times \frac{h}{\sin\theta} = 2gh \tag{5.28}$$

となる．$v_{\mathrm{A}} = 0$ を用いると，上式から $v_{\mathrm{B}} = \sqrt{2gh}$ が得られる．したがって，Bにおける運動エネルギーは

$$K_{\mathrm{B}} = \frac{1}{2}mv_{\mathrm{B}}{}^2 = mgh \tag{5.29}$$

となる．Bにおける位置エネルギーは0なので，Bにおける力学的エネルギーは

$$E_{\mathrm{B}} = K_{\mathrm{B}} + U_{\mathrm{B}} = mgh + 0 = mgh \tag{5.30}$$

である．以上のことから，物体が重力のみを受けて運動するとき，その力学的エネルギーは保存する．また，一般に物体が保存力のみによって運動するとき，力学的エネルギーは保存される．一方，摩擦や抵抗力のような非保存力を受けて物体が運動するとき，力学的エネルギーは保存されない．

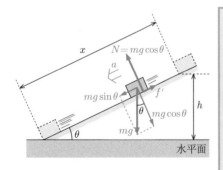

例題 5.10　図のように，傾斜角 θ の摩擦が働く斜面上の水平面から高さ h の地点に質量 m の物体を置いたところ，物体は斜面を滑り落ちた．物体と斜面との間の動摩擦係数を μ'，重力加速度の大きさを g として，次の問いに答えよ．

(1) 水平面まで滑り落ちたときの物体の速さを求めよ．

(2) 摩擦力が物体にした仕事の大きさを求めよ．

(3) 高さ h における物体の力学的エネルギー，水平面における物体の力学的エネルギーを求めよ．

解　(1) 物体が斜面を滑り落ちるときの加速度を a とすると，物体の運動方程式は

$$ma = mg\sin\theta - \mu' mg\cos\theta$$

となる．これから

$$a = g\sin\theta - \mu' g\cos\theta$$

を得る．物体が斜面を滑り落ちる距離 x は

$$x = \frac{h}{\sin\theta}$$

なので，式 (5.16) を用いると

$$v^2 - v_0{}^2 = 2ax = \frac{2gh(\sin\theta - \mu'\cos\theta)}{\sin\theta}$$

の関係が得られる．$v_0 = 0$ なので，求める速さ v は

$$v = \sqrt{2gh - \frac{2gh\mu'\cos\theta}{\sin\theta}}$$

となる．

(2) 求める仕事を W とすると

$$W = f'x = \frac{\mu'mgh\cos\theta}{\sin\theta}$$

となる．

(3) 位置エネルギーの基準を水平面にとる．高さ h の地点に位置するときの物体の力学的エネルギーは，速さが 0 なので，mgh である．水平面に到達したときの物体の力学的エネルギーは

$$\frac{1}{2}mv^2 = mgh - \frac{\mu'mgh\cos\theta}{\sin\theta}$$

となる．力学的エネルギーは，水平面に到達したとき，摩擦力が物体にした負の仕事の分だけ減少している．したがって，摩擦力が働くような場合には，力学的エネルギーは保存されない．

5.5 力学的エネルギーとその保存則

5.5.1 一様な力 (重力) が働く場合

図 5.13 のように，基準点からの高さが h_P の点 P から質量 m の物体を自由落下させる．高さ h_A の点 A，高さ h_B の点 B を通過するときの速さをそれぞれ v_A, v_B とすると，物体が A から B まで落下する間に重力がする仕事は

$$W_{AB} = mgh_A - mgh_B \tag{5.31}$$

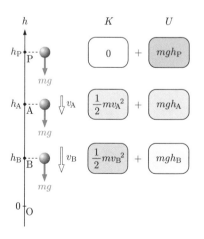

図 5.13 点 P, A, B での力学的エネルギー

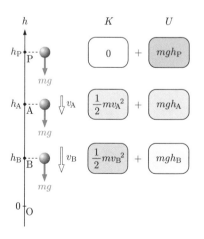

で表される．また，物体の運動エネルギーの変化は，重力が物体にした仕事に等しいので

$$\frac{1}{2}mv_B{}^2 - \frac{1}{2}mv_A{}^2 = W_{AB} \tag{5.32}$$

となる．以上のことから

$$\frac{1}{2}mv_A{}^2 + mgh_A = \frac{1}{2}mv_B{}^2 + mgh_B \tag{5.33}$$

という関係が得られる．上式は力学的エネルギーが一定に保たれることを示しており，これを**力学的エネルギーの保存則**という．また，P では速さが 0 なので力学的エネルギーは mgh_P となる．したがって，P，A，B における力学的エネルギーは等しくなり，次の関係が得られる．

$$\frac{1}{2}mv_A{}^2 + mgh_A = \frac{1}{2}mv_B{}^2 + mgh_B = mgh_P \tag{5.34}$$

例題 5.11　初速 v_0 で水平面と角度 θ をなす方向に斜方投射された物体の運動について，(1) 任意の高さ y での物体の速さ v，(2) 最高点の高さ h_P をそれぞれ力学的エネルギー保存則から求めよ．

解　(1) 力学的エネルギー保存則から

$$\frac{1}{2}mv_0{}^2 + mg \times 0 = \frac{1}{2}mv^2 + mgy$$

が得られる．したがって

$$v = \sqrt{v_0{}^2 - 2gy}$$

となる．

(2) 力学的エネルギー保存則の関係式から，y を求めると

$$y = \frac{v_0{}^2 - v^2}{2g}$$

となる．

h_P では速度の鉛直成分 v_y が 0，水平成分は初速の水平成分に等しいので

$$v_x = v_0 \cos\theta$$

となる．得られた v_x を v に代入して

$$h_P = \frac{v_0{}^2 - v_0{}^2 \cos^2\theta}{2g} = \frac{v_0{}^2(1 - \cos^2\theta)}{2g} = \frac{v_0{}^2 \sin^2\theta}{2g}$$

が得られる．

5.5.2 位置に依存する力が働く場合

保存力が位置 x の関数として与えられるときの力学的エネルギーの保存則を考えよう．図 5.14 のように，質量 m の物体に，位置に依存する力 $F(x)$ が運動方向に作用している．時刻 0 における物体の速度を v_0，位置を x_0 とする．また，時刻 t における速度を v，位置を x とする．

運動方程式は

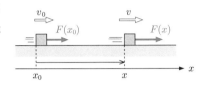

図 5.14 運動の方向に位置に依存する力 $F(x)$ が働く物体

$$m\frac{d^2x}{dt^2} = F(x) \tag{5.35}$$

と書ける．この式の両辺に $\dfrac{dx}{dt}$ を掛けると

$$m\frac{dx}{dt}\frac{d^2x}{dt^2} = F(x)\frac{dx}{dt} \tag{5.36}$$

となる．$v = \dfrac{dx}{dt}$ を用いると

$$\frac{d}{dt}(v^2) = 2v\frac{dv}{dt} = 2\frac{dx}{dt}\frac{d^2x}{dt^2} \tag{5.37}$$

の関係が得られるので，式 (5.36) は

$$\frac{1}{2}m\frac{d}{dt}(v^2) = F(x)\frac{dx}{dt} \tag{5.38}$$

となる．上式の両辺に dt を掛けて時刻 0 から t まで積分すると

$$\frac{1}{2}m\int_{v_0{}^2}^{v^2} d(v'^2) = \int_{x_0}^{x} F(x')\,dx' \tag{5.39}$$

が得られる．左辺は

$$\frac{1}{2}m\int_{v_0{}^2}^{v^2} d(v'^2) = \frac{1}{2}mv^2 - \frac{1}{2}mv_0{}^2 \tag{5.40}$$

となるので，式 (5.39) は

$$\frac{1}{2}mv^2 - \frac{1}{2}mv_0{}^2 = \int_{x_0}^{x} F(x')\,dx' \tag{5.41}$$

となる．また，$U(x)$ を

$$U(x) = -\int F(x)\,dx \tag{5.42}$$

と定義する．$U(x)$ を用いると，式 (5.41) の右辺は

$$\int_{x_0}^{x} F(x')\,dx' = -(U(x) - U(x_0)) \tag{5.43}$$

となる．式 (5.41), (5.43) から

$$\frac{1}{2}mv^2 + U(x) = \frac{1}{2}mv_0{}^2 + U(x_0) \tag{5.44}$$

を得る．

式 (5.44) の第 1 項は運動エネルギー，第 2 項は位置エネルギーである．したがって，式 (5.44) は力学的エネルギーが保存されることを表す．また，式 (5.42) から

$$F(x) = -\frac{dU}{dx} \tag{5.45}$$

が得られるので，$U(x)$ がわかれば物体に作用する力 $F(x)$ はただちに求められる．

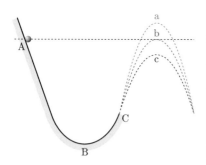

例題 5.12　図のように，滑らかな曲面上の点 A に物体を置き，初速 0 で物体を放した．物体は曲面に沿って滑り落ち最低点 B を通過した後，点 C から飛び出した．飛び出した後，物体は a，b，c のどの軌道を描くか．また，理由も答えよ．

解 軌道 c を描く．
理由：物体の水平方向の速度成分は，C を飛び出した直後から一定に保たれる．飛び出した後の最高点の位置エネルギーは，この速度成分による運動エネルギーの分だけ小さくなる．したがって，最高点の高さは A より低くなる．

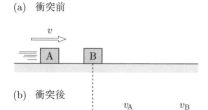

(a)　衝突前

(b)　衝突後

例題 5.13　同じ質量 m の 2 つの物体 A，B がある．図 (a) のように，滑らかな平面上で，静止した B に A を速度 v で衝突させる．衝突後の A，B の速度を求めよ．ただし，衝突の前後で，運動エネルギーの総和は変化しないものとする (弾性衝突)．

解 図 (b) のように，衝突後の A，B の速度をそれぞれ v_A，v_B とすると，運動量保存則として

$$mv = mv_A + mv_B$$

エネルギー保存則として

$$\frac{1}{2}mv^2 = \frac{1}{2}mv_A{}^2 + \frac{1}{2}mv_B{}^2$$

が成り立つ．ただし，A は B の前に出ることはできないので，$v_A \le v_B$ である．

上の 2 つの方程式を連立させ v_A，v_B を求めると，次の 2 組の解が得られる．

$$v_A = v, \; v_B = 0$$

$$v_{\mathrm{A}} = 0, \ v_{\mathrm{B}} = v$$

$v_{\mathrm{A}} = v, \ v_{\mathrm{B}} = 0$ という解は条件 $v_{\mathrm{A}} \le v_{\mathrm{B}}$ に合致しないので, $v_{\mathrm{A}} = 0, \ v_{\mathrm{B}} = v$ が解として得られる. これは, 衝突後, A がもっていた運動エネルギー (または運動量) が B に移動し, A は静止することを表している.

例題 5.14　図のように, 質量 m の物体が高さ x のところに位置している. 重力加速度の大きさを g, 位置エネルギーの基準点を x_0 としてこの物体の位置エネルギーを求めよ.

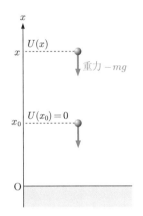

解　物体に働く重力は

$$F = -mg$$

である. 式 (5.43) から

$$U(x) - U(x_0) = -\int_{x_0}^{x} F(x') \, dx'$$

であるが, 基準点を x_0 とすると, $U(x_0) = 0$ となる. したがって

$$U(x) = -\int_{x_0}^{x} F \, dx' = -\int_{x_0}^{x} (-mg) \, dx' = mg(x - x_0)$$

を得る.

例題 5.15　ばね定数が k で自然長が x_0 のばねがある. 位置エネルギーの基準を自然長にとり, このばねの長さが x のときの位置エネルギー (弾性エネルギー) を求めよ.

解　ばねの長さが x のとき, 復元力は

$$F(x) = -k(x - x_0)$$

である. したがって

$$U(x) = -\int_{x_0}^{x} F(x') \, dx' = -\int_{x_0}^{x} -k(x' - x_0) \, dx'$$

$$= \frac{1}{2} k(x - x_0)^2$$

を得る.

例題 5.16　一端が固定されたばね定数 k のばねの他端に質量 m の物体を接続する．ばねを自然長から A だけ引き伸ばして静かに放すと，物体は単振動した．ばねの長さが自然長に戻ったときの物体の速さ v を求めよ．

解　単振動の場合，力学的エネルギーは物体の運動エネルギーとばねの弾性エネルギーの和である．力学的エネルギー保存則から

$$\frac{1}{2}mv^2 = \frac{1}{2}kA^2$$

が成り立つ．したがって，

$$v = \sqrt{\frac{k}{m}}A$$

を得る．

5.1 摩擦が働く水平面上で静止していた質量 20 kg の物体に, 30 N の力を水平方向に加えて, 等速度で 5.0 m 移動させた.

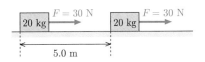

(1) 物体に加えた力がする仕事を求めよ.

(2) 物体に働く摩擦力がする仕事を求めよ.

(3) 物体に働く垂直抗力がする仕事を求めよ.

(4) 物体に働く重力がする仕事を求めよ.

5.2 次の仕事に関する問いに答えよ.

(1) 図 (a) のように, 半径 r の円周上を角速度 ω で等速円運動する質量 m の物体に対して, 向心力 F がする仕事はいくらか.

(2) 図 (b) のように, 質量 m の物体をゆっくりと真上に h だけ引き上げるとき, 重力がする仕事はいくらか. ただし, 重力加速度の大きさを g とする.

(3) 図 (c) のように, 質量 m の物体を距離 h だけ自由落下させるとき, 重力 mg がする仕事はいくらか.

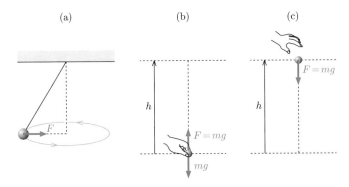

5.3 摩擦が働く水平面上を質量 m の物体が初速 v_0 で滑り出す. 物体は摩擦力によって減速し, しばらくして停止した. 滑り出してから停止するまでに摩擦力が物体にした仕事を求めよ.

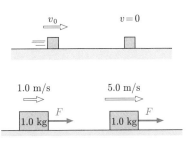

5.4 滑らかな水平面上を質量 1.0 kg の物体が速さ 1.0 m/s で等速直線運動している. この物体の運動の方向に一定の力 F を加えて, 物体の速さを 5.0 m/s まで加速した. このとき, F が物体にした仕事を求めよ.

5.5 図のように, 質量 m の物体を高さ 0 の地点から初速 v_0 で真上に投げ上げる. 重力加速度の大きさを g とする.

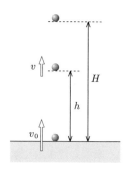

(1) 高さ h での物体の速さ v を求めよ.

(2) 最高点の高さ H を求めよ.

5.6 図のように,上端が固定された軽い糸の下端に質量 m のおもりを付けて,長さ l の単振り子をつくる.振り子と鉛直とのなす角度が θ になる地点までおもりを持ち上げて,糸が張った状態でおもりを静かに離す.重力加速度の大きさを g とする.

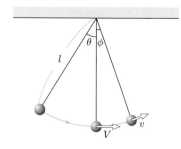

(1) 最下点でのおもりの速さ V を求めよ.

(2) おもりが最下点を通過して,振り子と鉛直とのなす角度が ϕ $(\phi < \theta)$ になったときの物体の速さ v を求めよ.

5.7 図のように,ばね定数 k の軽いばねの一端に質量 m のおもりを付け,他端を天井に固定してつり下げると,ばねは自然長 l から x だけ伸び,おもりの位置は点 P となった.このつり合いの状態からおもりを x だけ下方に引く.このときのおもりの位置を点 Q とする.次に,この状態で,おもりを静かに離して,おもりを単振動させる.ばねが自然長のときのおもりの位置を原点 O として,x 軸を鉛直上向きにとる.また,重力による位置エネルギーの基準点を O,重力加速度の大きさを g とする.

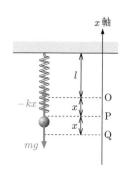

(1) おもりが P で静止しているときのつり合いの式から x を求めよ.

(2) おもりが Q に位置するときの力学的エネルギーを求めよ.

(3) P でのおもりの速さ v を,力学的エネルギーの保存則を用いて求めよ.

(4) ばねが最も縮んだときおもりは O から z だけ上方にあるとする.このときのばねの長さを,力学的エネルギーの保存則を用いて求めよ.

5.8 図のように,ばね定数 k の軽いばねの左端を固定し,右端に

質量 m のおもりを付けて，滑らかな水平面上でおもりを単振動させる．このとき，おもりの変位 x は時間 t の関数であり，角振動数を ω，振幅を C として

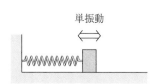
単振動

$$x(t) = C \sin \omega t$$

と表せる．ここで，$\omega = \sqrt{\dfrac{k}{m}}$ である．

(1) おもりの運動エネルギー $K(t)$ と弾性力による位置エネルギー $U(t)$ を求めよ．

(2) $K(t)$ と $U(t)$ の和は時間によらないことを示せ．

5.9 図のように，同じ質量 m の物体 A, B を滑らかな平面上でそれぞれ速度 v_A, v_B で正面衝突させると，衝突後，A と B は一体となって動き出した．

(1) 衝突後の物体の速度 v を運動量保存則から求めよ．

(2) 衝突後，A と B の運動エネルギーの和はいくら減少するか．

5.10 図のように，傾斜角 θ の粗い斜面の下端 A から斜面に沿って質量 m の物体を初速 v で滑り上がらせる．物体と斜面との間の動摩擦係数を μ'，重力加速度の大きさを g とする．

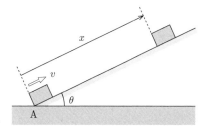

(1) 物体に働く動摩擦力の大きさを求めよ．

(2) 物体が斜面上を滑り上がることのできる距離を x として，A を出発してから停止するまでの間に，動摩擦力が物体にする仕事の大きさ求めよ．

(3) 斜面を A から距離 x 滑り上がった地点における物体の位置エネルギーを求めよ．ただし，位置エネルギーの基準を A とする．

(4) x を求めよ．

6

剛体の回転運動

6.1 力のモーメントとつり合いの条件 ●

6.1.1 力のモーメント

物体の大きさが運動に直接関係しないとき，物体を大きさが無視できる質点として扱う．一方，物体の大きさが運動に関係し，力による物体の変形が無視できる場合には，物体を変形しない剛体として扱う．剛体の静止した状態や運動を扱うときには，質点のときには現れなかった物体の回転についての概念が必要となる．

物体を回転させる能力は力の大きさや向きだけでなく，回転の中心から力の作用点までの距離も関係する．図 6.1 のように，点 O を中心として回転できる軽い棒 (剛体) に垂直に力が働いているとする．このとき，力の大きさが 2 倍になれば棒を回転させる能力は 2 倍になる (図 6.1 (a), (b))．また，一定の大きさの力が棒に垂直に働くときでも，O と力の作用点の距離が 2 倍になれば棒を回転させる能力は 2 倍になる (図 6.1 (a), (c))．この棒を回転させる能力は力のモーメントまたはトルクといわれる．力が棒に垂直に働くとき，

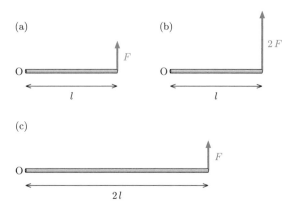

図 6.1 z 軸 (a)，x 軸 (b)，y 軸 (c) のまわりの力のモーメント

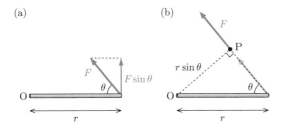

図 6.2 棒に対して力が垂直でないときの力のモーメント

力のモーメントの大きさ N は力の大きさ F と回転中心から作用点までの距離 r の積

$$N = Fr \tag{6.1}$$

で表される．力のモーメントの単位は N·m である．

　棒に対して垂直でない方向に力が働く場合，力のモーメントの大きさは力が垂直な場合より小さくなる．図 6.2(a) のように，棒と力のなす角度が θ の場合，力 F のうち棒に垂直な成分 $F\sin\theta$ だけが回転に寄与する．この場合，O のまわりの力のモーメントは

$$N = Fr\sin\theta \tag{6.2}$$

となる．式 (6.2) は次のように考えることもできる．図 6.2(b) のように，O からおろした作用線への垂線と作用線の交点を点 P として，力を P まで平行移動して力のモーメントを考える．すると，力と垂線は垂直で，O から P までの距離は $r\sin\theta$ となるので，力のモーメントが $Fr\sin\theta$ で与えられることがわかる．また，力が棒と平行または反平行のとき，$\sin\theta = 0$ なので力のモーメントは 0 となり，力が棒を回転させる能力はなくなる．

　物体が反時計まわりに回転する場合を正の回転，時計まわりに回転する場合を負の回転とし，力のモーメントによる回転をこれに従って区別する．このように定めると，力のモーメントの符号は力の向きが反時計まわりのときが正，力の向きが時計まわりのときが負となる．図 6.3(a) のように，z 軸を回転軸として，原点 O を中心として xy 面内で回転する棒の点 (x, y) に力 F が働いている．このとき，力の x 成分 F_x の力のモーメントへの寄与は $-yF_x$ であり，力の y 成分 F_y の寄与は xF_y となる．したがって，力のモーメントは

$$N_z = xF_y - yF_x \tag{6.3}$$

となる．x 軸 ((b))，y 軸 ((c)) を回転軸とするときの力のモーメン

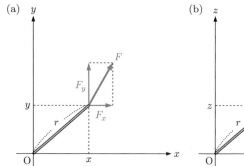
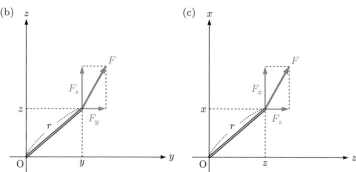

図 6.3 z 軸 (a), x 軸 (b), y 軸 (c) のまわりの力のモーメント

トも同様にして求めると

$$N_x = yF_z - zF_y, \ N_y = zF_x - xF_z \tag{6.4}$$

となる.

大きさだけでなく回転軸や回転の方向を同時に表すには, 力のモーメント $\boldsymbol{N}$ を次のような作用点の位置ベクトル $\boldsymbol{r}$ と力 $\boldsymbol{F}$ の**外積** (付録 A.1.2 を参照) によって表せばよい.

$$\boldsymbol{N} = \boldsymbol{r} \times \boldsymbol{F} \tag{6.5}$$

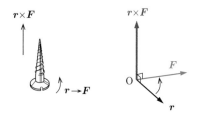

図 6.4 右ねじの法則と外積

右ねじを $\boldsymbol{r}$ から $\boldsymbol{F}$ に向かってまわしたとき, 右ねじの進む方向を $\boldsymbol{N}$ の向きとする. また, $\boldsymbol{r}$ と $\boldsymbol{F}$ の間の角度を θ とするとき, $\boldsymbol{N}$ の大きさを $Fr\sin\theta$ とする. このようにして表すと, 回転軸は $\boldsymbol{N}$ の方向に一致し, 回転の向きは $\boldsymbol{N}$ の方向に進む右ねじの回転方向となる. 図 6.5 のように, 力の向きが反時計まわりの回転を起こすとき, 力のモーメントの z 成分は正, 力の向きが時計まわりの回転を起こすとき負となる. また, 例題 6.3 で示すように, 外積で定義された力のモーメントは 式 (6.3), (6.4) に一致する.

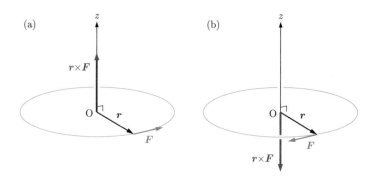

図 6.5 力のモーメントの方向

例題 6.1 図のように，点 O のまわりで回転できる軽い棒に (1) 〜 (4) のように力が働いている．(1) 〜 (4) に対して，O のまわりの力のモーメントを求めよ．

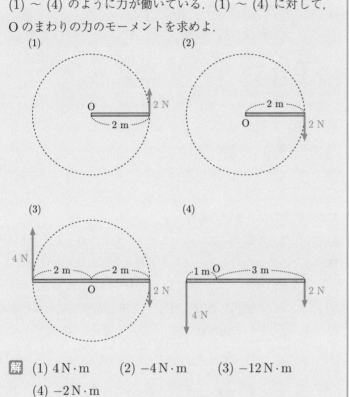

解 (1) 4 N·m   (2) −4 N·m   (3) −12 N·m
(4) −2 N·m

例題 6.2 図のように，支点 O のまわりで回転できる軽い棒の両端に 2 N と 4 N の力が下向きに働いている．棒が図の状態でつり合うための x を求めよ．

解 棒がつり合うためには，力のモーメントの合計が 0 であればよい (つり合いの条件)．

$$4x - 5 \times 2 = 0$$

したがって，$x = \dfrac{5}{2}$ m となる．

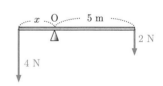

例題 6.3 式 (6.5) で定義される力のモーメントの x, y, z 成分が式 (6.3)，(6.4) と一致することを示せ．

解 x, y, z 方向の単位ベクトルをそれぞれ $\boldsymbol{e}_x,\ \boldsymbol{e}_y,\ \boldsymbol{e}_z$ と

すると，外積 $\boldsymbol{r} \times \boldsymbol{F}$ は次のように計算できる．

$$\boldsymbol{r} \times \boldsymbol{F} = (x\boldsymbol{e}_x + y\boldsymbol{e}_y + z\boldsymbol{e}_z) \times (F_x\boldsymbol{e}_x + F_y\boldsymbol{e}_y + F_z\boldsymbol{e}_z)$$
$$= (yF_z - zF_y)\,\boldsymbol{e}_x + (zF_x - xF_z)\,\boldsymbol{e}_y + (xF_y - yF_x)\,\boldsymbol{e}_z$$

したがって，式 (6.5) で定義される力のモーメントは式 (6.3), (6.4) と一致する．ただし，計算には，$\boldsymbol{e}_x \times \boldsymbol{e}_y = \boldsymbol{e}_z$, $\boldsymbol{e}_y \times \boldsymbol{e}_z = \boldsymbol{e}_x$, $\boldsymbol{e}_z \times \boldsymbol{e}_x = \boldsymbol{e}_y$, $\boldsymbol{e}_\alpha \times \boldsymbol{e}_\alpha = \boldsymbol{0}$ $(\alpha = x, y, z)$, $\boldsymbol{e}_\alpha \times \boldsymbol{e}_\beta = -\boldsymbol{e}_\beta \times \boldsymbol{e}_\alpha$ $(\alpha, \beta = x, y, z.$ ただし，$\alpha \neq \beta)$ を用いた (付録 A.1.2 を参照).

6.1.2　剛体のつり合いの条件

いくつかの力が剛体に働いているとき，剛体が静止した状態を保ち続けるためには，力のモーメントの和と合力が 0 でなければならない．図 6.6(a) のように，原点 O を回転中心としたとき，剛体の $\boldsymbol{r}_1, \boldsymbol{r}_2, \ldots, \boldsymbol{r}_n$ の位置に力 $\boldsymbol{F}_1, \boldsymbol{F}_2, \ldots, \boldsymbol{F}_n$ が働いているとする．このとき，つり合いの条件は

$$\boldsymbol{F}_1 + \boldsymbol{F}_2 + \cdots + \boldsymbol{F}_n = \boldsymbol{0} \tag{6.6}$$

$$\boldsymbol{r}_1 \times \boldsymbol{F}_1 + \boldsymbol{r}_2 \times \boldsymbol{F}_2 + \cdots + \boldsymbol{r}_n \times \boldsymbol{F}_n = \boldsymbol{0} \tag{6.7}$$

となる．式 (6.6) は剛体全体が同一方向に平行移動 (並進運動) しないため，式 (6.7) は回転運動しないための条件である．つり合いの状態にあれば剛体は静止し続けるので，回転中心を別の点 O′ に移

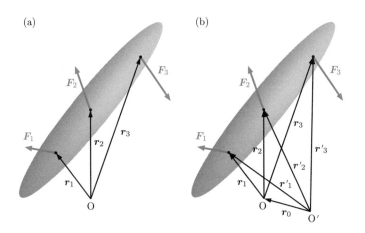

図 6.6　いくつかの力が働く剛体

しても，つり合いの条件は満たされなければならない．図 6.6(b) のように，O′ を起点としたときの O の位置ベクトルを $\boldsymbol{r}_0$ とすると，力の作用点の位置ベクトル $\boldsymbol{r}_1'$, $\boldsymbol{r}_2'$, ..., $\boldsymbol{r}_n'$ は

$$\boldsymbol{r}_1' = \boldsymbol{r}_0 + \boldsymbol{r}_1, \ \boldsymbol{r}_2' = \boldsymbol{r}_0 + \boldsymbol{r}_2, \ ..., \ \boldsymbol{r}_n' = \boldsymbol{r}_0 + \boldsymbol{r}_n \tag{6.8}$$

と表されるので，O′ のまわりの力のモーメントの和は

$$(\boldsymbol{r}_0 + \boldsymbol{r}_1) \times \boldsymbol{F}_1 + (\boldsymbol{r}_0 + \boldsymbol{r}_2) \times \boldsymbol{F}_2 + \cdots + (\boldsymbol{r}_0 + \boldsymbol{r}_n) \times \boldsymbol{F}_n$$
$$= \boldsymbol{r}_0 \times (\boldsymbol{F}_1 + \boldsymbol{F}_2 + \cdots + \boldsymbol{F}_n)$$
$$+ (\boldsymbol{r}_1 \times \boldsymbol{F}_1 + \boldsymbol{r}_2 \times \boldsymbol{F}_2 + \cdots + \boldsymbol{r}_n \times \boldsymbol{F}_n) \tag{6.9}$$

となる．もし，右辺第 1 項が $\boldsymbol{0}$ でなければ，剛体は加速度

$$\boldsymbol{a} = \frac{\boldsymbol{F}_1 + \boldsymbol{F}_2 + \cdots + \boldsymbol{F}_n}{M} \tag{6.10}$$

で並進運動する．ここで，M は剛体の質量である．以上のことから，回転中心を移してもつり合いの条件が成立するためには，式 (6.6), (6.7) の条件が必要であることがわかる．

例題 6.4 質量 m，長さ L の一様な棒が点 A で自由に回転できるようになっている．図のように，点 B に軽いひもを接続して，棒とひもの角度が $30°$ になるようにしてつり合わせた．ひもの張力の大きさ T を求めよ．

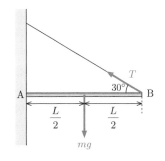

解 A まわりの力のモーメントのつり合いの条件から

$$T L \sin 30° - mg \frac{L}{2} = 0$$

の関係が得られる．ここで，棒は一様なので重力は棒の中心に働くとした．これから，$T = mg$ となる．

例題 6.5 質量 m，長さ L の一様な棒が摩擦のない壁に角度 θ でたてかけてある．θ を大きくすると棒は滑り落ちてしまうが，床と棒との間の静止摩擦係数が μ のとき，棒が滑らずに静止しているための θ の条件を求めよ．

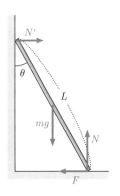

解 図のように，床の垂直抗力を N，壁の垂直抗力を N'，床と棒との間の摩擦力を F とすると，力のつり合いの条件は

$$mg = N, \quad F = N'$$

となる. 棒が床に接する点のまわりの力のモーメントのつり合いの条件は

$$mg\frac{1}{2}L\sin\theta = N'L\cos\theta$$

となる. ここで, 棒は一様なので重力は棒の中心に働くとした. 上の3つの式から

$$F = \frac{1}{2}N\tan\theta$$

が得られる. 棒が滑らないためには, $F \leq \mu N$ であることが必要である. したがって, 求める条件は

$$\tan\theta \leq 2\mu$$

となる.

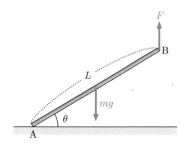

例題 6.6　図のように, 質量 m, 長さ L の一様な棒の一端 A を地面につけ, 他端 B を地面と棒の間の角度が θ になるまで一定の力 F で持ち上げた. F の大きさを求めよ.

解　A のまわりの力のモーメントのつり合いの条件から

$$-mg\frac{L}{2}\cos\theta + FL\cos\theta = 0$$

の関係が得られる. ここで, 棒は一様なので重力は棒の中心に働くとした. したがって

$$F = \frac{1}{2}mg$$

となる.

6.2　角運動量

　並進運動する質点の運動の勢いを運動量で表した. 剛体の運動としては, 並進運動の他に回転運動が考えられるので, 回転運動の勢いを表す量として角運動量を導入し, その性質を考えよう.

　図 6.7 のように, 物体が z 軸を回転軸として xy 面上を回転しているとする. このとき, 原点 O (z 軸) のまわりの角運動量 $\boldsymbol{L}$ は, 物体の運動量 $\boldsymbol{p}$ と O を起点とした物体の位置ベクトル $\boldsymbol{r}$ の外積

$$\boldsymbol{L} = \boldsymbol{r} \times \boldsymbol{p} = \boldsymbol{r} \times m\boldsymbol{v} \tag{6.11}$$

で与えられるとする. $\boldsymbol{r}$ と $\boldsymbol{p}$ のなす角度を θ とすると, 角運動量の

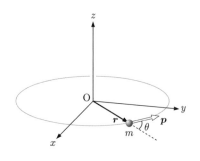

図 6.7　回転運動する物体

大きさは

$$L = rp\sin\theta \tag{6.12}$$

となる．また，角運動量の向きは $\boldsymbol{r}$ から $\boldsymbol{p}$ の向きに右ねじをまわしたとき，ねじの進む方向である．物体は xy 面上を回転しているので，角運動量は z 成分だけが 0 でない値をとる．また，z 成分が正のとき，物体は z 軸から見て反時計まわりに回転し，z 成分が負のとき，時計まわりに回転する．

図 6.8 のように，物体が半径 r の円周上を角速度 ω で等速円運動するとき，速度の大きさは

$$v = r\omega \tag{6.13}$$

で表される．物体の位置ベクトル $\boldsymbol{r}$ と速度 $\boldsymbol{v}$ は垂直なので，角運動量の大きさは

$$L = rp = rmv = mr^2\omega \tag{6.14}$$

となる．

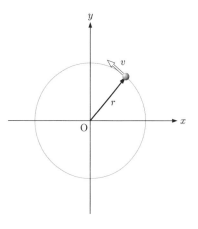

図 **6.8** xy 面上を等速円運動する物体

例題 6.7 時刻 t における位置が

$$\boldsymbol{r} = (r\cos\omega t, r\sin\omega t, 0)$$

で表される運動をしている質量 m の物体がある．この物体の角運動量を求めよ．

解 x, y, z 方向の単位ベクトルをそれぞれ $\boldsymbol{e}_x, \boldsymbol{e}_y, \boldsymbol{e}_z$ とすると，位置は

$$\boldsymbol{r} = (r\cos\omega t, r\sin\omega t, 0) = r\cos\omega t\,\boldsymbol{e}_x + r\sin\omega t\,\boldsymbol{e}_y$$

速度は

$$\boldsymbol{v} = \frac{d\boldsymbol{r}}{dt} = (-\omega r\sin\omega t, \omega r\cos\omega t, 0)$$

$$= -\omega r\sin\omega t\,\boldsymbol{e}_x + \omega r\cos\omega t\,\boldsymbol{e}_y$$

となる．したがって

$$\boldsymbol{L} = \boldsymbol{r} \times m\boldsymbol{v} = (r\cos\omega t\boldsymbol{e}_x + r\sin\omega t\boldsymbol{e}_y)$$

$$\times (-m\omega r\sin\omega t\boldsymbol{e}_x + m\omega r\cos\omega t\boldsymbol{e}_y)$$

$$= mr^2\omega\boldsymbol{e}_z$$

となる．ただし，計算には，$\boldsymbol{e}_x \times \boldsymbol{e}_y = \boldsymbol{e}_z$, $\boldsymbol{e}_y \times \boldsymbol{e}_x = -\boldsymbol{e}_z$, $\boldsymbol{e}_x \times \boldsymbol{e}_x = \boldsymbol{0}$, $\boldsymbol{e}_y \times \boldsymbol{e}_y = \boldsymbol{0}$ を用いた (付録 A.1.2 を参照).

6.3 角運動量に対する運動方程式と回転運動 ———●

回転運動の勢いを表す量として角運動量を定義した. ここでは, 回転運動する物体の運動方程式を, 角運動量を用いて表してみよう.

式 (6.11) の両辺を時間 t で微分すると

$$\frac{d\boldsymbol{L}}{dt} = \frac{d\boldsymbol{r}}{dt} \times m\boldsymbol{v} + \boldsymbol{r} \times m\frac{d\boldsymbol{v}}{dt} \tag{6.15}$$

となる. 右辺第 1 項は, $\boldsymbol{v} = \dfrac{d\boldsymbol{r}}{dt}$ なので, $\boldsymbol{0}$ ($\boldsymbol{v} \times \boldsymbol{v} = \boldsymbol{0}$) となる. また, 運動方程式から, $m\dfrac{d\boldsymbol{v}}{dt}$ は物体に働く力 $\boldsymbol{F}$ を表すので, 式 (6.15) の右辺は力のモーメントとなり, 回転運動の運動方程式として

$$\frac{d\boldsymbol{L}}{dt} = \boldsymbol{r} \times \boldsymbol{F} = \boldsymbol{N} \tag{6.16}$$

が得られる.

大きさが原点 (力の中心) と物体の距離だけに依存して, 方向が原点と物体を結ぶ線に沿っている力を中心力という. 図 6.9 のように, 太陽が地球などの惑星に及ぼす万有引力は, 太陽を中心とする中心力である. また, 物体にひもの一端を接続して, ひもの他端を中心として物体を等速円運動させるとき, 物体には常に回転の中心を向く向心力 (ひもの張力) が働く. この向心力も中心力である.

物体が点 O を中心とする中心力によって運動するとき, 中心力 $\boldsymbol{F}$ と O から物体に向かう位置ベクトル $\boldsymbol{r}$ は平行または反平行になるので ($\boldsymbol{r} \times \boldsymbol{F} = \boldsymbol{0}$)

$$\frac{d\boldsymbol{L}}{dt} = \boldsymbol{0} \tag{6.17}$$

となる. これから

$$\boldsymbol{L} = 一定 \tag{6.18}$$

が得られる. したがって, 物体が中心力によって運動するとき, 角

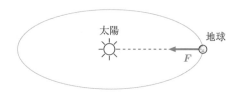

図 6.9 太陽が地球に及ぼす万有引力 $\boldsymbol{F}$

運動量は一定となり，物体の角運動量が保存される．

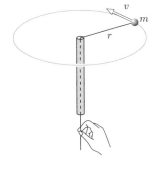

例題 6.8 図のように，鉛直な細い管を通した軽いひもの先端に質量 m の物体をつけ，水平面内で半径 r，速さ v の等速円運動をさせる．物体に働く重力は無視でき，ひもと管の間に摩擦はないものとする．

(1) ひもをゆっくり引っ張って円運動の半径を r から r_1 に縮めたときの物体の速さ v_1 を求めよ．また，このとき物体の運動エネルギーはどのように変化するか．

(2) ひもをゆっくり引っ張って円運動の半径を r から r_1 に縮めたときの物体の角速度 ω_1 を求めよ．このとき物体の角速度はどのように変化するか．

解 (1) 物体に働くひもの張力は中心力なので，物体の角運動量は保存して

$$L = mvr = mv_1r_1$$

となる．これから

$$v_1 = \frac{r}{r_1}v$$

が得られる．

$r_1 < r$ から $v_1 > v$ となる．したがって，物体の運動エネルギーは増加する．

(2) 半径 r での角速度を ω とすると，$v = r\omega, v_1 = r_1\omega_1$ の関係から

$$\omega_1 = \frac{r^2}{r_1{}^2}\omega$$

が得られる．$r_1 < r$ なので，角速度は増加する．

6.4 慣性モーメント

図 6.10 のように，質量 m の物体が z 軸を回転軸として，xy 面上で半径 r の円運動をしている．物体の位置ベクトル $\boldsymbol{r}$ は，それと x 軸のなす角度を θ とすると

$$\boldsymbol{r} = (r\cos\theta, r\sin\theta, 0) \tag{6.19}$$

で与えられる．このとき，速度は

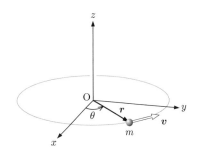

図 6.10 z 軸を中心として回転する物体

$$\boldsymbol{v} = \frac{d\boldsymbol{r}}{dt} = \left(-r\frac{d\theta}{dt}\sin\theta, r\frac{d\theta}{dt}\cos\theta, 0\right) \tag{6.20}$$

で与えられるので，角運動量は

$$\boldsymbol{L} = \boldsymbol{r} \times m\boldsymbol{v} = \left(0, 0, mr^2\frac{d\theta}{dt}\right) \tag{6.21}$$

となる．これから，回転運動の運動方程式を求めると

$$I\frac{d^2\theta}{dt^2} = N_z \tag{6.22}$$

となる．ここで，N_z は力のモーメントの z 成分である．また

$$I = mr^2 \tag{6.23}$$

は回転運動に対する慣性を表す物理量であり，**慣性モーメント**といわれる．すなわち，物体の慣性モーメントが大きいほど，物体は回転しにくく，また回転運動している物体は止まりにくいということになる．

角速度 $\omega = \dfrac{d\theta}{dt}$ を用いると，回転の運動方程式は

$$I\frac{d\omega}{dt} = N_z \tag{6.24}$$

と表せる．また，物体の速さは $v = r\omega$ であるので，運動エネルギーは I を用いて

$$K = \frac{1}{2}mv^2 = \frac{1}{2}I\omega^2 \tag{6.25}$$

と表せる．

図 6.11 のように，剛体が z 軸を回転軸として角速度 ω で回転しているとする．剛体を構成する微小部分の質量を Δm_i，z 軸から微小部分までの距離を r_i とする．すべての微小部分は角速度 ω で円運動するので，z 軸のまわりの i 番目の微小部分の角運動量は

$$L_{iz} = \Delta m_i r_i^2 \omega \tag{6.26}$$

である．したがって，z 軸まわりの剛体の角運動量は，剛体を構成するすべての微小部分の和をとることにより得られ

$$L_z = \sum_i \Delta m_i r_i^2 \omega \tag{6.27}$$

となる．ここで

$$I = \sum_i \Delta m_i r_i^2 \tag{6.28}$$

を z 軸まわりの剛体の慣性モーメントという．I を用いると，剛体の角運動量は

$$L_z = I\omega \tag{6.29}$$

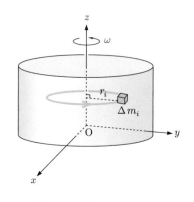

図 6.11 剛体の Δm_i の回転

となる。これから，剛体の回転の運動方程式は

$$I \frac{d\omega}{dt} = N_z \tag{6.30}$$

となる。

式 (6.30) を用いて剛体の運動を調べるには，まず慣性モーメントを求めなければならない。ここまでは，剛体を微小部分の集まりとしてきたが，剛体は連続体であるので，式 (6.28) から正しい慣性モーメントを得るには，微小部分の大きさを 0 とする極限をとる必要がある (図 6.12)。極限をとると，式 (6.28) における微小部分についての和は積分となる。Δm_i を dm，r_i を r で置き換えて，式 (6.28) を積分形式で表すと

$$I = \int r^2 dm \tag{6.31}$$

となる。図 6.13 に式 (6.31) に基づいて計算したいくつかの剛体の慣性モーメントを示す。

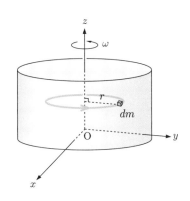

図 6.12 剛体の dm の回転

(a) 一様な細長い棒　(b) 半径 r の円盤　(c) 半径 r の球

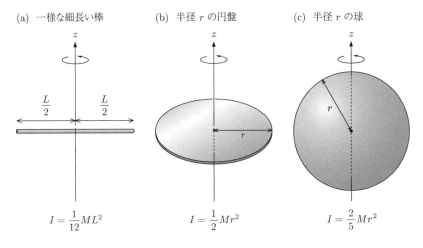

$$I = \frac{1}{12} ML^2 \qquad I = \frac{1}{2} Mr^2 \qquad I = \frac{2}{5} Mr^2$$

図 6.13 質量 M の剛体の慣性モーメント I

例題 6.9 両腕を大きく広げてゆっくりスピンしているスケーターが両腕を縮めて爪先立つと，スピンが速くなる。理由を述べよ。

解 スケーターに働く外力による力のモーメントは 0 であるので，スケーターの角運動量は保存され一定である。スケーターの全角運動量をスケーターの各部の角運動量の和であると考える ($L = \omega \sum_i m_i r_i^2$)。スケーターが両腕を縮める

と，スケーターの慣性モーメント $\left(I = \sum_i m_i {r_i}^2\right)$ が減少し，それに伴って回転の角速度 (ω) が増加するからである．

例題 6.10 質量 M，長さ L の一様な細長い円柱棒について，次の問いに答えよ．

(1) 図 (a) のように，回転軸を棒の中心にとったときの慣性モーメントを求めよ．

(2) 図 (b) のように，回転軸を棒の端にとったときの慣性モーメントを求めよ．

解 (1) 単位長さ当たりの棒の質量を ρ とする．回転中心から距離 x のところにある棒の微小部の質量 dm は，$dm = \rho\,dx$ である．したがって，慣性モーメントは

$$I = \int_{-\frac{L}{2}}^{\frac{L}{2}} dm\,x^2 = \int_{-\frac{L}{2}}^{\frac{L}{2}} \rho x^2\,dx$$

$$= \frac{1}{3}\left\{\left(\frac{L}{2}\right)^3 - \left(-\frac{L}{2}\right)^3\right\}\rho = \frac{L^3}{12}\rho$$

となる．棒の質量は ρL なので

$$I = \frac{1}{12}ML^2$$

と表せる．

(2) 回転軸が棒の端にあるとき，慣性モーメントは

$$I = \int_0^L dm\,x^2 = \int_0^L \rho x^2\,dx = \frac{L^3}{3}\rho = \frac{1}{3}ML^2$$

となる．

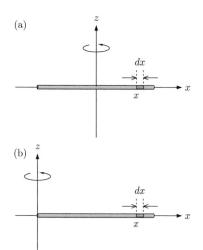

(a)

(b)

6.1 図のように，点 O を中心として回転できる長さ 1 m の軽い棒に，棒に対して角度 θ で 1 N の力が働いている．O のまわりの力のモーメント N を $\theta\ (0 \sim 2\pi)$ の関数として図示せよ．

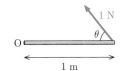

6.2 図のように，水平面上で，点 O を中心として自由に回転できる軽い棒があり，その両端には 2 つの力が働いている．次の (a), (b) の場合に対して，O のまわりの力のモーメントを求めよ．

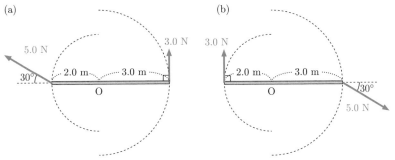

6.3 図のように，両端に質量 m_A, m_B のおもりが付いた軽い棒が，支点 O で支えられて静止している．棒の長さを l，重力加速度の大きさを g として，O から 2 つのおもりまでの距離 OA，OB の比を求めよ．

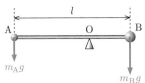

6.4 図のように，質量 m，長さ l の一様な棒の一端 A を壁と床の隅に置き，他端 B にひもを付けてひもを水平に引くと，棒と床の角度が 30° になった状態でつり合った．ひもの張力の大きさ T を求めよ．ただし，重力加速度の大きさを g とする．

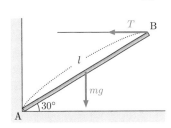

6.5 図のように，xy 平面の x 軸上に置いてある軽い棒の x_1, x_2, x_3 の位置のそれぞれに 3 つの力 F_1, F_2, F_3 が y 軸に沿って働いている．棒は点 $A(x_0, 0)$ を中心として xy 平面上を回転できるものとする．

(1) A のまわりの力のモーメントを求めよ．

(2) 棒に働く力がつり合っているときの力のモーメントを求めよ．

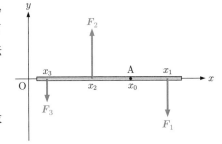

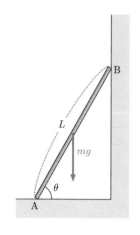

6.6 図のように，質量 m，長さ L の一様な棒を床に対して垂直な壁に立てかける．棒と床の角度を θ，床と棒との間の静止摩擦係数を μ_A，壁と棒との間の静止摩擦係数を μ_B とする．また，重力加速度の大きさを g とする．

  (1) 棒には，重力の他に，点 A で垂直抗力 N_A と摩擦力 $\mu_A N_A$，点 B で垂直抗力 N_B と摩擦力 $\mu_B N_B$ が働く．これらの力を図示せよ．ただし，棒は一様なので重力は棒の中心に働くとする．

  (2) 棒に働く力のつり合いの式を水平方向と鉛直方向に分けて書け．

  (3) 垂直抗力 N_A, N_B を μ_A, μ_B, m, g を用いて表せ．

  (4) A のまわりの力のモーメントのつり合いの式を書け．

  (5) θ の大きさを小さくしていくと，棒は床に滑り落ちる．棒が滑り落ちないための θ の条件を求めよ．

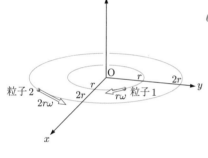

6.7 図のように，粒子 1, 2 がそれぞれ原点 O を中心とする xy 面上の半径 r と $2r$ の円周を角速度 ω で等速円運動している．2 つの粒子が互いに逆向きの回転をしているとき，粒子 1, 2 の O のまわりの角運動量の大きさと向きを求めよ．

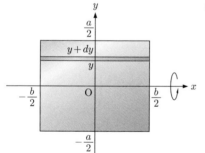

6.8 面密度が σ で辺の長さが a, b の一様な長方形の薄い板がある．図のように，板の中心に原点 O をとって，x 軸，y 軸をとる．

  (1) 直線 y と $y + dy$ で挟まれた微小部分の質量 dm を求め，この微小部分の x 軸まわりの慣性モーメントを求めよ．

  (2) (1) で求めた微小部分の慣性モーメントを y に関して $-\dfrac{a}{2}$ から $\dfrac{a}{2}$ まで積分して板の x 軸まわりの慣性モーメントを求めよ．

  (3) 板の質量を M として，(2) で求めた慣性モーメントを M と a を用いて表せ．

7

熱と温度

7.1　温度

　やかんに水を入れて加熱すると，水は熱を吸収してお湯になる．一方，加熱をやめてやかんを放置すると，吸収された熱が周囲に放出され，お湯は冷める．このことから，熱は物体を暖かくしたり，冷たくしたりする作用をもつことがわかる．また，物体の暖かさや冷たさを表す量として温度を用いる．

　日常生活において，温度を表すときに摂氏温度 (℃) を使うことが多い．これは 1 気圧のもとでの水の凝固点 (氷点) を 0℃，沸点を 100℃ として，この間を 100 等分したものである．一方，物理学などの自然科学では，絶対温度 (K，ケルビン) を使う．絶対温度を T [K]，摂氏温度を t [℃] とすると，これらの温度の間の関係は

$$T = 273.15 + t \tag{7.1}$$

となる．絶対温度における 0 K (絶対 0 度) は，摂氏温度で −273.15℃ である．物体は原子や分子からできているが，0 K において原子や分子のエネルギーは最も低い状態にある．したがって，これより低い温度は存在しない．

　図 7.1 のように，物質は固体，液体，気体の 3 つの状態をとる．固体では，分子間の引き合う力 (分子間力) によって秩序ある構造が形

(a) 固体　　(b) 液体　　(c) 気体

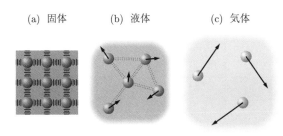

図 7.1　固体，液体，気体における分子の状態

成されるが，分子は一定間隔の平衡位置を中心として熱振動している．加熱により温度が上昇すると，熱振動は次第に激しくなり，固体が融解して液体になると，分子は平衡位置を離れて運動するようになる．さらに加熱すると分子の動きはますます激しくなり，液体が気体になると，分子は分子間力を振り切り，ほぼ自由に動くようになる．このように，温度の上昇に伴って，物質は固体から液体，そして気体へと状態を変化させ，その変化に伴って熱運動も激しさを増す．

7.2 熱

　物体に熱を加えると，温度が上がり物体中の分子の熱運動が激しくなる．図 7.2 のように，高温 (T_A) の物体 A と低温 (T_B) の物体 B を接触させると，A の温度は下がり，B の温度が上昇して，やがて A と B は同じ温度 (T) になり，これ以上の変化がなくなる．このとき，A と B は**熱平衡状態**にあるという．熱平衡状態に落ち着くまでに，A が失った熱と B が得た熱は等しい．そして，熱は温度差があるときにだけ，高温の物体から低温の物体へ移動する．このように，高温の物体から低温の物体に熱運動という形でエネルギーが移動するとき，移動するエネルギーを熱という．

　歴史的には，1 気圧のもとで 1 g の水の温度を 1℃ 上げるのに必要な熱量を 1 カロリー〔cal〕とした．現在でも，栄養学のように，カロリーが使用されている場合もある．SI 単位系では，熱やエネルギーの単位はジュール〔J〕であり，カロリーとは次の式で換算することができる．

$$1\,\mathrm{cal} = 4.184\,\mathrm{J} \tag{7.2}$$

この関係を熱の仕事当量という．このことから，1 g の水の温度を 1℃ 上昇させるために必要な熱量は 4.184 J ということになる．

　物質が状態変化する際に，吸収あるいは放出する熱を考えよう．

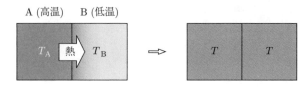

図 7.2　温度が異なる物体の接触

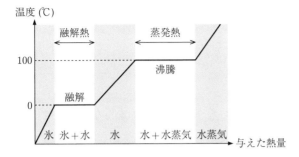

図 7.3 水を加熱したときの状態変化

図 7.3 は縦軸を温度，横軸を与えた熱として水の状態変化を示す．水は温度の上昇にともなって，固体の氷から液体の水，気体の水蒸気へと変化する．氷では，水分子は一定間隔の平衡位置のまわりを熱振動している．1 気圧のもとで氷に熱を加えていくと，水分子は 0℃ で平衡位置を離れて動けるようになり，融解して水になる．融解がはじまると，すべての氷が水に変化するまで熱を加えても温度は変化せず，0℃ のままである．物質が固体から液体に変わるとき，単位質量の物質が外部から吸収する熱を**融解熱**というが，氷の融解熱は 333.9 J/g である．したがって，0℃ の氷が 0℃ の水に変化するとき，1 g 当たり 333.9 J の熱量を必要とすることになる．

さらに，水に熱を加えていくと，水分子は分子間力を振り切って空間に飛び出し，水蒸気となる．このように，液体から気体になる現象を蒸発といい，1 気圧のもとでは，水の温度が 100℃ になると液体内部でも水が蒸発して沸騰が起こる．水が蒸発する際の**蒸発熱**は 2.26 kJ/g であり，融解熱よりかなり大きい．一方，水蒸気から液体の水に変化する際には，蒸発のときと等しい熱を放出し，液体が固体に変化する際には，融解熱に等しい熱を放出する．このように，状態が変化するときに吸収・放出する熱を**潜熱**という．

例題 7.1　100℃ の水 20 g が蒸発するとき何 J の蒸発熱を必要とするか．ただし，水の蒸発熱を 2.3 kJ/g とする．また，1 cal を 4.2 J として，求めた蒸発熱を cal に換算せよ．

解　蒸発熱は

$$20 \times 2.3 \times 10^3 = 4.6 \times 10^4 \text{ J}$$

となる．また，J から cal へ換算すると

$$4.6 \times 10^4 \div 4.2 \cong 1.1 \times 10^4 \, \text{cal}$$

となる.

例題 7.2 0℃ の水 30 g が 0℃ の氷になるとき何 J の熱が放出されるか. ただし, 水の融解熱を 330 J/g とする.

解 30 g 水が凝固するとき, 放出される熱量は

$$30 \times 330 = 9.9 \times 10^3 \, \text{J}$$

となる.

7.3　熱容量と比熱

　同じ熱を加えても, 温度の上昇が大きいものと小さいものがある. 物質の温度を 1 K 上げるのに必要な熱量を**熱容量**という. 物質に熱量 Q を加えたとき, 温度が ΔT 上昇したとする. このとき, Q と熱容量 C [J/K] との関係は

$$Q = C\Delta T \tag{7.3}$$

となる. 熱容量は物質の質量に依存するので, 物質固有な量ではない. そこで, 物質固有な量とするため, 一定量の物質に対して熱容量を定義する. 通常, 1 g の物質に対して定義し, これを**比熱**という. 質量 m, 比熱 c [J/(g · K)] の物質の温度を ΔT だけ上げるのに必要な熱量 Q は

$$Q = mc\Delta T \tag{7.4}$$

となる. また, 比熱と熱容量の関係は次のようになる.

$$C = mc \tag{7.5}$$

　比熱の例を表 7.1 に示す. 水や海水のように, 比熱が大きい物質ほど暖まりにくく, また冷めにくい. 一方, 石や砂は比熱が比較的小さく, 暖まりやすく, 冷めやすい. このことから, 砂漠の昼夜の温度差が海に比べて大きくなることが理解できる.

表 7.1　比熱の例

物質	比熱 [J/(g · K)]
水	4.2
氷	2.1
なたね油	2.0
アルミニウム	0.88
鉄	0.44
石	約 0.84

例題 7.3 20℃ の水 100 g を 70℃ にするのに必要な熱量を求めよ. ただし, 水の比熱を 4.2 J/(g·K) とする.

解

$$Q = 100 \times 4.2 \times 50 = 21000 = 2.1 \times 10^4 \text{ J}$$

例題 7.4 100 g の水の温度を 1.0℃ 上げるのに必要な熱量は, 60 kg の人がどれくらいの速さで移動するときの運動エネルギーに等しいか. ただし, 水の比熱を 4.2 J/(g·K) とする.

解 60 kg の人が v [m/s] の速さで移動しているとき, 運動エネルギーは

$$\frac{1}{2} \times 60 \times v^2 = 30v^2$$

となる. したがって

$$30v^2 = 100 \times 1.0 \times 4.2$$

が成り立ち

$$v = \sqrt{\frac{100 \times 1.0 \times 4.2}{30}} \cong 3.7 \text{ m/s}$$

となる.

例題 7.5 30℃ の水 100 g と 70℃ の水 300 g を混ぜると, 何℃ の水になるか.

解 水の比熱を c とし, 混合により T [℃] の水が得られたとする. 30℃ の水が得る熱量と 70℃ の水が失う熱量とは等しいので

$$(T - 30) \times 100 \times c = (70 - T) \times 300 \times c$$

が成り立つ. これを解くと, $T = 60℃$ となる.

例題 7.6 100℃ の水 132 g に 0℃ の氷を入れて全体を 0℃ の水にしたい. どれくらいの氷が必要か. ただし, 氷の融解

熱を 330 J/g, 水の比熱を 4.2 J/(g・K) とする.

解 100℃ の水 132 g を 0℃ にするために奪う必要がある熱量は

$$132 \times 4.2 \times 100 = 55440 \,\text{J}$$

となる. これを氷の融解で奪うとすると, 必要な氷の量は

$$x = 55440/330 \cong 1.7 \times 10^2 \,\text{g}$$

となる.

例題 7.7 図のように, 水熱量計に 200 g の水を入れて 100 W のヒーターで加熱すると, 水温は 44 秒間で 5.0℃ 上昇した. 次に, 水の量を 300 g にして同様の実験を行うと, 水温は 65 秒間で 5.0℃ 上昇した. 水の比熱と水熱量計の熱容量を求めよ.

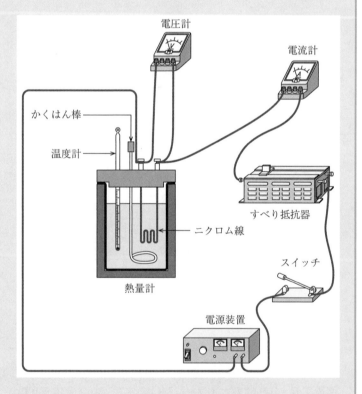

電圧計

電流計

かくはん棒

温度計

すべり抵抗器

ニクロム線

スイッチ

熱量計

電源装置

解 水の比熱を c, 水熱量計の熱容量を C とする. 水 200 g の温度を 5.0℃ 上昇させた熱量と水熱量計の温度を 5.0℃ 上

昇させた熱量の合計は

$$200 \times c \times 5.0 + C \times 5.0 = 100 \times 44\,\mathrm{J}$$

となる．また，水 300 g の温度を 5.0℃ 上昇させた熱量と水
熱量計の温度を 5.0℃ 上昇させた熱量の合計は

$$300 \times c \times 5.0 + C \times 5.0 = 100 \times 65\,\mathrm{J}$$

となる．得られた関係を整理すると次の関係が得られる．

$$1000 \times c + 5.0 \times C = 4400\,\mathrm{J}$$

$$1500 \times c + 5.0 \times C = 6500\,\mathrm{J}$$

c, C を求めると，$c = 4.2\,\mathrm{J/(g \cdot K)}$，$C = 40\,\mathrm{J/K}$ となる．

7.4　理想気体の状態方程式

　気体を構成する分子の大きさと分子間に働く分子間力が完全に無
視できるとき，この気体を理想気体という．理想気体は仮想的な気
体であるが，実在気体でも高圧または低温でなければ，分子間力や
気体分子の大きさの影響が無視できるようになり，理想気体とみな
せる．後述するように，理想気体に対してはボイルの法則やシャル
ルの法則が成立する．ここでは理想気体だけを扱い，以後，理想気
体を気体という．

　気体を容器に閉じ込めると，気体分子は次々と容器壁に衝突し，
容器壁に一様な力を及ぼす．気体分子が $1\,\mathrm{m}^2$ 当たりの容器壁に及
ぼす力が圧力である．その単位として，パスカル〔Pa〕が用いられ

$$1\,\mathrm{Pa} = 1\,\mathrm{N/m}^2 \tag{7.6}$$

である．また，1 気圧 (1 atm) は

$$1\,\mathrm{atm} = 1.01325 \times 10^5\,\mathrm{Pa} = 1013.25\,\mathrm{hPa} \tag{7.7}$$

である．ここで，h（ヘクト）は 10^2 を表す接頭語である．

　気体を容器に閉じ込めたとき，気体が示す圧力は気体分子の容器
壁への衝突の勢いや回数で決まる．したがって，気体の圧力は，高
温で分子の運動エネルギーが大きいほど，また単位体積当たりの分
子数が多いほど高くなる．

　図 7.4 (a) のように，一定量の気体をピストン付きの容器の中に入
れ，温度を一定に保ちながら，ピストンを押して体積を 1/2 倍（図

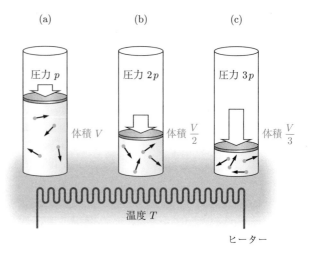

(a)　　　　　(b)　　　　　(c)

圧力 p　　　圧力 $2p$　　　圧力 $3p$

体積 V　　　体積 $\dfrac{V}{2}$　　　体積 $\dfrac{V}{3}$

温度 T

ヒーター

図 7.4　温度一定の条件下での理想気体の圧縮

7.4 (b))，1/3 倍 (図 7.4 (c)) と減少させると，圧力は 2 倍，3 倍と高くなる．また，これとは反対に，気体の体積を 2 倍，3 倍にすると，圧力は 1/2 倍，1/3 倍と低くなる．これは，温度一定 (等温) のとき，気体の圧力 p が体積 V に反比例することを示す．これをボイルの法則といい

$$pV = c_1 \tag{7.8}$$

で表される．

図 7.5 (a) のように，一定量の気体をピストン付きの容器の中に入れ，圧力を一定に保ちながら，気体の温度を 2 倍 (図 7.5 (b))，3 倍 (図 7.5 (c)) と上昇させると，気体の体積も 2 倍，3 倍と増加する．また，これとは反対に，気体の温度を 1/2 倍，1/3 倍にすると，気

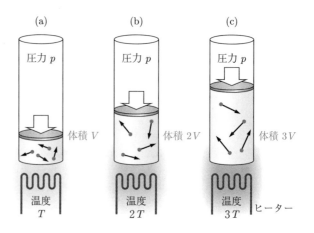

(a)　　　　　(b)　　　　　(c)

圧力 p　　　圧力 p　　　圧力 p

体積 V　　　体積 $2V$　　　体積 $3V$

温度　　　温度　　　温度
T　　　$2T$　　　$3T$　ヒーター

図 7.5　圧力一定の条件下での理想気体の加熱

体の体積も 1/2 倍, 1/3 倍と減少する. この変化は, 圧力一定 (定
圧) の条件下で, 気体の温度 T は体積 V に比例することを示す. こ
れをシャルルの法則といい

$$\frac{V}{T} = c_2 \tag{7.9}$$

で表される.

ボイルの法則とシャルルの法則を合わせると, p は V に反比例し,
T に比例することになる. これをボイル・シャルルの法則といい

$$\frac{pV}{T} = c \tag{7.10}$$

で表される.

温度, 圧力が同じなら, 気体の種類によらず, 一定の体積の気体
中に同数の分子が含まれる. これをアボガドロの法則という. 標準
状態 (1 気圧 $= 1.013 \times 10^5\,\mathrm{Pa}$, $273.15\,\mathrm{K}$) では $22.4\,\mathrm{L}$ (リットル)
の気体に $1\,\mathrm{mol}$ の分子が含まれることがわかっている. 気体の体積
はモル数 n に比例するので, $c = nR$ として, R を求めると

$$R = \frac{pV}{nT} = \frac{1.013 \times 10^5\,\mathrm{N/m^2} \times 22.4 \times 10^{-3}\,\mathrm{m^3}}{1\,\mathrm{mol} \times 273.15\,\mathrm{K}}$$

$$\cong 8.31\,\mathrm{J/(K \cdot mol)} \tag{7.11}$$

となる. ここで, R を気体定数という. 以上のことから

$$pV = nRT \tag{7.12}$$

の関係が得られ, これを理想気体の状態方程式という.

例題 7.8 図は理想気体の p-V 曲線を表す. 次の問いに答
えよ.

 (1) 等温変化は A → B, B → C, C → A のうち, どの変
化か.

 (2) 定圧変化は A → B, B → C, C → A のうち, どの変
化か.

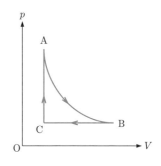

解 (1) A → B

 (2) B → C

例題 7.9 $0.50\,\mathrm{mol}$ の理想気体を体積 $8.3 \times 10^{-3}\,\mathrm{m^3}$ の容
器に入れ, 温度を $47^\circ\mathrm{C}$ とした. 容器内の気体の圧力は何 Pa

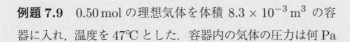

か. ただし，気体定数を $8.3\,\mathrm{J/(K\cdot mol)}$ とする.

解

$$p = \frac{nRT}{V} = \frac{0.50 \times 8.3 \times (273.15 + 47)}{8.3 \times 10^{-3}} \cong 1.6 \times 10^5\,\mathrm{Pa}$$

7.1 質量 100 g の銅製の容器の熱容量は何 J/K か．また，この容器と同じ熱容量を持つ水の質量は何 g か．ただし，銅と水の比熱をそれぞれ 0.38 J/(g·K)，4.2 J/(g·K) とする．

7.2 100 g の銅球に 76 J の熱量を加えたら，温度が 2.0 K 上昇した．銅の比熱を求めよ．

7.3 熱容量 42 J/K の水熱量計に 30℃ の水 90 g が入っている．この中に 90℃ に温められた質量 200 g 金属球を入れたところ温度は 40℃ になった．この金属球の比熱を求めよ．ただし，水の比熱を 4.2 J/(g·K) とする．

7.4 次の図は水の状態を表す．この状態図を参考にして次の問いに答えよ．

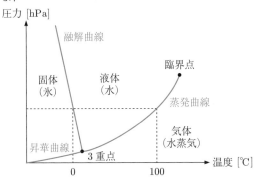

(1) 標高の高い所で米を炊くと芯が残る．理由を説明せよ．

(2) −5℃ の氷上をスケート靴で滑ると，滑った跡が氷上に水の軌跡として現れる．理由を述べよ．

7.5 質量 50 g のスズを，熱容量が 8.0 J/K で，断熱材で覆われた容器に入れ，9.8 W のヒーターで加熱して，スズの温度と加熱時間の関係を調べたところ，図のようなグラフが得られた．スズと容器の温度は常に等しいとする．

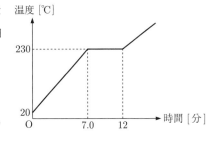

(1) スズの融点は何 ℃ か．

(2) 20℃ のスズが 230℃ で溶け始めるまでにスズがヒーターから吸収する熱は何 J か．

(3) 固体状態のスズの比熱を求めよ．

7.6 体積 1.0 m^3，圧力 0.80×10^5 Pa の気体の温度が 320 K であった．体積を 5.0 m^3，圧力を 0.20×10^5 Pa にすると，気体の

温度は何 K になるか.

7.7 図 (a) のように，断面積 S のシリンダー内に，質量 m のピストンで，温度 T_0 の理想気体を閉じ込めると，ピストンの高さはシリンダーの底から h であった．大気圧を p_0，重力加速度の大きさを g とする．

(a)   (b)

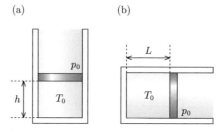

(1) 図 (a) のとき，シリンダー内の気体の圧力を求めよ．

(2) 気体の温度を一定に保ち，図 (b) のように，シリンダーを水平に置くと，ピストンはシリンダーの底から L のところまで移動した．L を求めよ．

7.8 容器に理想気体が封入されている．容器には，その中の気体の圧力がある値をこえると自動的に開き，容器内の圧力を下げる安全弁が付いている．最初，容器中の気体の体積は V_0，温度は T_0，圧力は p_0 で，容器の安全弁は閉じていたとする．

(1) 体積を V_0 に保ち，温度を上昇させると，温度が T_1 になったとき安全弁が開いた．安全弁が開く圧力 p_1 はいくらか．

(2) 初めの状態に戻し，温度を T_0 に保ち，体積を減少させていったとき，安全弁が開く体積 V_2 はいくらか．

8

熱力学の第1法則

8.1 内部エネルギー

内部エネルギーは力学的エネルギーとも関連するので，まず力学で扱った運動エネルギーと位置エネルギーについて復習しよう.

運動している物体は別の物体に衝突すると力を及ぼして，衝突した物体を動かすことができる．このように，運動している物体は別の物体に対して仕事をする能力があり，運動エネルギーをもつ．また，高所に位置する物体を落下させると，重力がする仕事によって物体は運動エネルギーを獲得し，別の物体に対して仕事をすることが可能となる．このように，高所の物体は質量と高さに応じた位置エネルギーをもつ.

図 8.1 に示したジェットコースターを例にして，位置エネルギーと運動エネルギーとの間の相互変換を考えよう．摩擦力や空気抵抗はないものとする．はじめに，コースターは最も高いところ (A) に上がって位置エネルギーを蓄える．次に，コースターが落下すると，高さが低くなるにつれ位置エネルギーは減少するが，重力がコースターに仕事をした分だけ運動エネルギーが増加する．コースターが最下点 (B) に到達したとき運動エネルギーは最大となる．最下点を通過してコースターが上昇すると，運動エネルギーは位置エネルギーへと変換されるが，力学的エネルギーは一定で保存される.

コースターなどの物体がもつエネルギーは，上述した力学的エネルギーだけではない．その内部に目を向けると，物体を構成する原子，イオンや分子などのミクロな粒子がエネルギーをもっていることがわかる．図 8.2 のように，物体を構成するミクロな粒子は，熱運動による運動エネルギーをもっている．また，粒子間には引力と反発力からなる力 (たとえば分子間力) が働いており，この力により粒子間の距離が一定値 (R_0) に保たれ，物体の構造が形成されてい

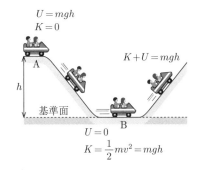

図 8.1 物体 (ジェットコースター) の運動エネルギーと位置エネルギー

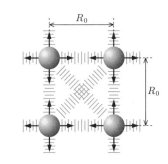

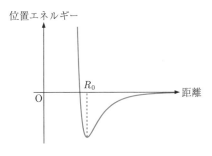

図 8.2 分子熱運動と分子間力による位置エネルギー

る．この力は保存力であり，これによって粒子は位置エネルギーを
もつ．粒子がもつ位置エネルギーと運動エネルギーを，物体全体に
わたって足し合わせたものを，内部エネルギーという．すなわち，
内部エネルギーとは，ミクロな粒子がもつ力学的エネルギーを物体
全体にわたって足し合わせたものである．この内部エネルギーは物
体に熱や力学的な仕事を加えると増加する．また，これとは反対に，
物体が外部に仕事をしたり，熱を放出したりすると内部エネルギー
は減少する．

単原子分子理想気体では，分子間力や回転のエネルギーが無視で
きるので，内部エネルギーは並進運動の運動エネルギーだけである．
分子は様々な速さで運動しており，速い分子もあれば遅い分子もあ
る．分子の速さの分布はマクスウェルの分布則に従っている．気体
分子運動論によると，絶対温度 T において1個の気体分子がもつ運
動エネルギーの平均は

$$\frac{1}{2}m\langle v^2\rangle = \frac{3}{2}k_{\mathrm{B}}T \tag{8.1}$$

となる．ここで，$\langle v^2\rangle$ は気体分子の速度の2乗平均である．また，
k_{B} はボルツマン定数であり，$1.380649 \times 10^{-23}\,\mathrm{J/K}$ という値をと
る．これから，$1\,\mathrm{mol}$ の単原子分子理想気体の内部エネルギー E は

$$E = \frac{3}{2}N_{\mathrm{A}}k_{\mathrm{B}}T = \frac{3}{2}RT \tag{8.2}$$

となり，温度だけでその値は決まることになる．ここで，N_{A} はアボ
ガドロ定数であり，$6.02214076 \times 10^{23}$ である．また，$R = N_{\mathrm{A}}k_{\mathrm{B}}$
$(8.314463\,\mathrm{J/(K \cdot mol)})$ は理想気体の状態方程式のところで求めた
気体定数である．以上のことから，単原子分子理想気体の内部エネ
ルギーを増加させるには，気体の温度を上げてやればよいことがわ
かる．

例題 8.1 $300\,\mathrm{K}$ でのヘリウム原子と窒素分子の平均の速
さ $\sqrt{\langle v^2\rangle}$ を式 (8.1) から求めよ．ただし，ヘリウムの原
子量は4，窒素の分子量は28であり，ボルツマン定数を
$1.38 \times 10^{-23}\,\mathrm{J/K}$，アボガドロ定数を 6.02×10^{23} とする．

解 式 (8.1) を変形すると平均の速さは

$$\sqrt{\langle v^2\rangle} = \sqrt{\frac{3k_{\mathrm{B}}T}{m}}$$

となる．したがって，ヘリウム原子の平均の速さは

$$\sqrt{\langle v^2 \rangle} = \sqrt{\frac{3 \times 1.38 \times 10^{-23} \times 300}{\frac{4 \times 10^{-3}}{6.02 \times 10^{23}}}} \cong 1.37 \times 10^3 \, \text{m/s}$$

となる．また，窒素分子の速さは

$$\sqrt{\langle v^2 \rangle} = \sqrt{\frac{3 \times 1.38 \times 10^{-23} \times 300}{\frac{28 \times 10^{-3}}{6.02 \times 10^{23}}}} \cong 5.17 \times 10^2 \, \text{m/s}$$

となる．これらの結果は，室温であってもヘリウム原子や窒素分子は非常に速いスピードで飛びまわっていることを示している．もし，周囲に原子や分子が存在しなければ1秒後には500 m以上の遠方まで飛んで行ってしまうが，実際は周囲の原子や分子と頻繁に衝突を繰り返すので，1秒後でも元の位置の近辺にいる．

8.2 熱力学の第1法則

図 8.3 のように，気体の内部エネルギーを増加させるには，気体に熱を加えたり仕事をしたりすればよい．気体に熱を加えるには，気体を外部から加熱して，気体の温度を上げる．また，気体に仕事をするには，ピストンを押し込んで気体を圧縮する．実際，熱の出入りがない状態で気体を圧縮 (断熱圧縮) すると，気体の温度は上昇することが確かめられている．

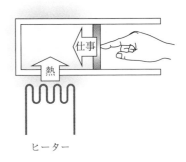

図 8.3 シリンダー中の気体に加える仕事と熱

気体に熱を加えたり，気体を圧縮して気体に仕事をしたりすると，気体の内部エネルギーが増加する．これとは反対に，気体から熱を奪ったり，気体が膨張して外部に仕事をしたりすると，気体の内部エネルギーが減少する．また，エネルギーはひとりでに生み出されることも消滅することもない．このエネルギー保存の原理を熱力学過程に適応したのが熱力学の第1法則であり，次のように表される．

系の内部エネルギーを E_1 の状態から E_2 の状態に変化させるとき，外部から加えられた仕事を W，外部から加えられた熱量を Q とすると，熱と仕事の和は内部エネルギーの増加量 $E_2 - E_1$ に等しい．

第1法則を式で表すと

$$E_2 - E_1 = Q + W \tag{8.3}$$

となる．内部エネルギーは状態ごとに決まった値をとり，このよう

な物理量を状態量という．一方，後述するように，熱や仕事は単独では状態量ではなく，変化の仕方 (経路) によって異なる値をとる．しかし，第 1 法則は熱と仕事の和 $(Q + W)$ をとると，状態量の差を与えるということを表している．

　内部エネルギー変化を計算するとき，熱と仕事の正負に注意する必要がある．たとえば，気体を加熱する場合には，気体に熱が流入するので，$Q > 0$ となるが，気体を冷却する場合には，熱が外部に放出されるので，$Q < 0$ となる．また，気体を圧縮して外部が気体に仕事をする場合には，$W > 0$ となる．一方，気体が膨張して外部に仕事をする場合には，$W < 0$ となる．

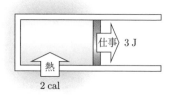

> **例題 8.2**　シリンダー中の気体に 2.0 cal の熱量を加えたところ，気体は 3.0 J の仕事を外部にした．このときの気体の内部エネルギー変化 ΔE を求めよ．ただし，1.0 cal = 4.2 J とする．
>
> **解**　熱力学第 1 法則の式 (8.3) に
> $$Q = 2.0 \times 4.2 = 8.4\,\text{J}, \quad W = -3.0\,\text{J}$$
> を代入すると
> $$\Delta E = 8.4 - 3.0 = 5.4\,\text{J}$$
> となる．したがって，気体の内部エネルギーは 5.4 J 増加する．

8.3　気体の体積変化による仕事

　図 8.4 のように，気体を断面積 S のピストン付きシリンダーに入れ，外圧による力をピストンに作用させて気体を圧縮または膨張させる．外圧が気体の圧力 p より無限小だけ大きければ $(p + \delta p)$，非常にゆっくりと各瞬間が熱平衡になるようにして圧縮 (準静的に圧縮) することになり，外圧が p より無限小だけ小さければ $(p - \delta p)$，準静的に膨張することになる．ここでは，まず準静的な圧縮を考える．この場合には，外圧による力は，無限小の量 δp を無視して
$$F = pS \tag{8.4}$$
と表される．ピストンの位置を表すために，右向きに x 軸をとる．

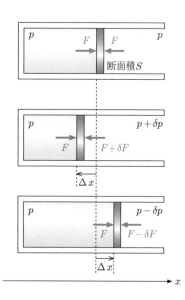

図 8.4　体積変化による仕事

気体が圧縮されるとき，ピストンが気体に及ぼす力とピストンの変位 Δx は x 軸の負の方向で同じなので，外部が気体にする仕事 W は正となる．W は力と動かした距離 $(-\Delta x)$ の積に等しく

$$W = F \times (-\Delta x) = -pS\Delta x = -p\Delta V \tag{8.5}$$

となる．ここで，ΔV は気体の体積変化であり，圧縮の場合 $\Delta V < 0$ である．一方，気体が膨張 $(\Delta V > 0)$ するとき，気体が外部に仕事をするので，外部が気体にする仕事は負となる．したがって，この場合も W は式 (8.5) で表されることになる．

気体が $(p, V) = (p_\mathrm{a}, V_\mathrm{a})$ の状態から $(p_\mathrm{b}, V_\mathrm{b})$ の状態に圧縮されるとき外部が気体にする仕事を考えよう．気体の体積が変化すると圧力も変化するので，図 8.5 に示すような一般的な p-V 曲線を例とする．V_a と V_b の間を細かく分割して仕事を表すと

$$W_{\mathrm{a}\to\mathrm{b}} = -\sum_i p_i \Delta V_i \tag{8.6}$$

となる．$\Delta V_i \to 0$ の極限をとり，式 (8.6) を積分で表すと

$$W_{\mathrm{a}\to\mathrm{b}} = -\int_{\text{状態 a}}^{\text{状態 b}} p \, dV \tag{8.7}$$

となる．したがって，状態変化 (圧縮) にともなう仕事は p-V 曲線と体積軸で挟まれた領域の区間 V_b から V_a までの面積に等しい．

図 8.6 のように，気体の状態 A から状態 B への変化 (圧縮) を 2 つの経路 I, II で行う．上述した仕事に関する考察から，経路 I の仕事と経路 II の仕事は網掛け (青塗り) 部分の面積だけ異なる．これは系 (気体) を出入りする仕事が経路により異なり，仕事が状態量ではないことを表す．系を出入りする熱と仕事によって変化する内部エネルギーは状態量であったが，仕事が状態量でないことを考慮すると，熱も状態量でないことになる．これは次のようにして理解できる．経路 I で系に加わる熱と系がされる仕事がそれぞれ Q と W であったとする．このとき，経路 II で系がされる仕事が $W - \Delta$ となれば，状態 B での内部エネルギーは経路に依らないため，系に加わる熱が $Q + \Delta$ となる．したがって，加えられた熱は経路によって異なるため，熱は状態量ではない．

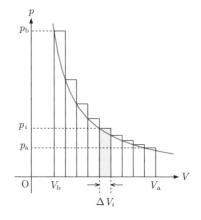

図 8.5 圧縮による仕事

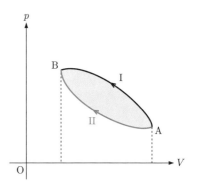

図 8.6 経路が異なるときの仕事

例題 8.3　気体を容器に封入したところ，はじめ圧力 p_1，体積 V_1 の状態 (状態 A) であった．図のように，この状態の

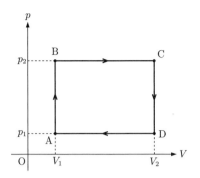

気体に外部から熱を加えたり，仕事をしたりすることにより，A → B → C → D → A と状態変化させた．ただし，仕事は，外部が気体に仕事をするとき正，気体が外部に仕事をするとき負とする．

(1) 系 (気体) を出入りする仕事が 0 となる変化はどの過程か．すべて挙げよ．

(2) 気体が膨張する変化はどの過程か．また，その過程での外部が気体にする仕事を求めよ．

(3) 気体が圧縮する変化はどの過程か．また，その過程での外部が気体にする仕事を求めよ．

(4) A → B → C → D → A と状態変化させたときの仕事の総和を求めよ．

解 (1) 体積変化が 0 のとき，仕事は 0 となる．図から，A → B，C → D が，仕事が 0 となる変化である．

(2) 気体が膨張する変化は B → C である．仕事は

$$W_{B \to C} = -p\Delta V = -p_2(V_2 - V_1)$$

となる．$W < 0$ であるので，気体が外部に仕事をしたことになる．

(3) 気体が圧縮される変化は D → A である．仕事は

$$W_{D \to A} = -p\Delta V = -p_1(V_1 - V_2) = p_1(V_2 - V_1)$$

となる．$W > 0$ であるので，外部が気体に仕事をしたことになる．

(4) 仕事の総和は

$$W = W_{B \to C} + W_{D \to A} = -(p_2 - p_1)(V_2 - V_1) < 0$$

となる．$W < 0$ であるので，気体が外部に仕事をしたことになる．

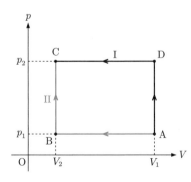

例題 8.4 図のように，気体の状態 A から状態 C への変化を，過程 I (A → D → C) と過程 II (A → B → C) で行った．過程 I，II で外部が気体にした仕事 (正) を求めよ．また，得られた結果に基づいて仕事について考察せよ．

解 過程 I の A → D の変化では，気体の体積は変化しない
ので，仕事は 0 である．D → C の変化は圧力一定での圧縮
なので，外部は気体に仕事をする．したがって，過程 I で外
部がする仕事は

$$W_I = -p_2(V_2 - V_1) = p_2(V_1 - V_2)$$

となる．同様に，過程 II では，A → B の変化だけで外部が
気体に仕事をする．過程 II で外部がする仕事は

$$W_{II} = -p_1(V_2 - V_1) = p_1(V_1 - V_2)$$

となる．$W_I \neq W_{II}$ であるので，系に加わる仕事は状態だけ
では決まらず，途中の経路に応じて変化することになる．

例題 8.5 0.20 mol の単原子分子理想気体の圧力を一定に
保ち，温度を 300 K から 340 K まで上げた．気体定数を
8.3 J/(K · mol) として，次の問いに答えよ．

(1) 内部エネルギー変化を求めよ．

(2) 気体が外部にした仕事 (負) を求めよ．

(3) 気体は放熱または吸熱のどちらの変化をしたか．また，
変化にともなう熱は何 J か．

解 (1) 内部エネルギー変化は

$$\Delta E = n\frac{3}{2}R\Delta T = 0.20 \times \frac{3}{2} \times 8.3 \times (3.4 \times 10^2 - 3.0 \times 10^2)$$

$$\cong 1.0 \times 10^2 \, J$$

となる．

(2) 気体の最初の温度を T_1，体積を V_1，圧力を p とする．
また，変化後の温度を T_2，体積を V_2 として，状態方程式を
用いると

$$p(V_2 - V_1) = nR(T_2 - T_1)$$

の関係が得られる．これから，気体が外部にした仕事は

$$W = -p\Delta V = -p(V_2 - V_1) = -nR(T_2 - T_1)$$

$$= -0.20 \times 8.3 \times 40 \cong -66 \, J$$

と求まる．

（3）気体は外部から熱を吸収して，外部に 66 J の仕事をした．その結果，内部エネルギーは 1.0×10^2 J 増加したので，熱力学の第 1 法則から

$$1.0 \times 10^2 = -66 + Q$$

となる．これから

$$Q \cong 1.7 \times 10^2 \, \text{J}$$

となる．したがって，気体は 1.7×10^2 J の熱を吸収した．

8.4　内部エネルギー変化の例 —————————●

8.4.1　定積変化

図 8.7 (a) のように，理想気体をピストンを備えたシリンダー内に入れ，ピストンを固定して，シリンダー内の気体を加熱・冷却すると，気体の温度は変化しても体積は一定に保たれる．このように，体積 V が一定の状態で気体の圧力 p と温度 T を変化させるとき，この変化を定積変化という．この変化では，体積が変化しないので外部から仕事をされることはなく，また外部に仕事をしない．したがって，熱の出入りだけで内部エネルギーは変化する．

$$\Delta E = Q \tag{8.8}$$

定積変化では，加えた熱 Q がすべて内部エネルギーの増加となる．理想気体の定積変化における p と V の関係は図 8.7 (b) となる．理想気体の内部エネルギーは，絶対温度 T だけで決まるので，p-V 図上での変化の過程がいかなるものであっても，温度変化が同じであれば，内部エネルギー変化はすべて等しい．

(a)

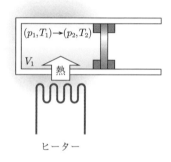

ヒーター

(b)

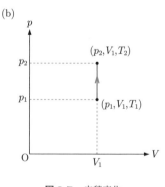

図 8.7　定積変化

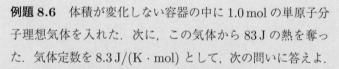

> **例題 8.6**　体積が変化しない容器の中に 1.0 mol の単原子分子理想気体を入れた．次に，この気体から 83 J の熱を奪った．気体定数を 8.3 J/(K・mol) として，次の問いに答えよ．
> 　(1) 気体の内部エネルギー変化を求めよ．
> 　(2) 気体の温度変化を求めよ．
>
> **解**　(1) 体積が変化しないので $W = 0$ である．したがって，内部エネルギー変化は $\Delta E = Q = -83$ J となる．

(2) 単原子分子理想気体の内部エネルギー変化は

$$\Delta E = n\frac{3}{2}R\Delta T$$

となる．これから，気体の温度変化は

$$\Delta T = \frac{2\Delta E}{3nR} = \frac{2 \times (-83)}{3 \times 1.0 \times 8.3} \cong -6.7\,\mathrm{K}$$

となる．

8.4.2 等温変化

図 8.8 (a) のように，シリンダーを一定温度 T に保たれた恒温槽の中に入れてピストンをゆっくりと動かせば，シリンダー内の気体の温度は一定に保たれ，気体の圧力 p と体積 V を変化させることができる．このように，温度が一定の状態で気体の p と V を変化させるとき，この変化を**等温変化**という．この場合，p と V はボイルの法則

$$pV = 一定 \tag{8.9}$$

に従う．理想気体の内部エネルギーは温度だけで決まるので，等温変化では内部エネルギーは一定に保たれ

$$\Delta E = Q + W = 0 \tag{8.10}$$

となる．このことから，気体の等温圧縮では，外部からされた仕事はすべて熱として外部に放出される（$Q = -W$）．逆に，等温膨張では，吸収した熱はすべて膨張のために仕事 W として使われる．

図 8.8 (b) のように，1 mol の理想気体が $(p, V) = (p_1, V_1)$ の状態から (p_2, V_2) の状態に温度 T で等温圧縮されるときに気体が外

(a)

(b)

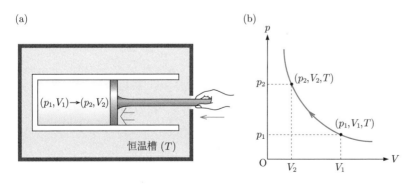

図 8.8 等温変化

部からされる仕事を求めよう．体積変化による仕事は，積分の形で表すと

$$W_{1\to2} = -\int_{\text{状態 1}}^{\text{状態 2}} p\,dV \tag{8.11}$$

となる．上式の p に

$$p = \frac{RT}{V} \tag{8.12}$$

を代入して積分を行うと

$$W_{1\to2} = -RT\int_{V_1}^{V_2} \frac{dV}{V} = -RT\log\frac{V_2}{V_1} \tag{8.13}$$

が得られる．ただし，log は自然対数を表す．

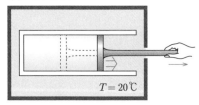

(a) 2倍に膨張

$T = 20℃$

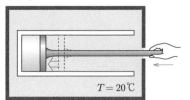

(b) 1/2に圧縮

$T = 20℃$

例題 8.7 ピストン付きシリンダーに 2.00 mol の理想気体を入れ，気体の温度を 20℃ にした．気体定数を $R = 8.31\,\text{J}/(\text{K}\cdot\text{mol})$，温度は 0℃ を 273 K とする．

(1) 図 (a) のように，温度を 20℃ に保ち，気体の体積を 2 倍に等温膨張させた．このとき，外部が気体にした仕事を求めよ．

(2) 図 (b) のように，温度を 20℃ に保ち，気体の体積を 1/2 倍に等温圧縮させた．このとき，外部が気体にした仕事を求めよ．

解 (1) 理想気体の状態方程式 (7.12) から圧力は $p = \dfrac{nRT}{V}$ と表される．また，体積変化する前の気体の体積を V_1 とすると，体積が 2 倍に等温膨張するときの仕事は式 (8.11) から

$$W = -\int_{V_1}^{2V_1} \frac{nRT}{V}dV = -nRT\log\frac{2V_1}{V_1} = -nRT\log 2$$

となる．数値を代入すると

$$W = -2.00 \times 8.31 \times 293 \times 0.693 \cong -3.37 \times 10^3\,\text{J}$$

となる．

(2) 1/2 倍に等温圧縮されたときの仕事は

$$W = -\int_{V_1}^{\frac{V_1}{2}} \frac{nRT}{V}dV = -nRT\log\frac{V_1}{2V_1} = nRT\log 2$$

となる．したがって，外部が気体にした仕事は $3.37 \times 10^3\,\text{J}$ となる．

8.4.3 定圧変化

図 8.9 (a) のように，ピストンを自由に動けるようにしてシリンダー内の気体をゆっくり加熱・冷却すると，シリンダー内の圧力 (p_1) と外圧 (p_1) が常に等しくなり，気体の温度が変化しても，圧力は一定に保たれる．このように，圧力が一定の状態で気体の温度 T や体積 V を変化させるとき，この変化を定圧変化という．この場合，T と V はシャルルの法則

$$\frac{V}{T} = 一定 \tag{8.14}$$

に従う．

気体に加えた熱量を Q，外部が気体にした仕事を W，内部エネルギー変化を ΔE とすると

$$\Delta E = Q + W \tag{8.15}$$

となる．理想気体の定圧変化における p と V の関係は図 8.9 (b) となる．外部が理想気体にする仕事は，気体の圧力 p，体積変化 ΔV，温度変化 ΔT を用いて

$$W = -p\Delta V = -nR\Delta T \tag{8.16}$$

となる．

(a)

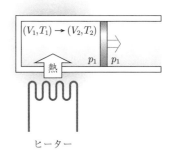

ヒーター

(b)

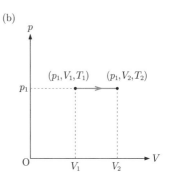

図 8.9 定圧変化

例題 8.8 ピストン付きシリンダーに $1.00\,\mathrm{mol}$ の理想気体を入れ，圧力を 1 気圧 (1 atm) にした．図のように，$420\,\mathrm{J}$ の熱量を気体に加えたところ，圧力が 1 atm のままで気体の体積が $200\,\mathrm{cm}^3$ だけ増加した．気体定数を $8.31\,\mathrm{J/(K \cdot mol)}$，1 atm を $1.01 \times 10^5\,\mathrm{N/m}^2$ とする．

(1) 気体が外部にした仕事の大きさを求めよ．

(2) 気体の温度変化を求めよ．

(3) 気体の内部エネルギーの変化を求めよ．

解 (1) 気体が外部にした仕事の大きさ W は式 (8.16) から

$$W = 1.01 \times 10^5 \times 200 \times 10^{-6}\,\mathrm{N \cdot m} \cong 20.2\,\mathrm{J}$$

となる．

(2) 温度変化 ΔT は式 (8.16) から

$$\Delta T = \frac{p\Delta V}{nR} = \frac{1.01 \times 10^5 \times 200 \times 10^{-6}}{1.00 \times 8.31} \cong 2.43\,\mathrm{K}$$

となる．

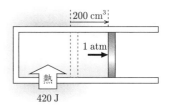

200 cm³

1 atm

420 J

8.4.4 断熱変化

図 8.10 のように，熱容量が無視できるピストンを備えたシリンダーを断熱材で覆う．このとき，ピストンを動かしてもシリンダー内の気体に熱の出入りがない．このように，外部との熱の出入りを断って，気体の状態を変化させるとき，この状態変化を**断熱変化**という．この変化では，$Q = 0$ となるので，内部エネルギー変化は

$$\Delta E = W \tag{8.17}$$

となる.

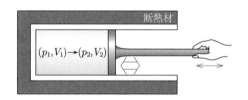

図 8.10 断熱変化

シリンダーが断熱材で覆われていなくても，ピストンを急激に動かすと，熱の出入りがほとんどなく，断熱変化とみなせる．気体の体積を急激に減少させる断熱圧縮では，圧縮による仕事が気体の内部エネルギーとなるから温度が上昇する．逆に，体積を急激に増加させる断熱膨張では，気体の内部エネルギーが外部からの圧力に抗して膨張する仕事に使われるので，温度が下がる．断熱膨張は低温を得る手法として使われている．

図 8.11 のように，細い管でつながれた体積 V の 2 つの容器をコックで仕切る．容器全体は断熱されており，左側の容器 A に圧力 p，温度 T の気体を封入し，右側の容器 B は真空にしておく．AB 間をつなぐコックを開くと，気体が**断熱自由膨張**して全体の温度が T' になった．この過程では，気体はピストンを押して移動させるわけではないので，仕事は 0 である．また，断熱されているので熱の出入りも 0 となる．気体の内部エネルギーの変化を ΔE とすると，熱力学の第 1 法則から

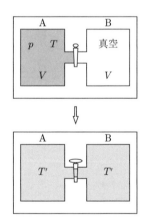

図 8.11 気体の断熱自由膨張

$$\Delta E = 0 \qquad (8.18)$$

となる．したがって，気体の温度は変化せず

$$T' = T \qquad (8.19)$$

となる．また，体積は $2V$ になるので，圧力は半分の $\dfrac{p}{2}$ になる．

例題 8.9　変形しない容器に入った気体に熱量 Q を加える．このときの内部エネルギーの変化を求めよ．

解 $W = 0$ なので $\Delta E = Q$ となる．

例題 8.10　室温で膨らませた風船を冷凍庫に入れて収縮させる．$Q,\ W$ の符号を求めよ．

解 冷凍庫に入れて冷やされるので $Q < 0$ となる．また，収縮するので $W > 0$ となる．

例題 8.11　理想気体の内部エネルギーは温度だけで決まる．理想気体を等温膨張させるため外部から熱量 Q を加えた．気体が外部にした仕事を求めよ．

解 気体がした仕事 W は $0 = E = Q + W$ から $-Q$ である．

例題 8.12　気体を断熱圧縮した．気体の温度はどうなるか．また，断熱膨張させたとき，気体の温度はどうなるか．

解 断熱圧縮すると，気体は仕事をされるので，内部エネルギーが増加して温度が上昇する．断熱膨張すると，気体は仕事をするので，内部エネルギーが減少して温度が下がる．

8.1 100℃において，水が蒸発するときに吸収する潜熱 (蒸発熱) は $2.26 \times 10^3 \,\mathrm{J/g}$ である．水 1 g を 1 atm ($1.01 \times 10^5 \,\mathrm{Pa}$) の下で水蒸気に変化させると，$1.67 \times 10^{-3} \,\mathrm{m}^3$ の体積になった．水 1 g を 100℃で水蒸気にしたときの内部エネルギー変化を求めよ．ただし，100℃における水 1 g の体積を $1 \times 10^{-6} \,\mathrm{m}^3$ とする．

8.2 圧力 $1.50 \times 10^5 \,\mathrm{Pa}$ の理想気体が 0.500 mol ある．この気体を 300 K で等温膨張させると，気体の体積は 3 倍になった．このとき，気体が吸収した熱量を求めよ．ただし，気体定数を $8.31 \,\mathrm{J/(K \cdot mol)}$ とする．

8.3 1.0 mol の理想気体を 300 K で $1.5 \times 10^6 \,\mathrm{Pa}$ の状態から $1.0 \times 10^5 \,\mathrm{Pa}$ の状態まで等温膨張させた．この気体が外部にした仕事と外部から供給された熱量を求めよ．気体定数を $8.3 \,\mathrm{J/(K \cdot mol)}$ とする．

8.4 $1.0 \times 10^5 \,\mathrm{Pa}$ の圧力下で，気体に 8.4 J の熱を加えたら，気体は定圧膨張して，体積が $2.0 \times 10^{-5} \,\mathrm{m}^3$ だけ増加した．気体の内部エネルギー変化を求めよ．

8.5 滑らかに動くピストンをもつシリンダー内に，一定量の理想気体がある．この気体の最初の状態は p-V 図の点 A で示されている．この気体に熱量 Q を加えて 2 通りの変化 A → B，A → C をさせた．

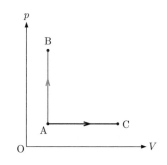

  (1) A → B，A → C の変化をそれぞれ何というか．

  (2) 外部に仕事をするのはどちらの変化か．

  (3) B と C ではどちらの温度が高いか．

8.6 理想気体を状態 i から状態 f まで 2 通りの経路で変化させた．図のように，経路 I では，はじめ定積変化し，続いて定圧変化させて状態 f にする．経路 II では，等温変化で状態 f にする．ただし，気体定数を $8.31 \,\mathrm{J/(K \cdot mol)}$，$p_i = 2.00 \times 10^5 \,\mathrm{Pa}$，$V_i = 5.00 \times 10^{-2} \,\mathrm{m}^3$，$p_f = 1.00 \times 10^5 \,\mathrm{Pa}$，$V_f = 1.00 \times 10^{-1} \,\mathrm{m}^3$ とする．

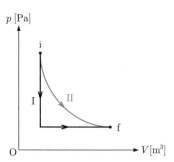

  (1) 経路 I で i → f に変化したとき，気体が外部にした仕事 W_I を求めよ．

  (2) 経路 II で i → f に変化したとき，気体が外部にした仕事 W_{II} を求めよ．

9

熱力学の第2法則とエントロピー

9.1　可逆過程と不可逆過程

　系が状態 A_i から状態 A_f，系以外の外部が状態 B_i から状態 B_f に変化したとする．もし，終状態 (A_f, B_f) から出発して始状態 (A_i, B_i) に戻ることができるならば，(A_i, B_i) から (A_f, B_f) の変化は可逆過程であるという．一方，どのような方法を用いても (A_f, B_f) から (A_i, B_i) に戻せない場合を不可逆過程であるという．また，極めてゆっくりとした変化で，各瞬間が熱平衡であるとみなせる変化を準静的過程という．たとえば，前章の等温変化 (8.4.2 項) ではピストンの操作が十分ゆっくり行われるため，気体の膨張と圧縮は準静的過程である．また，膨張 (圧縮) 過程での気体の状態変化を，圧縮 (膨張) 過程によりそのまま逆にたどることができるため，この準静的等温過程は逆行可能な可逆過程である．

　単振り子は空気抵抗や支点での摩擦がなければ振動を続ける．この場合，単振り子は始状態 A から終状態 B へ，そして外部に何の変化も残さずに B から A に戻ることができる (図 9.1)．このような変化が可逆過程である．しかし，摩擦のような熱を伴う現象は外部に何の変化も与えずに終状態から始状態に戻れない．たとえば，コインなどの物体を机の上で滑らせると少し動いて停止してしまう．これは物体と机との間の摩擦で運動エネルギーが熱エネルギーに変換されてしまうからである．この逆の過程は自発的に起こることはない．すなわち，机の上で静止した物体が机から熱を吸収し，それをさらに運動エネルギーに変換して始状態に戻ることはない．もう 1 つの例として墨流しを考えよう．墨を水に垂らすと，やがて墨と水は混ざり合う．しかし，この現象の逆は決して自発的には起こらない．自然界で起こる変化のほとんどは不可逆変化である．

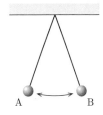

図 9.1　単振り子の運動

9.2 熱機関の熱効率

　やかんの水を沸騰させると，やかんのふたがカタカタと音をたてて持ち上がる．これは熱エネルギーの一部がやかんのふたを持ち上げる仕事に変化したためである．このように，熱エネルギーの一部を仕事に変えることができる．高温の熱源から熱を吸収して，その一部を仕事に変換する装置を熱機関という．熱機関の身近な例として，ガソリンエンジンがある．

　系の状態が始めと終わりで同じになる過程をサイクルといい，サイクルを用いて熱機関をつくることができる．サイクルの変化がすべて可逆の場合を可逆サイクル，サイクルが不可逆変化を含む場合を不可逆サイクルという．

　図 9.2 のように，熱機関が絶対温度 T_H の高温熱源から熱量 Q_H を吸収し，外部に仕事 W をし，さらに絶対温度 T_L の低温熱源に熱量 Q_L を放出して始状態に戻ったとする．ここで，W は熱力学の第 1 法則から

$$W = Q_H - Q_L \tag{9.1}$$

である．このとき，Q_H に対する W の割合

$$e = \frac{W}{Q_H} = \frac{Q_H - Q_L}{Q_H} \tag{9.2}$$

を熱機関の効率 (熱効率) という．熱機関は始状態に戻るために，かならず低温熱源に熱を放出するので，$e < 1$ となる．たとえば，ガソリンエンジンの効率は 20〜30% である．

　サイクルの変化がすべて可逆な可逆熱機関の場合，熱効率が最大となり

$$e_0 = \frac{Q_H - Q_L}{Q_H} = \frac{T_H - T_L}{T_H} \tag{9.3}$$

で与えられる．このサイクルをカルノーサイクルという．一方，サイクルに不可逆変化が含まれる不可逆熱機関の熱効率は可逆熱機関より小さくなり

$$e = \frac{Q_H - Q_L}{Q_H} < \frac{T_H - T_L}{T_H} \tag{9.4}$$

となる．式 (9.3), (9.4) から

$$\frac{Q_H}{T_H} - \frac{Q_L}{T_L} \leq 0 \tag{9.5}$$

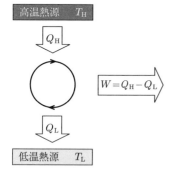

図 9.2 熱機関

が得られる．また，系を出入りする熱量を $Q_1 = Q_H$, $Q_2 = -Q_L$ として，熱が系に入る場合を正，外部に出る場合を負になるようにする．また，熱源の絶対温度を $T_1 = T_H$, $T_2 = T_L$ とすると，式 (9.5) は

$$\frac{Q_1}{T_1} + \frac{Q_2}{T_2} \leq 0 \tag{9.6}$$

となる．ただし，等号は可逆の場合に成り立つ．

例題 9.1 100℃ の高温熱源と 0℃ の低温熱源の間で働く熱機関の最大熱効率は何％か．また，熱効率を良くするにはどうすればよいか．ただし，温度は 0℃ を 273 K とする．

解 式 (9.3) より可逆サイクルの熱効率は

$$\frac{373 - 273}{373} \cong 0.268$$

となる．したがって，最大の熱効率は 26.8 ％である．

熱効率を良くするには，高温熱源の温度をできるだけ高く，かつ低温熱源の温度をできるだけ低くすればよい．

9.3 熱力学の第 2 法則

式 (9.2) から，低温熱源に放出する熱を 0 にできれば，効率 1 の熱機関を実現することができる．このような熱機関は 1 つの熱源から吸収した熱をすべて仕事に変換するものであり，第 2 種永久機関という．第 2 種永久機関が存在すれば，外部から吸収した熱だけで動く熱機関ができ，燃料が不要となる．しかし，第 2 種永久機関の存在は熱力学の第 2 法則により否定されている．

熱力学の第 2 法則は次のように表現される．

(1) クラウジウスの原理
  低温の物体から高温の物体に熱を移動するだけで，それ以外に何の変化も残さない過程は存在しない．

(2) トムソンの原理
  温度が一定の 1 つの熱源から熱をとって，それと等量の仕事を外部にさせることはできない．

この 2 つの原理は等価である．仮に，クラウジウスの原理に反する過程が可能であるとする．このとき，可逆サイクルを熱機関とし

て働かせたときに，低温熱源に放出した熱 Q_L を，サイクルの中で高温熱源に戻せば，全体として高温熱源だけが $Q_\mathrm{H} - Q_\mathrm{L}$ の熱を失って，それがすべて仕事に変換されることになる．これはトムソンの原理に反する．したがって，この対偶，すなわちトムソンの原理からクラウジウスの原理が導かれたことになる．

　仕事をすべて熱に変換して，それ以外に何の変化を残さないことは可能である．たとえば，水力のする仕事で発電し，その電流を電熱器で熱に変換してやればよい．ところが，この逆はトムソンの原理により禁止され，不可能である．また，高温の物体と低温の物体を接触させると，熱は自発的に高温物体から低温物体に流れるが，この逆はクラウジウスの原理に反するから不可能である．

9.4　クラウジウスの不等式

　可逆サイクルと不可逆サイクルについて成り立つ式 (9.6) は，熱源が 3 つ以上ある場合にも成立し

$$\sum_{i=1}^{N} \frac{Q_i}{T_i} \leq 0 \tag{9.7}$$

となる．これをクラウジウスの不等式という．さらに，熱源は無限にあると考えて，式 (9.7) を積分の形で書くと，次のようになる．

$$\oint \frac{dQ}{T} \leq 0 \tag{9.8}$$

ここで，$\oint$ は任意のサイクルについての積分を表す．

9.5　エントロピー

　絶対温度 T の系に準静的過程 (可逆過程) で微小な熱 ΔQ が加わったとき，系のエントロピー変化 ΔS を

$$\Delta S = \frac{\Delta Q}{T} \tag{9.9}$$

とする．エントロピーの単位は J/K である．このように定義したエントロピーは内部エネルギーのような状態量である．

　図 9.3 のように，系を始状態 i から終状態 f まで可逆変化 (過程 I) させ，次に f から可逆変化 (過程 II) させて状態を i に戻す．このサイクルは可逆過程なので，式 (9.8) の等号が成立する．

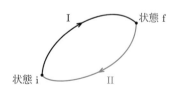

図 9.3　可逆サイクル

$$\oint \frac{dQ}{T} = \int_{i(I)}^{f} \frac{dQ}{T} + \int_{f(II)}^{i} \frac{dQ}{T} = 0 \qquad (9.10)$$

これから

$$\int_{i(I)}^{f} \frac{dQ}{T} = -\int_{f(II)}^{i} \frac{dQ}{T} \qquad (9.11)$$

となり

$$\int_{i(I)}^{f} \frac{dQ}{T} = \int_{i(II)}^{f} \frac{dQ}{T} \qquad (9.12)$$

が得られる. 式 (9.12) はエントロピーが経路によらず, 始状態と終状態だけで決まる状態量であることを表す. したがって, エントロピー変化は積分を用いて

$$\Delta S = \int_{i}^{f} \frac{dQ}{T} \qquad (9.13)$$

と表すことができる.

例題 9.2　0℃の氷 100 g に熱を加えて, 完全に融解させて 0℃の水 100 g を得た. この融解過程における水のエントロピー変化を求めよ. ただし, 水の融解熱を 3.3×10^2 J/g とする.

解 式 (9.9) から, エントロピー変化は

$$\Delta S = \frac{\Delta Q}{T}$$

となる. ここで, ΔQ は 100 g の 0℃の氷を融解させるのに必要な熱であるので

$$\Delta Q = 100 \times 3.3 \times 10^2 = 3.3 \times 10^4 \text{ J}$$

となる. $T = 273$ K とすると

$$\Delta S = \frac{\Delta Q}{T} = \frac{3.3 \times 10^4}{273} \cong 1.2 \times 10^2 \text{ J/K}$$

となる.

例題 9.3　質量 m, 比熱 c の物体を温度 T_i から温度 T_f まで加熱した. エントロピー変化を求めよ.

解 物体の温度を dT 上昇させるのに必要な熱量は

$$dQ = mc \, dT$$

となる．これを式 (9.13) に代入してエントロピー変化を求めると

$$\Delta S = \int_{T_i}^{T_f} \frac{dQ}{T} = \int_{T_i}^{T_f} \frac{mc\,dT}{T} = mc \int_{T_i}^{T_f} \frac{dT}{T} = mc \log \frac{T_f}{T_i}$$

となる．

例題 9.4 図 8.11 のように，細い管でつながれた体積 V の 2 つの容器をコックで仕切る．一方の容器に温度 T の理想気体を 1 mol 入れ，残りの容器を真空にしておく．次に，コックを開くと気体は断熱膨張をして容器全体に広がる．このときのエントロピー変化を求めよ．

解 断熱自由膨張なので，気体の温度は変化せず，内部エネルギーも変化しない．始状態と終状態を結ぶ準静的過程をとってエントロピーを計算する．たとえば，温度 T を一定として，等温膨張させる．熱力学の第 1 法則は

$$\Delta E = \Delta Q + \Delta W = \Delta Q - p\Delta V$$

と表される．これから

$$\Delta Q = \Delta E + p\Delta V = p\Delta V$$

が得られる．これを微分で表すと

$$dQ = p\,dV$$

となるので，エントロピー変化は

$$\Delta S = \int_i^f \frac{dQ}{T} = \int_V^{2V} \frac{p}{T} dV'$$

となる．理想気体の状態方程式 $pV = RT$ を用いると，エントロピー変化は

$$\Delta S = R \int_V^{2V} \frac{dV'}{V'} = R \log \frac{2V}{V} = R \log 2$$

と計算できる．

上の例題からもわかるように，系に熱を加えたり，物質を断熱自由膨張させたりするとエントロピーが増加する．エントロピーは系の乱雑さの尺度を表す量であり，温度が高くなるほど，また，物質の分布が一様になるほど大きくなる．

9.6 エントロピー増大の法則 ●

　図9.4のように，系が不可逆過程I (ir) で，状態iから状態fに変化したとする．続いて，可逆過程II (rev) によって状態fから状態iに戻したとすると，サイクルは不可逆過程を含むので不可逆となる．この不可逆サイクルにはクラウジウスの不等式

$$\oint \frac{dQ}{T} = \int_{i(I(ir))}^{f} \frac{dQ}{T} + \int_{f(II(rev))}^{i} \frac{dQ}{T} < 0 \tag{9.14}$$

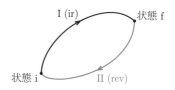

図9.4 不可逆過程を含むサイクル

が適用される．右辺第2項はエントロピーの定義式になっているので，$-(S_f - S_i)$ と書け，したがって

$$S_f - S_i > \int_{i(I(ir))}^{f} \frac{dQ}{T} \tag{9.15}$$

となる．また，この式の微分形は

$$dS > \frac{dQ}{T} \tag{9.16}$$

となる．

　外部と熱のやり取りをしない系を断熱系という．断熱系においては，$dQ = 0$ であるから，式 (9.16) は

$$dS > 0 \tag{9.17}$$

となる．これに，断熱系での可逆変化を含めると

$$dS \geq 0 \tag{9.18}$$

となる．この式は断熱系が不可逆変化する場合にはエントロピーが増大し，可逆変化する場合にはエントロピーが変化しないことを表す．これを**エントロピー増大の原理**という．断熱過程では，いかなる方法をもってしてもエントロピーの高い状態から低い状態への変化はできないのである．

　これまでみてきたように，熱力学は平衡状態にある物体を温度，圧力，体積，物質量，内部エネルギー，エントロピーなどの状態量で特徴づけ，平衡状態間の変化の向き，状態量の関係，法則を与える．物体は本来無数の原子や分子で形成されているが，いくつかの状態量だけで物体を特徴づけることが熱力学により可能となる．その適用範囲は，光子気体，磁性体，誘電体，ゴム弾性，表面張力，さらにはブラックホールにまで及び，極めて広い．

9.1 海洋温度差発電では，表層海水と深層海水の温度差を利用して発電する．表層海水と深層海水の温度をそれぞれ 303 K，278 K とするとき，この間で熱効率が最大となる可逆サイクルを働かせた．最大の熱効率を求めよ．

9.2 0℃ の水 1.0 g を 100℃ まで加熱したときのエントロピーの増加量を求めよ．ただし，水の比熱を 4.2 J/(g·K) とする．

9.3 0℃ の氷 1.00 g が 100℃ の水蒸気になるときのエントロピーの増加量を求めよ．ただし，氷の融解熱を 0.335×10^3 J/g，水の蒸発熱を 2.26×10^3 J/g，水の比熱を 4.18 J/(g·K) とする．

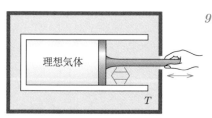

9.4 図のように，ピストン付きシリンダーに入れた 1 mol の理想気体の温度を一定値 T に保ち，ピストンを準静的に動かして，気体の体積を V_1 から V_2 に変化させた．

(1) この過程で系に流入する熱量を求めよ．

(2) この過程にともなうエントロピー変化を求めよ．

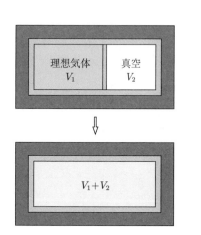

9.5 図のように，断熱壁で囲まれた体積一定の容器に仕切りを入れ，体積 V_1 の領域に温度 T，圧力 p の理想気体 1 mol を入れ，体積 V_2 の領域を真空にする．この状態から仕切りを取りさり，$V_1 + V_2$ の領域に気体を自由膨張させる．

(1) この過程では気体の温度が変わらない．その理由を述べよ．

(2) この過程にともなう気体のエントロピー変化を求めよ．

(3) この過程は可逆過程か，または不可逆過程か．理由とともに答えよ．

9.6 質量 100 g，比熱 0.400 J/(g·K) の物体の温度が，気温 300 K の大気中で，400 K から 300 K に下がった．物体と大気を合わせた系のエントロピーの増加量を求めよ．

9.7 2つの熱容量 40.0 J/K の物体 A, B があり，A の温度を 400 K，B の温度を 200 K にした．この 2 つの物体を接触させてしばらくすると，2 つの物体の温度は 300 K となった．2 つの物体を合わせた系のエントロピーの増加量を求めよ．

9.8 図のように，容器を仕切りによって 2 つの領域 V_A, V_B に分ける．左側の体積 V_A の領域には，温度 T，圧力 p，モル数 n_A の理想気体 A を封入し，右側の体積 V_B の領域には温度と圧力が A と同じで，モル数 n_B の理想気体 B を封入する．次に，仕切りを取り除くと，A と B は互いに拡散し合って体積 $V_A + V_B$ の領域で均一に混合した．A, B の混合によるエントロピーの増加量を求めよ．

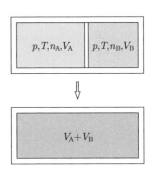

10 電荷と静電場

10.1 電荷

電池の極性を決めたとき，電流は陽極から陰極に流れるとされた (図 10.1)．その後，電子が発見され，電子は電流とは反対に陰極から陽極に流れることがわかり，電子の電荷の符号は負に決まった．電気の最小単位は電子がもつ電荷の大きさで，その値は

$$e = 1.602176634 \times 10^{-19} \, \text{C} \tag{10.1}$$

である．これを**電気素量**という．

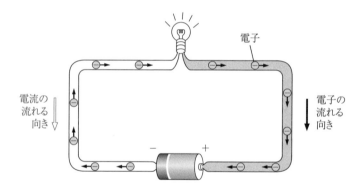

図 10.1 電流と電子の流れ

図 10.2 原子の構造

図 10.2 のように，物質を構成する原子は，中心の原子核とそのまわりに存在する電子からできている．また，原子核は陽子と中性子からできており，これらの粒子が原子の質量のほとんどを担っている．電子は負の電荷，陽子は正の電荷をもち，中性子は電気的に中性である．電子と陽子の総数は等しく，またそれらの電荷は大きさが等しいので，原子は外部に対して電気的に中性である．しかし，電子を取り込んだり放出したりして電子数に過不足が生じると，原子は電荷をもつイオンになる．また，物体 (物体中の原子) が電子を取り込んだり放出したりすると静電気が発生する．

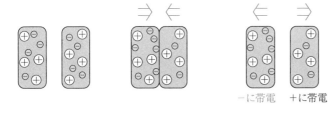

| (a) 定常状態 | (b) 物体の接触による
電荷移動 | (c) 物体の帯電 |

図 10.3 摩擦による静電気の発生

図 10.3 のように，異なる材質の物体を接触させ擦り合わせると，摩擦で一方の物体の原子の電子が他方の物体の原子に移動する．その結果，電子を失った物体が正に帯電し，電子を受け取った物体が負に帯電する．たとえば，ガラス棒を絹の布でこすると，ガラス棒は紙片などを引き付けるようになる．これは摩擦によって，ガラス棒が電子を失い正に帯電し，絹の布が電子を受け取り負に帯電したからである．このように，異なる物質をこすり合わせたとき生じる電気を静電気または**摩擦電気**という．また，プラスチック製の下敷きで髪の毛をこすると，髪の毛が下敷きに引き寄せられる．これは摩擦エネルギーで髪の毛の電子が原子の束縛から離れ，プラスチックの下敷きに移動するからである．その結果，電子を失った髪の毛は，プラスに帯電し，電子を受け取った下敷きはマイナスに帯電する．このように，物質同士を擦り合わせると摩擦電気が生じるが，正の電気を帯びる傾向は次のようになることが知られている．

毛皮 > ガラス > 絹 > エボナイト > ポリエチレン > テフロン

したがって，ガラス棒を絹の布で擦るとガラス棒は正に帯電し，テフロン棒を絹の布で擦るとテフロン棒は負に帯電することになる．

図 10.4 のように，雷は電気を帯びた雲がその電気を蓄えきれなくなって放電する現象である．この電気を帯びた雲は強い上昇気流によって雲が形成されるときに，雲の粒子同士が衝突によって帯電することにより生じる．その際，大きい (重い) 粒子がマイナスに帯電して下方に，小さい (軽い) 粒子がプラスに帯電し上方に集まる．雷雲がさらに成長して，電気を蓄えきれなくなると，地上に放電して落雷が起こる．

(1) 雲の発生	(2) 帯電による 雷雲の形成	(3) 雷雲の成長	(4) 落雷の発生

上側は+に帯電

下側は−に帯電

強い
上昇気流

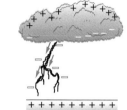

雷雲の−電荷によって
地上に+電荷が誘導される

図 10.4 雷雲の発生と落雷

例題 10.1 ある物体が 1.0×10^{-7} C の正の電荷をもって
いる．このとき，物体には何個の電子が不足しているか．た
だし，電子の電荷を -1.6×10^{-19} C とする．

解 不足した電子数は

$$\frac{1.0 \times 10^{-7}}{1.6 \times 10^{-19}} \cong 6.3 \times 10^{11} \text{ 個}$$

となる．

10.2 クーロンの法則

図 10.5 (a) のように，絹の布で擦って正に帯電させた 2 本のガ
ラス棒を近づけると，反発し合う．また，絹の布で擦って負に帯電
させた 2 本のテフロン棒を近づけても，同様に反発し合う（図 10.5
(b)）．一方，正に帯電させたガラス棒と負に帯電させたテフロン棒

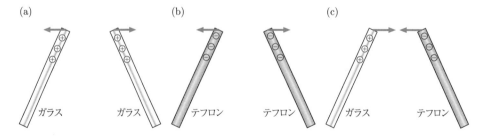

(a) ガラス ガラス (b) テフロン テフロン (c) ガラス テフロン

図 10.5 電荷間に働く力

を近づけると，引きよせ合う (図10.5 (c)). これは次のように考えると理解できる. 電荷は2種類あり，同種の電荷は互いに反発し合い，異種の電荷は互いに引きよせ合う.

クーロンは2つの帯電した小球に働く力を測定して，点電荷 (大きさが無視できる電荷) の間に働く静電気力の向きは点電荷を結ぶ直線上にあり，静電気力は点電荷 q_1, q_2 の大きさの積に比例し，点電荷間の距離 r の2乗に反比例することを見出した. これをクーロンの法則といい

$$F = \frac{1}{4\pi\varepsilon_0}\frac{q_1 q_2}{r^2} \tag{10.2}$$

で表される. ここで，ε_0 は真空の誘電率であり，$8.85418782 \times 10^{-12}\,\mathrm{C^2/N \cdot m^2}$ という値をとる. また

$$k = \frac{1}{4\pi\varepsilon_0} \tag{10.3}$$

とすると，k の値は真空中で $8.9875517 \times 10^9\,\mathrm{N \cdot m^2/C^2}$ となる. また，空気中の場合も，k の値は真空中での値にほぼ等しい.

静電気力 F は q_1 と q_2 が同符号ならば $F > 0$ となり反発力，異符号ならば $F < 0$ となり引力となる (図10.6). また，点電荷の間には作用・反作用の法則も成立し，それぞれの点電荷が受ける力は大きさが同じで，向きが反対になっている.

原点に置かれた点電荷 Q が位置ベクトル $\boldsymbol{r}$ の点Pに位置する点電荷 q に及ぼす力を考えよう (図10.7). $r = |\boldsymbol{r}|$ とすると，クーロンの法則から静電気力は

$$F = \frac{1}{4\pi\varepsilon_0}\frac{Qq}{r^2} \tag{10.4}$$

となる. また，q に働く力の向きは，$Qq > 0$ (Q と q が同符号) のとき $\boldsymbol{r}$ と同じ向きで，$Qq < 0$ (Q と q が異符号) のとき $\boldsymbol{r}$ と反対向きになる. このことから，静電気力をベクトルで表すには，F に $\boldsymbol{r}$ 方向の単位ベクトル

$$\boldsymbol{n} = \frac{\boldsymbol{r}}{r} \tag{10.5}$$

を掛ければよいことがわかる. したがって，q が受ける力は

$$\boldsymbol{F} = \frac{1}{4\pi\varepsilon_0}\frac{Qq}{r^2}\frac{\boldsymbol{r}}{r} \tag{10.6}$$

となる.

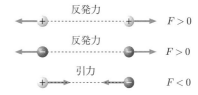

図10.6 クーロンの法則

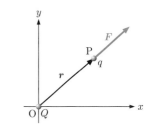

図10.7 原点の点電荷 Q が $\boldsymbol{r}$ に位置する点電荷 q に及ぼす静電気力 $\boldsymbol{F}$

例題 10.2　2 つの 2.0 C の正の電荷が 3.0 km 離れて置かれている. これらの電荷の間に働く静電気力の大きさ求めよ. ただし, $k = 9.0 \times 10^9 \, \mathrm{N \cdot m^2/C^2}$ とする.

解　2 つの電荷の間に働く静電気力は, クーロンの法則から
$$F = 9.0 \times 10^9 \times \frac{2.0 \times 2.0}{(3.0 \times 10^3)^2} = 4.0 \times 10^3 \, \mathrm{N}$$
となる.

例題 10.3　2 つの 1.0 C の正の電荷が 1.0 m 離れて置かれている. これらの電荷の間に働く静電気力を求めよ. また, 電荷間に働く力は質量が何 kg の物体に働く重力に相当するか. ただし, $k = 9.0 \times 10^9 \, \mathrm{N \cdot m^2/C^2}$, 重力加速度 g の大きさを $9.8 \, \mathrm{m/s^2}$ とする.

解　電荷の間に働く静電気力を F とすると
$$F = 9.0 \times 10^9 \times \frac{1.0 \times 1.0}{1.0^2} = 9.0 \times 10^9 \, \mathrm{N}$$
となる. 質量 m の物体に働く重力は mg なので求める質量は
$$m = \frac{9.0 \times 10^9}{9.8} \cong 9.2 \times 10^8 \, \mathrm{kg}$$
となる.

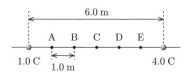

例題 10.4　図のように, 1.0 C と 4.0 C の正の電荷が直線上に 6.0 m 離れて置かれている. 1.0 C の電荷から, 1.0 m の間隔で点 A から点 E まで 5 つの点を直線上にとる. A から E に 1.0 C の電荷を置いたとき, E に置いた電荷に働く静電気力 (合力) が 0 となるのはどの点か.

解　左端の 1.0 C の電荷から x 離れた直線上の点に 1.0 C の電荷を置いたとき, 合力が 0 になったとする. 右向きの力を正とすると, 直線上に置かれた電荷が受ける力は
$$F = k\frac{1.0 \times 1.0}{x^2} - k\frac{1.0 \times 4.0}{(6.0 - x)^2}$$
となる. $F = 0$ から
$$(x - 2.0)(x + 6.0) = 0$$

が得られるので，$x = 2.0\,\mathrm{m}$ となる．したがって，B に電荷を置いたとき合力が 0 となる．

例題 10.5 図のように，$2.0\,\mathrm{m}$ 離れて置かれた $1.0\,\mathrm{C}$ の正の電荷と $-1.0\,\mathrm{C}$ の負の電荷の中点 M に $1.0\,\mathrm{C}$ の正の電荷を置く．M に置かれた電荷に働く静電気力 (合力) を求めよ．ただし，$k = 9.0 \times 10^9\,\mathrm{N \cdot m^2/C^2}$ とする．

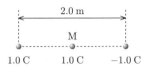

解 M に置かれた $1.0\,\mathrm{C}$ の電荷が左側の $1.0\,\mathrm{C}$ の電荷から受ける力，右側の $-1.0\,\mathrm{C}$ の電荷から受ける力の大きさをそれぞれ F_1，F_2 とする．クーロンの法則から F_1 を求めると

$$F_1 = 9.0 \times 10^9 \times \frac{1.0 \times 1.0}{1.0^2} = 9.0 \times 10^9\,\mathrm{N}$$

となる．同様にして，F_2 を求めると

$$F_2 = 9.0 \times 10^9 \times \frac{|1.0 \times (-1.0)|}{1.0^2} = 9.0 \times 10^9\,\mathrm{N}$$

となる．力は両方とも右向きなので，合力も右向きで，その大きさは

$$F = F_1 + F_2 = 1.8 \times 10^{10}\,\mathrm{N}$$

となる．

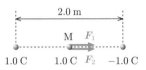

10.1 帯電している 3 本の棒 A, B, C がある．A と B を近づけると引き合い，A と C を近づけると反発する．B と C を近づけるとどうなるか．

10.2 図のように，9.0×10^{-6} C の電荷と 1.0×10^{-6} C の電荷が 4.0 m 離れて置かれている．これら電荷を結ぶ直線上に -1.0 C の電荷を置いたとき，その電荷に働く静電気力が 0 となる点の位置を求めよ．

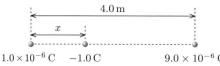

1.0×10^{-6} C　-1.0 C　　　　　9.0×10^{-6} C

10.3 図のように，1 辺が 3.0 m の正三角形の頂点 A, B, C にそれぞれ 1.0 C, 1.0 C, -1.0 C の点電荷を置いたとき，A に置かれた電荷に働く静電気力を求めよ．ただし，クーロンの法則の比例定数を $k = 9.0 \times 10^9$ N$\cdot$m^2/C^2 とする．

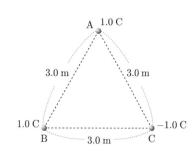

10.4 図のように，4.0 m 離れた点 A, B のそれぞれに 3.0 C の正の点電荷が置いてある．A と B を結ぶ直線上の A から 1.0 m 離れた点 P に点電荷 Q を置いたとき，その点電荷には B に向かう方向に 2.4×10^{10} N の静電気力が働いた．Q の値を求めよ．ただし，クーロンの法則の比例定数を $k = 9.0 \times 10^9$ N$\cdot$m^2/C^2 とする．

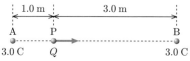

A　　P　　　　　　　B
3.0 C　Q　　　　　3.0 C

10.5 図のように，正方形の頂点 A, B, C, D にそれぞれ点電荷 q, Q, Q', Q を置くと，A に置かれた q の合力が 0 となった．Q' を Q を用いて表せ．

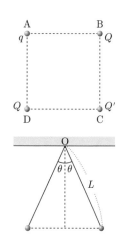

10.6 図のように，質量 m の 2 つの小球のそれぞれを長さ L の 2 本の軽い糸で点 O からつるした．両方の小球に等しい正の電荷を与えると，糸は鉛直方向と角度 θ をなしてつり合った．重力加速度の大きさを g，クーロンの法則の比例定数を k として，小球に与えた電荷量を求めよ．

11

電場と電位

11.1 電場

電荷はそのまわりの別の電荷に静電気力を及ぼす. そのため, 電荷のまわりの空間は静電気力を及ぼすように変化しており, 電場を形成していると考える. 電場が存在する空間に微小な電荷 Δq を置く. Δq の大きさが十分小さければ, この電荷は周囲に影響を与えない. このような電荷を**試電荷**という. 試電荷に働く力 F は Δq に比例するが, これを

$$F = \Delta q E \tag{11.1}$$

と表し, E を**電場**という.

式 (11.1) からわかるように, 電場は単位正電荷に働く力である. したがって, 1 C の正の点電荷 (試電荷と考える) を電場内に置いたとき, この電荷が受ける力の向きをその点における電場の向き, 力の大きさをその点における電場の強さと考えることができる. また, 1 C の電荷が受ける力の大きさが 1 N であるときの電場を 1 N/C として, これを電場の単位として用いる.

ベクトル量の力はスカラー量の電荷を比例定数として電場と比例関係にあるので, 電場は力と同様に大きさと向きをもち, ベクトルで表される. 図 11.1 のように, 原点に置かれた点電荷 Q から r だけ離れた点 P に試電荷 Δq を置くと, 試電荷は

$$F = \frac{1}{4\pi\varepsilon_0} \frac{Q\Delta q}{r^2} \tag{11.2}$$

の静電気力を受ける. これから, Q が P につくる電場の強さは

$$E = \frac{1}{4\pi\varepsilon_0} \frac{Q}{r^2} \tag{11.3}$$

となる. 力と電場の関係式からわかるように, $\Delta q > 0$ のとき力の向きは電場と同じ向きで, $\Delta q < 0$ のときは力の向きは電場と反対向きである. 図 11.1 において, P に置かれた試電荷の位置ベクトルを $\boldsymbol{r}$

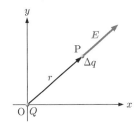

図 11.1 電場 $\boldsymbol{E}$ の空間に存在する試電荷 Δq

とすると，Q が P につくる電場をベクトルで表すと

$$\boldsymbol{E} = \frac{1}{4\pi\varepsilon_0} \frac{Q}{r^2} \frac{\boldsymbol{r}}{r} \tag{11.4}$$

となる．また，電場と静電気力の関係をベクトルで表すと

$$\boldsymbol{F} = \Delta q \boldsymbol{E} \tag{11.5}$$

となる．2つ以上の点電荷が存在する場合には，それらがつくる電場は，それぞれの電荷が単独にある場合の電場をベクトル的に重ね合わせると得られる．たとえば，1番目の点電荷がつくる電場を $\boldsymbol{E}_1$，2番目の電荷がつくる電場を $\boldsymbol{E}_2$ などとすると，電場 $\boldsymbol{E}$ は

$$\boldsymbol{E} = \boldsymbol{E}_1 + \boldsymbol{E}_2 + \cdots \tag{11.6}$$

となる．これを電場の重ね合わせという．また，電場に誘電率を掛けた

$$\boldsymbol{D} = \varepsilon_0 \boldsymbol{E} \tag{11.7}$$

を電束密度という．電束密度の単位は

$$\frac{\mathrm{C}^2}{\mathrm{N} \cdot \mathrm{m}^2} \cdot \frac{\mathrm{N}}{\mathrm{C}} = \frac{\mathrm{C}}{\mathrm{m}^2} \tag{11.8}$$

である．

　電場の様子を表すのに電気力線が用いられる．強さ E の電場中に置かれた正の試電荷が，電場から力を受けながら動くとき，その道筋が電気力線となる．この電気力線の接線が電場の向きに一致する．また，電場の強さが E の点では，電気力線の本数は電場の向きに垂直な面に対して $1\,\mathrm{m}^2$ 当たり E 本引くと決めると，電気力線の密度によって電場の強さを表すことができる．

　図 11.2 に，1つの正の点電荷，1つの負の点電荷，正と負の点電荷対がつくる電気力線を示す．1つの正の点電荷の場合は，電気力線は正の電荷から放射状に出て (図 11.2 (a))，1つの負の点電荷の

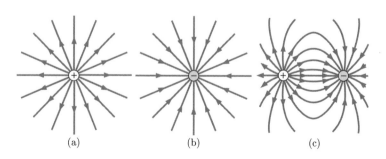

図 11.2　電気力線の例．(a) 正の点電荷，(b) 負の点電荷，(c) 正と負の点電荷対

場合は，電気力線は負の電荷に入り込む (図 11.2 (b))．また，正と負の電荷対の場合は，電気力線は正の点電荷から出て負の点電荷に入る (図 11.2 (c))．

例題 11.1 図のように，点 O に $-1.0 \times 10^{-9}\,\mathrm{C}$ の負の点電荷が置かれている．点電荷から $3.0\,\mathrm{m}$ 離れた点 P での電場を求めよ．ただし，$k = 9.0 \times 10^9\,\mathrm{N \cdot m^2/C^2}$ とする．

解 点電荷が P につくる電場の強さは，式 (11.3) の右辺に数値を代入して
$$E = 9.0 \times 10^9 \times \frac{(1.0 \times 10^{-9})}{3.0^2} = 1.0\,\mathrm{N/C}$$
となる．また，点電荷は負電荷なので電場は P から O に向かう．

例題 11.2 図のように，大きさが $2.0\,\mathrm{N/C}$ の一様な電場が x 軸に沿って存在する．次の問いに答えよ．

(1) 電場の中に $3.0\,\mathrm{C}$ の点電荷を置いた．点電荷に働く静電気力の大きさと向きを求めよ．

(2) 電場の中に $-2.0\,\mathrm{C}$ の点電荷を置いた．点電荷に働く静電気力の大きさと向きを求めよ．

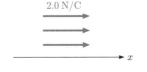

解 (1) 電荷に働く静電気力の大きさは
$$F = qE = 3.0 \times 2.0 = 6.0\,\mathrm{N}$$
となる．電荷は正なので，静電気力の向きは電場と同じで，x 軸の正の方向となる．

(2) 電荷に働く静電気力の大きさは
$$F = |q|E = 2.0 \times 2.0 = 4.0\,\mathrm{N}$$
となる．電荷は負なので，静電気力の向きは電場と反対で，x 軸の負の方向となる．

例題 11.3 図のように，点 A に $2.0 \times 10^{-9}\,\mathrm{C}$ の正の点電荷，点 B に $4.0 \times 10^{-9}\,\mathrm{C}$ の正の点電荷を置いた．AB 間の距離が $6.0\,\mathrm{m}$ のとき，AB 間の中点 M の電場の強さと向き

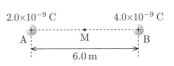

を求めよ. ただし, $k = 9.0 \times 10^9 \, \mathrm{N \cdot m^2/C^2}$ とする.

解 A の電荷が M につくる電場の強さは

$$E_{\mathrm{A}} = 9.0 \times 10^9 \times \frac{2.0 \times 10^{-9}}{3.0^2} = 2.0 \, \mathrm{N/C}$$

であり, 電場の向きは A から B に向かう. また, B の電荷が M につくる電場の強さは

$$E_{\mathrm{B}} = 9.0 \times 10^9 \times \frac{4.0 \times 10^{-9}}{3.0^2} = 4.0 \, \mathrm{N/C}$$

であり, 電場の向きは B から A に向かう. 電場の重ね合わせから, M の電場は強さが $2.0 \, \mathrm{N/C}$, 向きは B から A に向かうことになる.

11.2 ガウスの法則

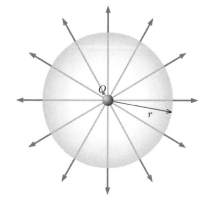

図 11.3 点電荷 Q を中心とする半径 r の球面を貫く電場

図 11.3 のように, 点電荷 Q $(Q > 0)$ を中心とした半径 r の球面を考える. 電場は点電荷を中心として放射状に出ており, 球面を垂直に貫いている. また, 電場の強さは球面上で

$$E = \frac{1}{4\pi\varepsilon_0} \frac{Q}{r^2} \tag{11.9}$$

で, 一定である. 球面の面積は $A = 4\pi r^2$ であるので, 球面を貫いて出る電気力線の数は

$$\Phi_{\mathrm{E}} = EA = \frac{Q}{\varepsilon_0} \tag{11.10}$$

となる. したがって, 正の点電荷 Q からは $\dfrac{Q}{\varepsilon_0}$ の電気力線が発生し, 負の点電荷 $-Q$ には $\dfrac{Q}{\varepsilon_0}$ の電気力線が集まる.

一般に, 多数の点電荷や任意の形状をもつ帯電体が存在するとき, それらを囲むように任意の形状の閉曲面 S をとると, 閉曲面から出ていく電気力線の数は

$$\Phi_{\mathrm{E}} = \frac{\text{閉曲面 S の内部の全電荷}}{\varepsilon_0} \tag{11.11}$$

で与えられる (図 11.4). これをガウスの法則という.

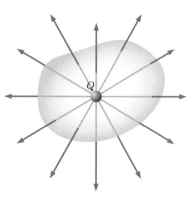

図 11.4 ガウスの法則

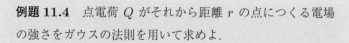

例題 11.4 点電荷 Q がそれから距離 r の点につくる電場の強さをガウスの法則を用いて求めよ.

解 図 11.3 のように, 点電荷を中心とする半径 r の球面を

考える．電場は点電荷から放射状に広がり球面を垂直に貫く．また，球面上で電場の強さは一定であり，それを E とする．球面に対してガウスの法則を適用すると

$$4\pi r^2 E = \frac{Q}{\varepsilon_0}$$

となるので，電場の強さは

$$E = \frac{1}{4\pi\varepsilon_0}\frac{Q}{r^2}$$

となる．

例題 11.5 図のように，無限に広い平面が面密度 σ で一様に帯電している．この電荷がつくる電場の強さをガウスの法則を用いて求めよ．

解 平面に垂直な底面積 A，高さ $2d$ の円筒を考える．対称性から，電場は平面に垂直になっており，その強さを E とする．ガウスの法則から，円筒内の電荷 $A\sigma$ から出る電気力線の数は $2EA$ となる．したがって

$$2EA = \frac{A\sigma}{\varepsilon_0}$$

から，求める電場の強さは

$$E = \frac{\sigma}{2\varepsilon_0}$$

となり，平面からの距離によらず一定になる．

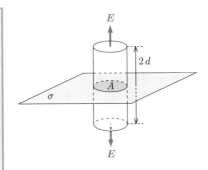

間隔に比べて一辺の長さが十分に大きい 2 枚の導体板 (極板) を平行に向かい合わせたものを平行板コンデンサーという．図 11.5 のように，間隔 d の平行板コンデンサーの極板に正と負の電荷を等量与える．極板の外側では，正に帯電した極板がつくる電場の強さ (E_+) と負に帯電した極板がつくる電場の強さ (E_-) は等しいが向きが反対なので，電場は 0 になる．一方，極板の間では，2 つの極板がつくる電場は強さも向きも等しいので，2 倍の強さの電場が生じる．

コンデンサー内の電場の強さをガウスの法則から求めよう．例題11.5 と同様に，正に帯電した極板に垂直な底面積 A の円筒を考え，ガウスの法則を適用してコンデンサー内の電場の強さ E を求める．極板は面密度 σ で一様に帯電しているとすると，極板の外側の電場は 0 なので，ガウスの法則から

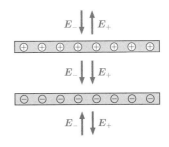

図 11.5 平行板コンデンサーがつくる電場

$$EA = \frac{A\sigma}{\varepsilon_0} \tag{11.12}$$

が得られ，コンデンサー内の電場の強さは

$$E = \frac{\sigma}{\varepsilon_0} \tag{11.13}$$

となる．

11.3 電位

　水力発電では，高いところにある水を落下させ，発電所のタービンをまわして発電する．したがって，高いところに位置する物体は，落下することによって仕事をすることができるようになり，高さに応じたエネルギーをもっていると考えることができる．このエネルギーを重力による位置エネルギーという．

　図 11.6 (a) のように，質量 m の物体を重力 (mg) と等しい力 F で地面 (基準面) から高さ h の位置まで持ち上げる．このとき，F が物体にする仕事は

$$W = mgh \tag{11.14}$$

である．第 5 章で述べたように，この仕事により，物体の位置エネルギーは

$$\Delta U = mgh \tag{11.15}$$

だけ増加する．

　次に，図 11.6 (b) のように，高さ h の位置に持ち上げられた物体

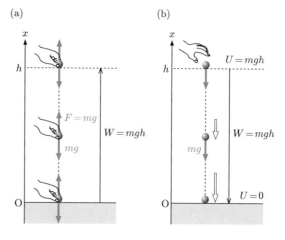

図 11.6　物体を持ち上げるときの仕事と自由落下させるときの仕事

を地面まで自由落下させる. このとき, 物体は重力 (mg) によって
仕事をされ, 重力加速度 g で等加速度運動をする. 地面に到達した
ときの物体の速さは式 (4.14) から

$$v = \sqrt{2gh} \tag{11.16}$$

となる. したがって, 物体は地面に到達したとき

$$K = \frac{1}{2}mv^2 = \frac{1}{2}m(\sqrt{2gh})^2 = mgh \tag{11.17}$$

の運動エネルギーをもつ. この運動エネルギーは位置エネルギーの
増加 ΔU に等しい. したがって, 高さ h の位置に上げられた物体
は, 重力の作用により運動エネルギーをもつことが可能となり, 仕
事をする能力をもっていると考えることができる. 同様なことが静
電気力に対してもいえる.

　図 11.7 のように, 一様な電場 E の中で正の電荷 q を負の極板か
ら正の極板までゆっくり移動させる. このとき, 電荷を移動させる
力 F は静電気力 qE と同じ大きさなので, F が物体にする仕事は

$$W_{\mathrm{E}} = qEd \tag{11.18}$$

である. ここで, d は極板の間隔である. この仕事により, 電荷の
位置エネルギー (静電的位置エネルギー) は

$$\Delta U_{\mathrm{E}} = qEd \tag{11.19}$$

だけ増加する. この位置エネルギーの増加は電荷が正の極板から負
の極板まで移動するときに静電気力がする仕事に等しい.

　静電的位置エネルギーは電荷量に比例するが, 1 C 当たりの位置
エネルギーにすると, 電荷量によらず場所だけで決まる量となる.

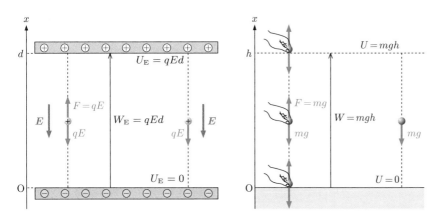

図 11.7　静電気力による位置エネルギーと重力による位置エネルギーの比較

これを電位という．電位 V と静電的位置エネルギー U_E の関係は

$$V = \frac{U_\mathrm{E}}{q} \tag{11.20}$$

となる．

電位は 1 C 当たりの位置エネルギーであるが，それを表すには基準が必要である．電気回路では，大地の電位を 0 とすることが多い．また，図 11.7 の例で負の極板の電位を 0 とすると，正の極板の電位は

$$V = \frac{\Delta U_\mathrm{E}}{q} = Ed \tag{11.21}$$

となる．

2 点間の電位の差を電位差または電圧という．電位や電位差の単位はボルト〔V〕で表す．1 C の電荷を移動させるのに 1 J の仕事が必要な 2 点間の電位差を 1 V と定義する．したがって，V = J/C となる．

一様な電場の中で，電位がどのように変化するか考えよう．図 11.8 (a) のような平行板コンデンサーを考え，鉛直上向きに x 軸をとり，負の極板の電位を 0 (電位の基準) とする．コンデンサー内の一様な電場の強さを E とすると，x 軸の正の向きに x 離れた点の電位は

$$V = Ex \tag{11.22}$$

となる．電場の向きは x 軸の負の方向であるが，電位は x 軸の正の方向に向かって増加する．したがって，電位の増加する方向と電場の向きが反対になっている．たとえば，図 11.8 (b) のように，電位が x 軸の正の方向に向かって増加する場合は，電場の向きは x 軸

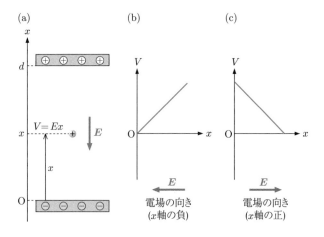

図 11.8 一様な電場 E 中での電位の変化と電場の向き

の負の方向となる。一方，図 11.8 (c) のように，電位が x 軸の正の方向で減少する場合は，電場の向きは x 軸の正の方向となる。

例題 11.6 図は領域 1 $(d \leq x < 2d)$，領域 2 $(2d \leq x < 3d)$，領域 3 $(3d \leq x < 5d)$ における電位を表す。領域 1，2，3 における電場の強さと向きを求めよ。

解 領域 1，2，3 における電場の強さをそれぞれ E_1，E_2，E_3 とすると，電場は次のようにして求まる。

領域 1 での電場の強さは，$V_0 = d E_1$ から，$E_1 = \dfrac{V_0}{d}$ となる。V は x の増加とともに増大するので，電場の向きは x の負の方向。

領域 2 での電場の強さは，$0 = d E_2$ から，$E_2 = 0$ となる。

領域 3 での電場の強さは，$V_0 = 2d E_3$ から，$E_3 = \dfrac{V_0}{2d}$ となる。V は x の増加とともに減少するので，電場の向きは x の正の方向。

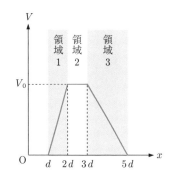

例題 11.7 電圧 1.5 V の電池の正極から負極まで 5.0 C の電荷が移動するとき，電池 (電場) が電荷にする仕事はいくらか。

解
$$W = q\Delta V = 7.5 \,\text{J}$$

11.4 電場と電位の関係

電場と電位の関係を 1 次元で考えよう。図 11.9 のように，直線上の近接する 2 点として，点 A，B を考え，それぞれの座標を x，$x + \Delta x$ とする。これらの点の間の電位差は電荷 q を A から B に移動させるとき，静電気力がする仕事から求めることができる。変位 Δx は微小量なので，A と B の間では電場は一様であり，$E(x)$ とみなせるとすると，静電気力がする仕事は

$$W_{\text{E}} = qE\Delta x \tag{11.23}$$

となる。これから A と B の電位差は

$$V_{\text{A}} - V_{\text{B}} = \frac{W_{\text{E}}}{q} = E\Delta x \tag{11.24}$$

図 11.9 空間変化する電場 E

となるので

$$V_A - V_B = V(x) - V(x + \Delta x) = E(x)\Delta x \tag{11.25}$$

が得られる．これから，電場は

$$E(x) = -\frac{V(x + \Delta x) - V(x)}{\Delta x} \tag{11.26}$$

となる．$\Delta x \to 0$ の極限をとると，電場と電位の関係として

$$E(x) = -\frac{dV(x)}{dx} \tag{11.27}$$

が得られる．

　3次元の場合には，電場と変位をベクトルとすればよい．点 A と B の間で電場 $\boldsymbol{E}$ は一様で，A から B に向かう変位ベクトルを $\Delta \boldsymbol{s}$ とすると，電荷 q を A から B に移動させるとき，静電気力がする仕事と A と B の電位差の関係は

$$W_E = V_A - V_B = q\boldsymbol{E} \cdot \Delta \boldsymbol{s} \tag{11.28}$$

となる．A の座標を (x, y, z)，B の座標を $(x + \Delta x, y, z)$ とすると

$$V_A - V_B = V(x, y, z) - V(x + \Delta x, y, z) = E_x(x, y, z)\Delta x \tag{11.29}$$

となる．これから，電場の x 成分は

$$E_x(x, y, z) = -\frac{V(x + \Delta x, y, z) - V(x, y, z)}{\Delta x} \tag{11.30}$$

となる．$\Delta x \to 0$ の極限をとると

$$E_x(x, y, z) = -\frac{\partial V(x, y, z)}{\partial x} \tag{11.31}$$

が得られる．ここで，$\dfrac{\partial V}{\partial x}$ を V の x に関する偏微分という（付録 A.6 を参照）．同様にして

$$E_y(x, y, z) = -\frac{\partial V(x, y, z)}{\partial y} \tag{11.32}$$

$$E_z(x, y, z) = -\frac{\partial V(x, y, z)}{\partial z} \tag{11.33}$$

が得られる．

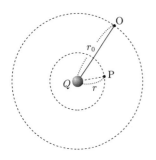

例題 11.8　図のように，点電荷 Q からの距離が r の点 P における電位を，Q からの距離が r_0 の点 O を基準として求めよ．

解　電位は 1 C に対する位置エネルギーなので，P に 1 C の点電荷を置いて，この電荷の位置エネルギーを求める．Q からの距離が R の点に位置する電荷が，Q から受ける力を

$F(R)$ とすると，式 (5.43) から

$$U_{\mathrm{E}}(r) - U_{\mathrm{E}}(r_0) = -\int_{r_0}^{r} F(R)\,dR$$

が得られる．ここで

$$F(R) = \frac{1}{4\pi\varepsilon_0}\frac{1\times Q}{R^2} = \frac{1}{4\pi\varepsilon_0}\frac{Q}{R^2}$$

である．また，O が基準点なので $U_{\mathrm{E}}(r_0) = 0$ となるので

$$U_{\mathrm{E}}(r) = -\frac{1}{4\pi\varepsilon_0}Q\int_{r_0}^{r}\frac{1}{R^2}\,dR = \frac{1}{4\pi\varepsilon_0}Q\left[\frac{1}{R}\right]_{r_0}^{r}$$

$$= \frac{1}{4\pi\varepsilon_0}Q\left(\frac{1}{r} - \frac{1}{r_0}\right)$$

が得られる．特に，無限遠を基準点とする場合には，$r_0 \to \infty$ として

$$V(r) = \frac{1}{4\pi\varepsilon_0}\frac{Q}{r}$$

となる．

例題 11.9 無限遠を電位の基準とすると，点電荷 Q から距離 r だけ離れた点の電位は

$$V = \frac{1}{4\pi\varepsilon_0}\frac{Q}{r}$$

で与えられる．この点の電場の x, y, z 成分を求めよ．

解 電場の x 成分 E_x は

$$E_x = -\frac{\partial V}{\partial x} = -\frac{Q}{4\pi\varepsilon_0}\frac{\partial}{\partial x}\frac{1}{\sqrt{x^2+y^2+z^2}} = \frac{Q}{4\pi\varepsilon_0}\frac{x}{r^3}$$

となる．同様にして，電場の y 成分 E_y，z 成分 E_z は

$$E_y = -\frac{\partial V}{\partial y} = -\frac{Q}{4\pi\varepsilon_0}\frac{\partial}{\partial y}\frac{1}{\sqrt{x^2+y^2+z^2}} = \frac{Q}{4\pi\varepsilon_0}\frac{y}{r^3}$$

$$E_x = -\frac{\partial V}{\partial z} = -\frac{Q}{4\pi\varepsilon_0}\frac{\partial}{\partial z}\frac{1}{\sqrt{x^2+y^2+z^2}} = \frac{Q}{4\pi\varepsilon_0}\frac{z}{r^3}$$

となる．

例題 11.10 図のように点電荷 Q，$-Q$ が原点 O を中心として距離 l だけ離れた x 軸上の点に置かれている．空間内の任意の点 P (x, y, z) における電位を求めよ．ただし，電位の

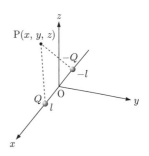

基準を無限遠とする.

解 点電荷 Q, $-Q$ から P までの距離はそれぞれ $\sqrt{(x-l)^2+y^2+z^2}$, $\sqrt{(x+l)^2+y^2+z^2}$ である. P での電位 V はそれぞれの点電荷からの電位の和だから, 例題 11.8 の結果を用いて

$$V = \frac{1}{4\pi\varepsilon_0}\frac{Q}{\sqrt{(x-l)^2+y^2+z^2}} + \frac{1}{4\pi\varepsilon}\frac{-Q}{\sqrt{(x+l)^2+y^2+z^2}}$$

$$= \frac{Q}{4\pi\varepsilon_0}\left\{\frac{1}{\sqrt{(x-l)^2+y^2+z^2}} - \frac{1}{\sqrt{(x+l)^2+y^2+z^2}}\right\}$$

となる.

11.1 図のように，x 軸上の $x = -0.10\,\mathrm{m}$ の点 A に $4.0 \times 10^{-6}\,\mathrm{C}$ の電荷，$x = 0.20\,\mathrm{m}$ の点 B に $6.0 \times 10^{-6}\,\mathrm{C}$ の電荷が置かれている．原点 O に生じる電場を求めよ．ただし，クーロンの法則の比例定数を $k = 9.0 \times 10^9\,\mathrm{N \cdot m^2/C^2}$ とする．

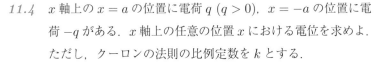

11.2 図のように，二等辺三角形 ABC の頂点 A に電荷 q $(q > 0)$，頂点 B に電荷 $2q$ を置く．このとき，頂点 C に生じる電場の向きとして最も適当なものを，図の ① ～ ⑥ のうちから 1 つ選べ．

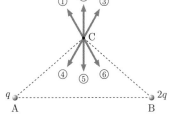

11.3 図のように，1 辺の長さ r の正三角形 ABC の頂点 A, B, C のそれぞれに正の電荷 q を置く．ただし，クーロンの法則の比例定数を k とする．
(1) C における電場の x 成分と y 成分を求めよ．
(2) C の電荷 q が受ける静電気力の x 成分と y 成分を求めよ．

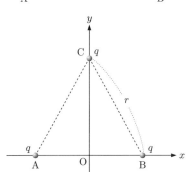

11.4 x 軸上の $x = a$ の位置に電荷 q $(q > 0)$，$x = -a$ の位置に電荷 $-q$ がある．x 軸上の任意の位置 x における電位を求めよ．ただし，クーロンの法則の比例定数を k とする．

11.5 $1.0 \times 10^{-6}\,\mathrm{C}$ の正の電荷が一辺 $3.0\,\mathrm{m}$ の正三角形 ABC の各頂点に置かれている．頂点に生じる電場の強さを求めよ．ただし，クーロンの法則の比例定数を $k = 9.0 \times 10^9\,\mathrm{N \cdot m^2/C^2}$ とする．

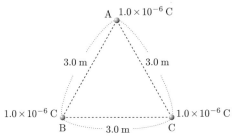

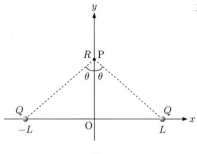

11.6 図のように，原点 O からの距離が L の x 軸上の 2 点のそれぞれに正の電荷 Q を置く．ただし，クーロンの法則の比例定数を k とする．

(1) 原点からの距離が R の y 軸上の点 P における電場を求めよ．

(2) 電場の強さを最大にする R を求めよ．

11.7 図のように，z 軸上に置かれた無限に長い導線に電荷が線密度 σ で一様に分布している．導線から距離 r の点における電場を求めよ．

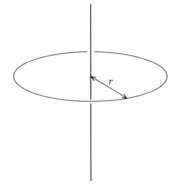

11.8 図のように，半径 a の球殻上に電荷が一様に分布している．球殻の内と外における電場を求めよ．ただし，球殻に分布している電荷の総量を Q とする．

11.9 質量 m，電荷 q の粒子を静止した状態から電圧 V で加速するとき，荷電粒子が得る運動エネルギーと速さを求めよ．

11.10 図のように，電荷 q_1, q_2 がそれぞれ $\boldsymbol{r}_1$, $\boldsymbol{r}_2$ に位置している．

(1) これらの電荷の間に蓄えられる静電的位置エネルギー U_E を求めよ．

(2) 静電的位置エネルギー U_E，$\boldsymbol{r}_1$ における電位 V_1，$\boldsymbol{r}_2$ における電位 V_2 の間に成り立つ関係を求めよ．また，電荷が 3 つ存在するとき，静電的位置エネルギーと電位の関係はどうなるか．

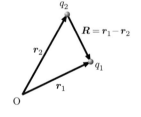

11.11 図のように，直角三角形 ABC の頂点 A に 2.0×10^{-6} C の正の電荷を置く．ただし，クーロンの法則の比例定数を $k = 9.0 \times 10^9\,\mathrm{N \cdot m^2/C^2}$ とする．

(1) 点 B と点 C の電位差を求めよ．

(2) 1.0 C の電荷を C から B まで移動させるのに必要な仕事を求めよ．

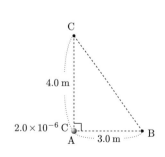

11.12 図のように，正三角形 ABC の頂点 A, B のそれぞれに 2.0×10^{-6} C の正の電荷を置く．ただし，クーロンの法則の比例定数を $k = 9.0 \times 10^9$ N$\cdot$m^2/C^2 とする.

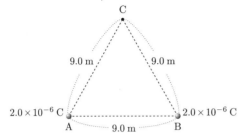

(1) 点 C の電位を求めよ.

(2) 2.0×10^{-6} C の電荷を無限遠から C に移動するのに必要な仕事を求めよ.

12 電流と直流回路

12.1 電流

電場中の荷電粒子は電場から力を受けて運動する．物体に電源を接続して電圧をかけると，物体中に電場が発生する．このとき，物体中の正の電荷は電場と同じ向きに移動し，負の電荷は電場の向きとは反対に移動する．このような電荷をもった粒子の流れを電流という．電流は正電荷の流れの向きを正の方向とする．金属中の自由電子は負の電荷をもつので，自由電子の流れは電流とは反対である．

図 12.1 のように，抵抗 R に電池を接続して電圧をかけると，電池の正極から負極に向かって電流 I が流れる．電流はその流れに垂直な断面を単位時間当たりに通過する電気量で表される．たとえば，時間 Δt の間に導線の断面を電荷 Δq が通過したとすると，導線を流れる電流は

$$I = \frac{\Delta q}{\Delta t} \tag{12.1}$$

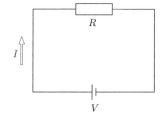

図 12.1 電流の流れる方向

となる．電流の単位はアンペア〔$\mathrm{A = C/s}$〕であり，$1\,\mathrm{s}$ 間に $1\,\mathrm{C}$ の電荷が流れるときの電流が $1\,\mathrm{A}$ である．ただし，導線として用いられる金属では，正の電荷が移動しているわけではなく，自由電子が電流とは反対に負極から正極に移動している．

図 12.2 のように，導線内部に電場が存在すると，自由電子は，自由電子として電子を放出して正の電気を帯びた金属イオンにランダムに衝突しながら電場と反対の方向に移動する．この自由電子の運動を平均することにより得られる移動速度をドリフト速度という．電子のランダムな運動の速さは $10^6\,\mathrm{m/s}$ 程度であるが，ドリフト速度は $10^{-6} \sim 10^{-5}\,\mathrm{m/s}$ であり，導線中の自由電子の集団としての流れは極めて遅い．

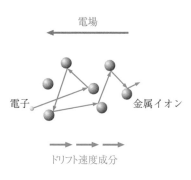

図 12.2 電子のランダムな運動とドリフト速度

断面積 S の導線中に単位体積当たり n 個の自由電子 (電荷 $-e$) が存在するとして，ドリフト速度について考えよう．図 12.3 のよう

に，自由電子がドリフトによって左側に移動する場合，断面の右側の体積 Sv の中にあるすべての自由電子は 1s 後に v 進んで左側の Sv の体積部分に移動する．したがって，1s 間に断面を通過した自由電子の数は

$$N = nSv \tag{12.2}$$

である．1 個の自由電子が運ぶ電気量の大きさは e だから，断面を 1s 間に流れる電気量，すなわち電流 I は

$$I = eN = neSv \tag{12.3}$$

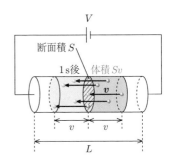

図12.3 速度 v の自由電子の流れ

となる．$1\,\mathrm{m}^3$ 中に約 10^{29} 個の自由電子をもつ銅を用いて断面積 $2 \times 10^{-6}\,\mathrm{m}^2$ の導線をつくり，この銅線に 1A の電流を流したとする．このとき，ドリフト速度は

$$v = \frac{I}{neS} = \frac{1}{10^{29} \times 1.6 \times 10^{-19} \times 2 \times 10^{-6}} \cong 3.1 \times 10^{-5}\,\mathrm{m/s} \tag{12.4}$$

となる．ドリフト速度は極めて小さいが，これは自由電子が銅イオンとの衝突を起こしながら移動するからである．

12.2 オームの法則とジュールの法則

図 12.4 のように，抵抗に電圧 V をかけると，抵抗を流れる電流 I は抵抗の両端にかかる V に比例し

$$V = RI \tag{12.5}$$

となる．これをオームの法則，比例定数 R を電気抵抗という．R の値が大きいほど，同じ電圧をかけても電流値は小さく，電流は流れにくい．抵抗の単位はオーム〔Ω〕で，1V の電圧をかけたとき，1A の電流が流れるときの物体の電気抵抗を $1\,\Omega$ とする．

電気抵抗について考えよう．図 12.3 で，長さ L の抵抗体 (金属) に電圧 V がかかり，抵抗体中には一様な電場 E が生じているとすると，式 (11.21) から

$$E = \frac{V}{L} \tag{12.6}$$

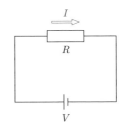

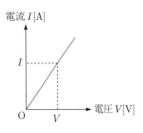

図12.4 オームの法則

となる．この電場から自由電子は大きさ

$$F = eE = e\frac{V}{L} \tag{12.7}$$

の力を受けて加速される．加速された自由電子は，自由電子を放出して陽イオンになった金属イオンに衝突する．このように自由電子

は電場による加速と衝突による減速を繰り返して抵抗体中を進む.
この衝突による抵抗力 F_r は自由電子の速さ v に比例して

$$F_r = \gamma v \tag{12.8}$$

と表され，運動方向と反対に働く．自由電子は電場から受ける力と
抵抗力が等しくなる一定の速さで運動している．$F = F_r$ から，自
由電子の速さとして

$$v = \frac{eV}{\gamma L} \tag{12.9}$$

が得られる．得られた v を式 (12.3) に代入すると

$$I = \frac{ne^2 S}{\gamma L} V \tag{12.10}$$

が得られる．式 (12.5) と比較すると

$$R = \frac{\gamma L}{ne^2 S} \tag{12.11}$$

が得られる．式 (12.11) から電気抵抗は抵抗体の長さ L に比例し
て，断面積 S に反比例することがわかる.

電池は蓄えられた化学的なエネルギーを直流の電気エネルギーに
変換して放出する装置である．電池の正極の電位を V_+，負極の電
位を V_- とすると，電池の起電力 (電圧) は

$$V = V_+ - V_- \tag{12.12}$$

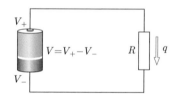

図 12.5 電荷の移動と電場がする仕事

となる．図 12.5 のように，抵抗に起電力 V の電池を接続する．こ
のとき，抵抗には電圧 V がかかるので，抵抗中に電場が発生して電
流が流れる．時間 t の間に抵抗を電荷 q が移動したとすると，電場
が電荷にする仕事は

$$W = qV \tag{12.13}$$

となる．抵抗には電流 I が流れているので，時間 t の間に導体の断
面を移動する電気量は

$$q = It \tag{12.14}$$

となる．したがって，この間に電場が電荷にする仕事は，

$$W = IVt \tag{12.15}$$

となる．これは時間 t の間に電源 (電場) がする仕事とみなすことが
できる．また，仕事率 P は単位時間当たりの仕事なので，W を時
間 t で割ると

$$P = VI \tag{12.16}$$

となる．仕事率は電力ともいわれ，その単位はワット〔$\mathbf{W} = \mathbf{J/s}$〕である．

電源 (電場) がする仕事は最終的に熱に変換される．電場による力を受けながら抵抗中を運動する電子について，熱の発生を考えよう．電子が電場から力を受けながら抵抗中を動いているとき，電場は電子に対して仕事をする．一方，電子は金属イオンに衝突しながら運動するので，衝突が抵抗力となる．電子は電場による加速と抵抗力による減速がつり合った状態で一定の速さで運動しているので，その運動エネルギーは一定である．したがって，電場が電子に対してした仕事は力学的エネルギーとして保存されずに，抵抗中で熱になる．このように，電流が流れることによって生じる熱をジュール熱という．

速さ v で運動している電子が時間 t の間に移動する距離は vt である．電場から電子に働く力の大きさは eE なので，この間に電場が電子に対してする仕事は

$$w = eEvt \tag{12.17}$$

となる．断面積 S，長さ L の抵抗全体では nSL 個の電子が存在するので，抵抗全体に対する仕事は

$$W = nSL \cdot eEvt = nevS \cdot EL \cdot t \tag{12.18}$$

となる．$I = nevS$，$V = EL$ の関係を用いると

$$W = IVt \tag{12.19}$$

を得る．したがって，時間 t の間に抵抗で発生するジュール熱は

$$Q = VIt = RI^2 t \tag{12.20}$$

となる．これをジュールの法則という．

12.3 直流回路

12.3.1 電気抵抗の接続

図 12.6 (a) のように，起電力 V の電池に抵抗 R_1，R_2 を直列に接続する．回路を流れる電流を I とすると，V は

$$V = R_1 I + R_2 I = RI \tag{12.21}$$

で表せる．ここで，R は等価抵抗 (合成抵抗) であり

$$R = R_1 + R_2 \tag{12.22}$$

(a)

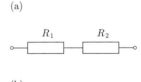

(b)

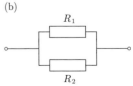

図 12.6 電気抵抗の直列回路と並列回路

となる.

次に, R_1, R_2 が起電力 V の電池に並列に接続されている場合を考える (図 12.6 (b)). R_1, R_2 を流れる電流をそれぞれ I_1, I_2 とすると

$$V = R_1 I_1, \quad V = R_2 I_2 \tag{12.23}$$

$$I = I_1 + I_2 = V \left(\frac{1}{R_1} + \frac{1}{R_2} \right) = V \frac{1}{R} \tag{12.24}$$

となる. 上式から, R は

$$\frac{1}{R} = \frac{1}{R_1} + \frac{1}{R_2} \tag{12.25}$$

となる.

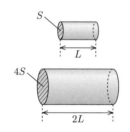

例題 12.1 図のように, 長さ L, 断面積 S の抵抗がある. 同じ素材で長さが 2 倍, 断面積が 4 倍の抵抗をつくると, 電気抵抗値ははじめの抵抗の何倍になるか.

解 電気抵抗は長さに比例し, 断面積に反比例するので $\frac{2}{4} = \frac{1}{2}$ 倍になる.

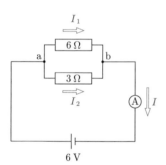

例題 12.2 図のように, $6\,\Omega$ と $3\,\Omega$ の抵抗, 電流計, $6\,\mathrm{V}$ の電源を用いて回路をつくった. 次の問いに答えよ.

(1) ab 間の合成抵抗を求めよ.

(2) 電流計を流れる電流 I の値を求めよ.

(3) $6\,\Omega$ の抵抗を流れる電流 I_1 の値, $3\,\Omega$ の抵抗を流れる電流 I_2 の値を求めよ.

(4) $3\,\Omega$ の抵抗で 10 秒間に発生するジュール熱は何 J か.

解 (1) 合成抵抗を R とすると
$$\frac{1}{R} = \frac{1}{6} + \frac{1}{3}$$
から, $R = 2\,\Omega$ が求まる.

(2) オームの法則から
$$I = \frac{6}{2} = 3\,\mathrm{A}$$
が求まる.

(3) $6\,\Omega$ と $3\,\Omega$ の抵抗にかかる電圧はどちらも $6\,\mathrm{V}$ なので

$$I_1 = \frac{6}{6} = 1\,\mathrm{A}, \quad I_2 = \frac{6}{3} = 2\,\mathrm{A}$$

と求まる.

(4) ジュールの法則から

$$Q = 6 \times 2 \times 10 = 120\,\mathrm{J}$$

と求まる.

例題 12.3 図のように, 起電力 12 V の電池 E, 電流計 F, スイッチ S, 1 Ω, 3 Ω, 6 Ω の 3 つの抵抗を用いて回路をつくった. 電池と電流計の内部抵抗は無視できるものとして, 次の各問いに答えよ.

(1) スイッチ S を開いたとき, 次の問いに答えよ.

  (a) 電流計を流れる電流を求めよ.

  (b) 1 Ω の抵抗で消費される電力を求めよ.

(2) スイッチ S を閉じたとき, 次の問いに答えよ.

  (a) CD 間の合成抵抗を求めよ.

  (b) 電流計を流れる電流を求めよ.

  (c) CD 間の電圧を求めよ.

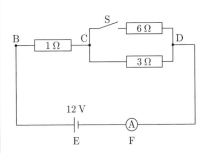

解 (1) (a) 3 A   (b) 9 W

(2) (a) 2 Ω   (b) 4 A   (c) 8 V

例題 12.4 図のように, 3.6 Ω, 4.0 Ω, 6.0 Ω の 3 つの抵抗と電源 E, 電流計 F を用いて回路をつくった. この回路の 6.0 Ω の抵抗を流れる電流を測定したところ, 0.40 A であった. 電池と電流計の内部抵抗は無視できるものとして, 次の問いに答えよ.

(1) BC 間の電圧を求めよ.

(2) AB 間を流れる電流を求めよ.

(3) AB 間の電圧を求めよ.

(4) 電源の電圧を求めよ.

(5) 6.0 Ω の抵抗で 1 秒間に発生するジュール熱は何 J か.

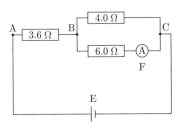

解 (1) 6.0 Ω の抵抗には, 0.40 A の電流が流れているので,

BC 間の電圧は 2.4 V となる.

(2) 4.0 Ω と 6.0 Ω の抵抗は並列接続なので同じ電圧がかかっている. したがって, 4.0 Ω の抵抗を流れる電流は 2.4/4.0 = 0.60 A となる. AB 間を流れる電流は, これと 6.0 Ω の抵抗を流れる電流の合計なので,

$$0.60 + 0.40 = 1.0\,\text{A}$$

となる.

(3) AB 間の電圧は

$$3.6\,\Omega \times 1.0\,\text{A} = 3.6\,\text{V}$$

となる.

(4) 電源の電圧は, AB 間の電圧と BC 間の電圧を合計したものなので

$$3.6\,\text{V} + 2.4\,\text{V} = 6.0\,\text{V}$$

となる.

(5) 6.0 Ω の抵抗で1秒間に発生するジュール熱は $Q = RI^2$ の関係から

$$Q = 6.0 \times (0.4)^2 = 0.96\,\text{J}$$

となる.

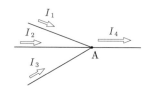

図 12.7 キルヒホッフの電流に関する法則

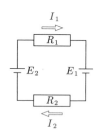

図 12.8 キルヒホッフの電圧に関する法則

12.3.2 キルヒホッフの法則

直流回路の各部分を流れる電流を求めるのに便利なものとしてキルヒホッフの法則がある. この法則には第1と第2法則がある. 第1法則は「回路上の一点に流れ込む電流の総和とそこから流出する電流の総和は等しい」という電流に関するものである. たとえば, 図 12.7 に示した回路に適用すると

$$I_1 + I_2 + I_3 - I_4 = 0 \tag{12.26}$$

となる. 第2法則は電圧に関する法則で, 「閉回路の電源電圧 (起電力) の総和と負荷による電圧降下の総和は等しい」というものである. これを, 図 12.8 に示した回路に適用すると

$$I_1 R_1 + I_2 R_2 = E_2 - E_1 \tag{12.27}$$

となる.

図 12.9 に示した回路を**ホイートストーンブリッジ**という．この回路にキルヒホッフの法則を適用する．回路の接点は A，B，C，D の 4 箇所である．したがって，第 1 法則から得られる電流の連続性を表す独立な方程式は，A，B，D から得られる次の 3 つになる．

$$I_0 - I_1 - I_4 = 0, \quad I_1 - I_2 - I_G = 0, \quad I_4 + I_G - I_3 = 0 \quad (12.28)$$

第 2 法則を閉回路 I，II，III に適用する．まず，I から

$$R_1 I_1 + R_G I_G - R_4 I_4 = 0 \quad (12.29)$$

が得られる．II から

$$R_2 I_2 - R_3 I_3 - R_G I_G = 0 \quad (12.30)$$

が得られ，III から

$$R_4 I_4 + R_3 I_3 = V \quad (12.31)$$

が得られる．以上の 6 つの連立方程式を解くと，電流を求めることができる．ここでは，簡単のため，$I_G = 0$ となる条件下で解くことにする．この条件下では，電流の連続性の式は

$$I_1 = I_2, \quad I_4 = I_3, \quad I_0 = I_1 + I_4 \quad (12.32)$$

となる．また，第 2 法則から得られる式は

$$R_1 I_1 = R_4 I_4, \quad R_2 I_2 = R_3 I_3 \quad (12.33)$$

となる．式 (12.32)，(12.33) から

$$I_1 = \frac{R_4}{R_1} I_4 = I_2, \quad I_3 = \frac{R_2}{R_3} I_2 = I_4 \quad (12.34)$$

が得られる．$I_G = 0$ とした式 (12.30) に式 (12.34) を代入すると

$$\left(\frac{R_2 R_4 - R_1 R_3}{R_1} \right) I_4 = 0 \quad (12.35)$$

が得られる．式 (12.35) が成り立つためには

$$R_2 R_4 = R_1 R_3 \quad (12.36)$$

が成立しなければならない．R_1，R_2，R_4 が既知の場合には，未知抵抗 R_3 は式 (12.36) から求まる．たとえば，BD 間に接続した検流計が 0 になるように R_1，R_2，R_4 を調整すれば，R_3 の値を決定できるということである．

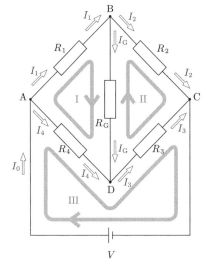

図 12.9 ホイートストーンブリッジ

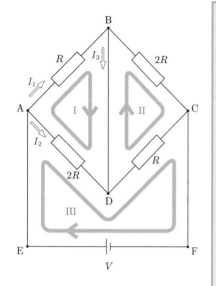

例題**12.5** 図のように，起電力 V の電源と抵抗値 R, $2R$ の抵抗が接続された回路がある．閉回路 I $(A \to B \to D \to A)$，II $(B \to C \to D \to B)$，III $(E \to A \to D \to C \to F \to E)$ にキルヒホッフの法則を適用して，BD 間に流れる電流を求めよ．

解 AB 間，AD 間，BD 間に流れる電流をそれぞれ I_1, I_2, I_3 とする．キルヒホッフの第 1 法則から BC 間，DC 間に流れる電流はそれぞれ $I_1 - I_3$, $I_2 + I_3$ となる．

まず，I に第 2 法則を適用すると

$$RI_1 - 2RI_2 = 0$$

が得られる．次に，II から

$$2R(I_1 - I_3) - R(I_2 + I_3) = 0$$

III から

$$V = 2RI_2 + R(I_2 + I_3)$$

が得られる．

第 1 式から，$I_1 = 2I_2$ が得られ，この関係を用いて第 2 式から，$I_2 = I_3$ が得られる．したがって第 3 式は，$V = 2RI_3 + R(I_3 + I_3)$ となることから

$$I_3 = \frac{V}{4R}$$

が得られる．

12.3.3 コンデンサーの接続

2 つの導体板を向かい合わせて，電荷を蓄える装置をコンデンサーという．コンデンサーを起電力 V の電池につなぐと，高電位の極板には Q の正の電荷，低電位の極板には $-Q$ の負の電荷が蓄えられる．Q と V の間には

$$Q = CV \tag{12.37}$$

の関係が成り立つ．ここで，C を電気容量といい，その単位はファラド〔$\mathrm{F} = \mathrm{C/V}$〕である．

図 12.10 (a) のように，直列に接続した電気容量が C_1, C_2 の 2 つのコンデンサーを起電力 V の電池に接続する．このとき，コンデ

ンサー C_1, C_2 の極板間の電位差をそれぞれ V_1, V_2 とする. 2つ
のコンデンサーの極板には $\pm Q$ の電荷が蓄えられるので

$$Q = C_1 V_1 = C_2 V_2 \tag{12.38}$$

となる. また

$$V = V_1 + V_2 \tag{12.39}$$

なので

$$V = Q \left(\frac{1}{C_1} + \frac{1}{C_2} \right) \tag{12.40}$$

が得られる. V を合成容量 C を用いて

$$V = \frac{Q}{C} \tag{12.41}$$

とすると, C は

$$\frac{1}{C} = \frac{1}{C_1} + \frac{1}{C_2} \tag{12.42}$$

となる.

次に, 図 12.10 (b) のように, 並列に接続した2つのコンデンサー
を起電力 V の電池にした場合を考える. コンデンサー C_1, C_2 に
かかる電圧は V で等しいので, 2つのコンデンサーに蓄えられる電
荷の合計は

$$Q = CV = C_1 V + C_2 V \tag{12.43}$$

となる. したがって, 合成容量は

$$C = C_1 + C_2 \tag{12.44}$$

となる.

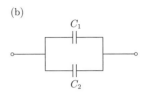

図 12.10 コンデンサーの直列回路と並列回路

例題 12.6 図のように, $6.0\,\mu\mathrm{F}$ と $3.0\,\mu\mathrm{F}$ のコンデンサーを
直列に接続した. 次の問いに答えよ.

(1) 合成容量を求めよ.

(2) 直列接続したコンデンサーに $12\,\mathrm{V}$ の電圧を加えた. 2
つのコンデンサーに蓄えられる電気量の総和を求めよ.

(3) 各コンデンサーにかかる電圧を求めよ.

解 (1) 直列接続なので

$$\frac{1}{C} = \frac{1}{C_1} + \frac{1}{C_2} = \frac{1}{6.0 \times 10^{-6}} + \frac{1}{3.0 \times 10^{-6}} = \frac{1}{2.0 \times 10^{-6}}$$

となる. これから, 合成容量は

$$C = 2.0 \times 10^{-6} = 2.0\,\mu\mathrm{F}$$

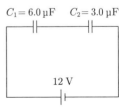

となる.

(2) $Q = CV = 2.0 \times 10^{-6} \times 12 = 2.4 \times 10^{-5}$ C

(3) 直列接続なので, $Q = Q_1 = Q_2$ となる. C_1, C_2 にかかる電圧は

$$V_1 = \frac{Q}{C_1} = \frac{2.4 \times 10^{-5}}{6.0 \times 10^{-6}} = 4.0 \,\mathrm{V}$$

$$V_2 = \frac{Q}{C_2} = \frac{2.4 \times 10^{-5}}{3.0 \times 10^{-6}} = 8.0 \,\mathrm{V}$$

となる.

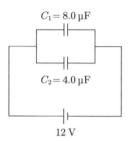

$C_1 = 8.0\,\mu\text{F}$

$C_2 = 4.0\,\mu\text{F}$

12 V

例題 12.7 図のように, 8.0 μF と 4.0 μF のコンデンサーを並列に接続した. 次の問いに答えよ.

(1) 合成容量を求めよ.

(2) 並列接続したコンデンサーに 12 V の電圧を加えた. 2 つのコンデンサーに蓄えられる電気量の総和を求めよ.

(3) 各コンデンサーに蓄えられる電気量を求めよ.

解 (1) 並列なので, 合成容量は

$C = C_1 + C_2 = 8.0 \times 10^{-6} + 4.0 \times 10^{-6} = 12 \times 10^{-6} = 12 \,\mu\text{F}$

となる.

(2) $Q = CV = 12 \times 10^{-6} \times 12 \cong 1.4 \times 10^{-4}$ C

(3) $Q_1 = C_1 V = 8.0 \times 10^{-6} \times 12 = 9.6 \times 10^{-5}$ C

$\qquad Q_2 = C_2 V = 4.0 \times 10^{-6} \times 12 = 4.8 \times 10^{-5}$ C

12.1 図のように，抵抗を接続したとき，全体の合成抵抗は何Ωか．

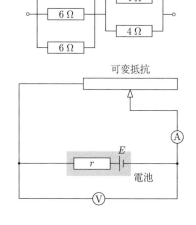

12.2 図のように，電池に可変抵抗を接続し，電流計，電圧計でそれぞれ電流，電圧を測定した．可変抵抗の抵抗値を変化させ電流と電圧を測定すると，電流が I_1 のとき電圧が V_1，電流が I_2 のとき電圧が V_2 であった．電池の起電力 E と内部抵抗 r を求めよ．

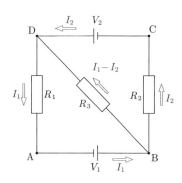

12.3 電力 P の発電所が電圧 V で電気抵抗 R の送電線で送電している．

(1) 送電中のジュール熱による単位時間当たりの電力損失を求めよ．

(2) 電圧を $\dfrac{1}{2}$ にしたとき，電力損失は何倍になるか．

12.4 図に示した直流回路について，キルヒホッフの法則を用いて電流 I_1, I_2 を求めよ．

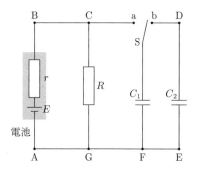

12.5 図のように，抵抗値が R の抵抗，電気容量が C_1, C_2 のコンデンサー，起電力が E で内部抵抗が r の電池，スイッチ S からなる回路がある．コンデンサー C_1, C_2 には電荷は蓄えられていないとする．

(1) S を a の側にして十分に時間をおき，C_1 の充電を完了させる．このとき，C_1 の両端にかかる電圧 V_1 を求めよ．

(2) 次に，S を b の側にして十分に時間をおくと，C_1, C_2 に蓄えられた電気量は一定となった．このとき，C_2 に蓄えられた電気量を C_1, C_2, V_1 を用いて表せ．

13

電流がつくる磁場

13.1 磁気力と磁荷

　図 13.1 のように，2 つの磁石を近づけると，磁石間に磁気力が働き，引きつけ合ったり，反発し合ったりする．磁気力は磁石の両端の磁極で最も強くなる．磁極には，N 極と S 極があり，同種の磁極間には反発力，異種の磁極間には引力が働く．磁気力の場合でも，N 極に正の磁荷，S 極に負の磁荷があると考え，これらを点とみなすと，電荷の場合と同様なクーロンの法則が成り立つ．磁荷 q_{m1}，q_{m2} の磁極間に作用する磁気力 F は，磁荷の積に比例し，磁極間の距離 r の 2 乗に反比例し

$$F = k_m \frac{q_{m1} q_{m2}}{r^2} \tag{13.1}$$

で表される．磁気力は 2 つの磁極を結ぶ方向を向き，$F > 0$ は反発力，$F < 0$ は引力を表す．磁荷の単位は **Wb** (ウェーバ) で表す．比例定数 k_m は磁極のまわりの物質によって異なる値をとり，真空中では

$$k_m = \frac{1}{4\pi\mu_0} \, \text{N} \cdot \text{m}^2/\text{Wb}^2 \tag{13.2}$$

となる．ここで，μ_0 は真空の透磁率といわれ

$$\mu_0 = 4\pi \times 10^{-7} \, \text{Wb}^2/\text{N} \cdot \text{m}^2 \tag{13.3}$$

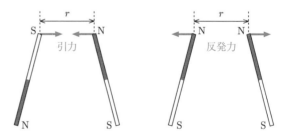

図 13.1　2 つの磁石に働く磁気力

という値をとる．空気の透磁率は真空中の値とほとんど同じである．また，空気に限らず，強磁性体 (鉄のように磁場によって磁化されて磁石になる物質) を除いた物質でも透磁率はほぼ μ_0 とみなしてよい．

例題 13.1　式 (13.2) の k_{m} の値を求めよ．

解

$$k_{\mathrm{m}} = \frac{1}{4\pi\mu_0} = \frac{1}{16\pi^2 \times 10^{-7}} \cong 6.3 \times 10^4 \,\mathrm{N \cdot m^2/Wb^2}$$

例題 13.2　$3.0 \times 10^{-3}\,\mathrm{Wb}$ と $-4.0 \times 10^{-3}\,\mathrm{Wb}$ の磁荷が $2.0 \times 10^{-2}\,\mathrm{m}$ 離れて置いてある．2 つの磁荷の間に働く磁気力は何 N か．また，磁気力は反発力か引力か．

解

$$F = 6.3 \times 10^4 \times \frac{-4.0 \times 10^{-3} \times 3.0 \times 10^{-3}}{(2.0 \times 10^{-2})^2} \cong -1.9 \times 10^3 \,\mathrm{N}$$

$F < 0$ なので，引力となる．

13.2　磁場と磁束密度

磁荷の間には磁気力が働く．これは磁荷のまわりが，磁気力が働く空間に変化したためである．この空間を磁場という．空間中のある点におかれた微小な磁荷 Δq_{m} が受ける力が

$$F = \Delta q_{\mathrm{m}} H \tag{13.4}$$

であるとき，H がその点における磁場である．磁場の単位は N/Wb である．$\Delta q_{\mathrm{m}} > 0$ のとき，磁気力と磁場の向きが同じで，$\Delta q_{\mathrm{m}} < 0$ のとき磁気力は磁場の向きとは反対になる．

磁荷がつくる磁場を求めよう．図 13.2 のように，原点 O に磁荷 Q_{m}，O から距離 r 離れた点 P に微小な磁荷 Δq_{m} があるとする．このとき，Δq_{m} に働く磁気力は

$$F = k_{\mathrm{m}} \frac{Q_{\mathrm{m}} \Delta q_{\mathrm{m}}}{r^2} \tag{13.5}$$

である．これから

$$F = \Delta q_{\mathrm{m}} \left(k_{\mathrm{m}} \frac{Q_{\mathrm{m}}}{r^2} \right) \tag{13.6}$$

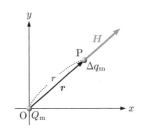

図 13.2　磁荷 Q_{m} がつくる磁場

が得られる．したがって，Q_m が P につくる磁場は

$$H = k_\mathrm{m} \frac{Q_\mathrm{m}}{r^2} \tag{13.7}$$

となる．図 13.2 において，P の位置ベクトルを $\boldsymbol{r}$ とすると，磁荷 Q_m が P につくる磁場をベクトルを用いて表すと

$$\boldsymbol{H} = \frac{1}{4\pi\mu_0} \frac{Q_\mathrm{m}}{r^2} \frac{\boldsymbol{r}}{r} \tag{13.8}$$

となる．また，磁場と磁気力の関係をベクトルで表すと

$$\boldsymbol{F} = \Delta q_\mathrm{m} \boldsymbol{H} \tag{13.9}$$

となる．2 つ以上の磁荷が存在する場合には，それらが P につくる磁場は，それぞれの磁荷が単独にある場合の磁場をベクトル的に重ね合わせると得られる．たとえば，1 番目の磁荷がつくる磁場を $\boldsymbol{H}_1$，2 番目の磁荷がつくる磁場を $\boldsymbol{H}_2$ などとすると，P の磁場 $\boldsymbol{H}$ は

$$\boldsymbol{H} = \boldsymbol{H}_1 + \boldsymbol{H}_2 + \cdots \tag{13.10}$$

となる．これを磁場の重ね合わせという．また，電気の場合の電束密度に対応する量として，磁場に透磁率を掛けた

$$\boldsymbol{B} = \mu_0 \boldsymbol{H} \tag{13.11}$$

を導入する．これを**磁束密度**という．磁束密度の単位は

$$\frac{\mathrm{Wb}^2}{\mathrm{N \cdot m^2}} \cdot \frac{\mathrm{N}}{\mathrm{Wb}} = \frac{\mathrm{Wb}}{\mathrm{m^2}} \tag{13.12}$$

である．

例題 13.3　強さが $3.0 \times 10^2\,\mathrm{N/Wb}$ の磁場中に，$-2.0\,\mathrm{Wb}$ の磁荷を置く．この磁荷が磁場から受ける磁気力は何 N か．

解　$F = -2.0 \times 3.0 \times 10^2 = -6.0 \times 10^2\,\mathrm{N}$

例題 13.4　$4.0 \times 10^{-2}\,\mathrm{Wb}$ の磁荷から $2.0\,\mathrm{m}$ 離れた点での磁場の強さを求めよ．

解　$H = 6.3 \times 10^4 \times \dfrac{4.0 \times 10^{-2}}{2.0^2} = 6.3 \times 10^2\,\mathrm{N/Wb}$

13.3 電流がつくる磁場

　磁場は磁石によってつくられるが，電流によってもつくられる．透磁率の大きい強磁性体 (軟鉄など) にコイルを巻き，コイルに電流を流すと磁場が発生する．すると，発生した磁場によってコイルの中の強磁性体が磁化されて磁石となり，さらに強い磁場が得られる．これが電磁石の原理である．

　地球では，鉄などの金属が内核を形成し，その周囲を包む流体金属が外核を形成し，さらにその外側をマントルが覆っている．電気伝導性の高い金属質の流体で構成された外核は 4000℃ の高温になっている．この外核は地球の自転によって環状に流動して，外核の流動によって生じた環電流が地磁気を発生させていると考えられている．磁石の極は北極を向くのが磁石の N 極，南極を向くのが磁石の S 極と決められている．したがって，地球を磁石としてみたとき，北極に S 極，南極に N 極があることになる．

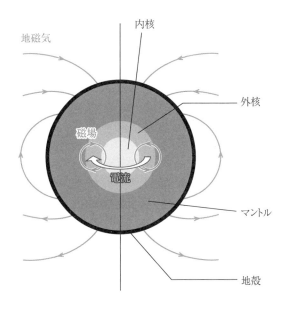

図 13.3 　地磁気の発生

　図 13.4 のように，直線の導線に電流が流れているとき，導線を中心とした同心円状の磁力線の磁場が発生する．このとき，電流の向きを右ねじの進む方向とすると，磁場は右ネジのまわる方向となる．

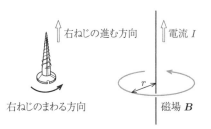

図 13.4 　直線電流がつくる磁場と右ねじの関係

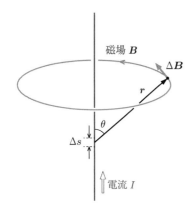

図 13.5 微小部分 Δs がつくる磁場 ΔB

図 13.5 のように，導線を流れる電流を I として，導線の微小部分 Δs が微小部分から r だけ離れた点につくる磁束密度の強さは

$$\Delta B = \mu_0 \frac{I \sin \theta}{4\pi r^2} \Delta s \tag{13.13}$$

となる．これをビオ・サバールの法則という．式 (13.13) は外積を用いて表すと

$$\Delta \boldsymbol{B} = \frac{\mu_0}{4\pi} \frac{I \Delta \boldsymbol{s} \times \boldsymbol{r}}{r^3} \tag{13.14}$$

となる．ここで，$\Delta \boldsymbol{s}$ は大きさを Δs，向きを電流方向とするベクトルである．

導線が無限に長い場合，例題 13.5 で示すように，導線から垂直に r 離れた点の磁場と磁束密度の強さは

$$H = \frac{I}{2\pi r}, \quad B = \mu_0 \frac{I}{2\pi r} \tag{13.15}$$

となる．

単位について考えよう．式 (13.15) から磁場の単位は A/m となることが分かる．また，磁場と力の関係 $(F = q_\mathrm{m} H)$ から

$$\mathrm{N} = \mathrm{Wb} \cdot \mathrm{A/m} \tag{13.16}$$

が得られる．これから

$$\mathrm{Wb} = \mathrm{N} \cdot \mathrm{m/A} = \mathrm{J/A} \tag{13.17}$$

が得られる．クーロンの法則の比例定数 k_m の単位 $[k_\mathrm{m}]$ は，クーロンの法則

$$F = k_\mathrm{m} \frac{q_{\mathrm{m}_1} q_{\mathrm{m}_2}}{r^2} \tag{13.18}$$

から

$$[k_\mathrm{m}] = \mathrm{A^2/N} \tag{13.19}$$

となる．また，磁束密度の単位は式 (13.12), (13.17) から

$$\mathrm{Wb/m^2} = \mathrm{N/A} \cdot \mathrm{m}$$

となり，これに対してテスラ 〔T〕を用いる．

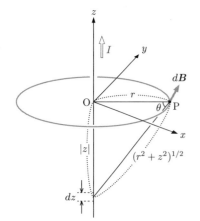

例題 13.5 図のように，z 軸に沿って無限に長い直線の導線に電流 I が流れている．このとき，導線から垂直に r だけ離れた点の磁束密度の強さ B を求めよ．

解 導線を中心とする半径 r の円周上の点 P の B を求める．位置 z にある微小部分 dz が P につくる磁束密度 dB は

$$dB = \mu_0 \frac{I}{4\pi} \frac{r}{(r^2 + z^2)^{3/2}} dz$$

となる. 導線全体からの寄与は z について $-\infty$ から ∞ まで積分すれば求まり

$$B = \mu_0 \frac{Ir}{4\pi} \int_{-\infty}^{\infty} \frac{1}{(r^2 + z^2)^{3/2}} dz$$

となる. 積分を実行するため

$$z = r \tan \theta$$

の置き換えを行い

$$dz = \frac{r d\theta}{\cos^2 \theta}, \quad r^2 + z^2 = \frac{r^2}{\cos^2 \theta}$$

の関係を用いると

$$B = \mu_0 \frac{I}{4\pi r} \int_{-\pi/2}^{\pi/2} \cos \theta \, d\theta = \mu_0 \frac{I}{2\pi r}$$

が得られる.

例題 13.6 1.0 A の電流が流れている無限に長い直線の導線から 2.0 m だけ離れた点での磁束密度の大きさは何 T か. また, 磁場の強さは何 A/m か. ただし, 真空の透磁率を $4\pi \times 10^{-7}$ N/A^2 とする.

解 $B = 4\pi \times 10^{-7} \times \dfrac{1.0}{2 \times \pi \times 2.0} = 1.0 \times 10^{-7}$ T

$H = \dfrac{1.0}{2 \times \pi \times 2.0} \cong 8.0 \times 10^{-2}$ A/m

---

13.4 アンペールの法則

　電荷と電束密度 (電場) の間には, ガウスの法則が成り立った. ここでは, 電流とそれによって生じる磁束密度 (磁場) を関係づける法則を求めるために, 直線電流のまわりに生じる磁束密度を考えよう.

　図 13.6 (a) のように, 直線電流によって生じる磁束密度 $\boldsymbol{B}$ を, そのまわりの円を 1 周する積分経路 C で線積分してみよう (5.1 項の式 (5.12) も参照). C の向きは, 電流の向きに右ねじを進めたとき, それがまわる方向にとる. このように選ぶと, C と $\boldsymbol{B}$ の向きは一致

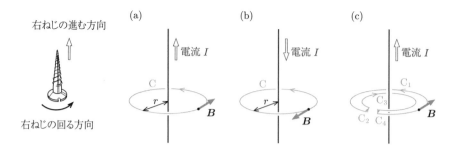

図 13.6 電流と積分経路

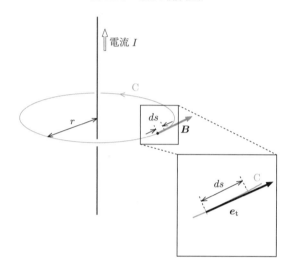

図 13.7 積分経路上にとった微小区間

する．また，図 13.7 のように，C 上に長さ ds の微小区間をとり，これと同じ長さと微小区間の接線と同じ向きをもつベクトルを $d\boldsymbol{s}$ とする．$d\boldsymbol{s}$ は微小区間に接する方向 (接線方向) の単位ベクトル $\boldsymbol{e}_{\mathrm{t}}$ を用いると

$$d\boldsymbol{s} = ds\,\boldsymbol{e}_{\mathrm{t}} \tag{13.20}$$

と表せる．この $d\boldsymbol{s}$ を用いて，C に沿った $\boldsymbol{B}$ の線積分を次のように定義する．

$$\oint_{\mathrm{C}} \boldsymbol{B} \cdot d\boldsymbol{s} = \oint_{\mathrm{C}} B_{\mathrm{t}}\,ds \tag{13.21}$$

ここで，B_{t} は $\boldsymbol{B}$ の C への接線成分であり

$$B_{\mathrm{t}} = \boldsymbol{B} \cdot \boldsymbol{e}_{\mathrm{t}} \tag{13.22}$$

で表される．また，積分記号に付いた○は閉曲線を 1 周する積分であることを示す．

　直流電流のまわりに生じる磁束密度に対して線積分の式 (13.21)

を適用しよう. 例題 13.5 から, 電流 I が流れている無限に長い導線を中心とする半径 r の円周上では, $\boldsymbol{B}$ の強さは

$$B = \frac{\mu_0 I}{2\pi r} \tag{13.23}$$

で与えられ, またその向きは C の向きに一致している. $\boldsymbol{B}$ に対して, 半径 r の円周に沿って 1 周積分を実行すると

$$\oint_{\mathrm{C}} \boldsymbol{B} \cdot d\boldsymbol{s} = \oint_{\mathrm{C}} B_{\mathrm{t}} ds = \frac{\mu_0 I}{2\pi r} \oint_{\mathrm{C}} ds = \frac{\mu_0 I}{2\pi r} 2\pi r = \mu_0 I \tag{13.24}$$

となる. この結果は, $\boldsymbol{B}$ の線積分が円の半径にはよらず, C に含まれる電流 (C を縁とする閉曲面 S を貫く電流 (図 13.8)) のみに依存することを示している.

次に, C のとり方は図 13.6 (a) と同じであるが, 図 13.6 (b) のように, 電流の向きを反転させた場合を考えよう. この場合, $\boldsymbol{B}$ と C の向きは反対になるので, $\boldsymbol{B}$ の線積分は

$$\oint_{\mathrm{C}} \boldsymbol{B} \cdot d\boldsymbol{s} = -\mu_0 I \tag{13.25}$$

となり, 負の値を与える. 以上のことから, 積分経路と電流によって生じる磁束密度の向きの関係によって, $\boldsymbol{B}$ の線積分の符号が変わることがわかる. そこで, 図 13.9 のように, C の向きに右ねじをまわしたとき, それが進む方向の電流の符号を正, 反対方向の電流の符号を負と決める.

最後に, 図 13.6 (c) のように, 積分経路に電流を含まない場合を考えよう. 直線電流を中心とする円周上にとった経路 C_1, C_3 とそれらを接続する経路 C_2, C_4 からなる積分経路 C を考える. ただし, 動径方向にとられた C_2 と C_4 は, 近接しており互いに反平行であるとする. C_1 と C_3 は直線電流をまわる方向が互いに反対であるので, これらの経路に沿った線積分は互いに打ち消し合って 0 となる. また, C_2, C_4 は積分経路が互いに反対向きであるので, 打ち消し合い, 線積分に寄与しない. したがって, 積分経路に電流が含まれない場合には

$$\oint_{\mathrm{C}} \boldsymbol{B} \cdot d\mathbf{s} = 0 \tag{13.26}$$

となる.

以上の結果は, 円周とは異なる任意の積分経路に対して一般化することができる. さらに, ここで得られた結果は直線電流以外の任意形状の電流が複数含まれる場合に対して成り立つことも示すことができる. 以上のことから, 電流の符号を図 13.9 のように決めると

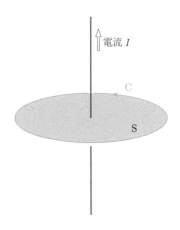

図 13.8 C を縁とする閉曲面 S

図 13.9 電流の符号の定義

$$\oint_{C} \boldsymbol{B} \cdot d\boldsymbol{s} = \begin{cases} \displaystyle\sum_{i} \mu_0 I_i & (\text{複数の電流が積分経路 C に含まれるとき}) \\[2mm] 0 & (\text{電流が積分経路 C に含まれないとき}) \end{cases}$$

$$(13.27)$$

となる．これをアンペールの法則という．

例題 13.7 無限に長い直線の導線に電流 I が流れている．アンペールの法則を用いて導線から距離 r だけ離れた点の磁束密度を求めよ．

解 導線を中心とする半径 r の円を 1 周する経路 C を考え，電流の向きに右ねじを進めたとき，それがまわる方向を C の向きとする．このとき，C の向きは磁束密度の向きに一致している．また，対称性から，円周上では磁束密度の強さ $B_{\rm t}$ は一定となる．以上のことを考慮して，アンペールの法則

$$\oint_{C} B_{\rm t}\, ds = \mu_0 I$$

を適用すると

$$2\pi r B_{\rm t} = \mu_0 I$$

が得られる．これから磁束密度の強さは

$$B_{\rm t} = \frac{\mu_0 I}{2\pi r}$$

となる．

例題 13.8 図のように，単位長さ当たりの巻き数が N の十分に長いソレノイドコイルに電流 I が流れている．ソレノイドの内部に生じる磁束密度を求めよ．

解 図はソレノイドの断面を示したものである．⊗ は紙面の表から裏に向かって電流が流れる導線の断面，⊙ は紙面の裏から表に向かって電流が流れる導線の断面を表す．ソレノイドは十分長いので，磁束密度はソレノイドの中心軸に平行な成分だけをもち，ソレノイドの外では磁束密度は 0 である．

　まず，経路 ABCD にアンペールの法則を適用する．磁束密度はソレノイドの中心軸に平行である．したがって，経路 BC，DA 上では，経路と磁束密度は垂直になるので，アン

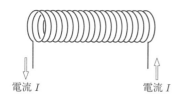

電流 I 　　　　電流 I

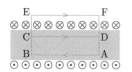

ペールの法則 (13.27) の左辺の積分は 0 である. 経路 AB と CD では, それぞれの経路での磁束密度の強さを B_{AB}, B_{CD} とすると

$$左辺 = B_{AB}\overline{AB} - B_{CD}\overline{CD}$$

となる. ABCD は電流を含んでいないので, 右辺は 0 となる. $\overline{AB} = \overline{CD}$ なので, $B_{AB} = B_{CD}$ となる. これはソレノイド内部では, 磁束密度は一定になることを表している.

次に, 経路 ABEF にアンペールの法則 (13.27) を適用する. 経路 BE と AF では, 磁束密度はこれらの経路に垂直なので, 左辺は 0 となる. 十分に長いソレノイドでは, コイルの外では磁束密度は 0 なので, EF の左辺への寄与は 0 である. したがって, ソレノイド内部の磁束密度の強さを B_t とすると

$$左辺 = B_t\overline{AB}$$

となる. ABEF は電流 I が流れた導線を $N\overline{AB}$ 本含んでいるので

$$B_t\overline{AB} = \mu_0 NI\,\overline{AB}$$

となる. これから

$$B_t = \mu_0 NI$$

が得られる.

13.5 磁場中の電流が受ける力

磁場中の導線に電流を流すと, 導線は電流と磁場の両方に垂直な力を受ける. 電気器具やおもちゃなどに使われるモーターは, この現象を利用した装置である. 磁場, 電流, 力の方向の関係は左手によって表すことができる. 左手の人差し指を磁場の方向に向けて, 中指を電流の方向に向けて, さらに親指を人差し指と中指に垂直にすると, 親指の方向が力の向きになる. これをフレミングの左手の法則という (図 13.10).

図 13.11 のように, 一様な磁束密度 B の磁場と角度 θ をなす方向に置かれた導線に電流 I が流れているとき, 導線 (電流) の長さ

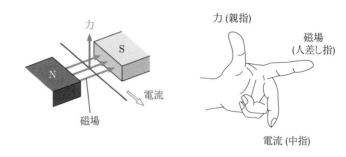

図 13.10 電流が磁場から受ける力とフレミングの左手の法則

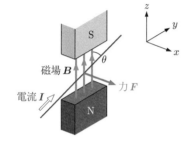

図 13.11 磁場中の導線 (電流) の長さ l の部分が受ける力

l の部分が受ける力は

$$F = IBl \sin\theta \tag{13.28}$$

となる. 特に, 電流の向きと磁場の向きが垂直 $(\theta = \dfrac{\pi}{2})$ のとき, $\sin\theta = 1$ となるので

$$F = IBl \tag{13.29}$$

となる. 一方, 電流の向きと磁場の向きが平行 $(\theta = 0)$ または反平行 $(\theta = \pi)$ のとき, $\sin\theta = 0$ となるので, 電流は磁場から力を受けない.

例題 13.9 磁束密度が $2.0 \times 10^{-3}\,\mathrm{T}$ の一様な磁場がある. この磁場に対して直角に置いた導線に $3.0\,\mathrm{A}$ の電流を流すとき, 導線 $0.10\,\mathrm{m}$ 当たりに働く力の大きさを求めよ.

解

$$F = IBl = 3.0 \times 2.0 \times 10^{-3} \times 0.10 = 6.0 \times 10^{-4}\,\mathrm{N}$$

例題 13.10 磁束密度が $5.0 \times 10^{-4}\,\mathrm{T}$ の一様な磁場がある. この磁場に対して $30°$ 傾いた導線に $2.0\,\mathrm{A}$ の電流を流すとき, 導線 $1.0\,\mathrm{m}$ 当たりに働く力の大きさを求めよ.

解

$$F = IBl \sin\theta = 2.0 \times 5.0 \times 10^{-4} \times 1.0 \times \sin 30° = 5.0 \times 10^{-4}\,\mathrm{N}$$

13.6 ローレンツ力

磁場中の電流は磁場から力を受ける．電流は正の荷電粒子の流れ
であるので，磁場中を運動する荷電粒子は磁場から力を受けること
になる．この力はローレンツ力といわれ，電流が磁場から受ける力
と同様にフレミングの左手の法則に従う．

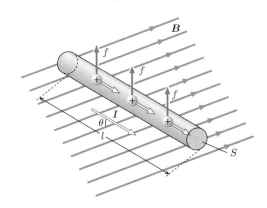

図 13.12 磁場中の正の荷電粒子が受ける力

図 13.12 のように，一様な磁束密度 B の磁場中に置かれた長さ
l，断面積 S の導線に電流 I が流れているとして，ローレンツ力を
考えよう．導線中の荷電粒子の電荷を q，速さを v，数密度を n と
すると，単位時間に断面を通過する粒子の数は nvS であるので，導
線を流れる電流は

$$I = qnvS \tag{13.30}$$

となる．磁場と電流のなす角度を θ として，式 (13.28) を用いると，
導線中の荷電粒子が受ける力は

$$F = qnvSBl\sin\theta \tag{13.31}$$

となる．長さ l の導線中には，nlS 個の荷電粒子が存在するので，1
個の荷電粒子が受けるローレンツ力は

$$f = qvB\sin\theta \tag{13.32}$$

となる．

図 13.13 のように，磁束密度 B の一様な磁場に質量 m，電荷 q
の粒子が速さ v で垂直に入射したとする．ローレンツ力は荷電粒子
の運動方向に対して常に垂直に働くため，粒子に仕事をしないので，

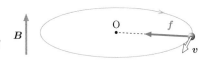

図 13.13 磁場中の荷電粒子の運動

荷電粒子の速さは一定に保たれる．そのため，ローレンツ力は一定の大きさ $f = qvB$ の向心力となり，荷電粒子は磁場に垂直な面内で等速円運動する．円運動の半径を r，速さを v とすると，運動方程式は

$$m\frac{v^2}{r} = qvB \tag{13.33}$$

となる．これから，円運動の半径は

$$r = \frac{mv}{qB} \tag{13.34}$$

と求まるので，円運動の周期は

$$T = \frac{2\pi r}{v} = \frac{2\pi m}{qB} \tag{13.35}$$

となる．

例題 13.11　電荷 $q = 3.0 \times 10^{-6}$ C をもつ粒子が，磁束密度が 2.0×10^{-4} T の一様な磁場中を，磁場と $30°$ の角度をなして速さ $v = 4.0\,\text{m/s}$ で運動している．粒子に働くローレンツ力の大きさを求めよ．

解

$$f = qvB\sin\theta = 3.0 \times 10^{-6} \times 4.0 \times 2.0 \times 10^{-4} \times \sin 30°$$
$$= 1.2 \times 10^{-9}\,\text{N}$$

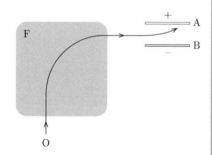

例題 13.12　図のように，点 O を出発した荷電粒子が，紙面に垂直な方向に一様な磁場がかかった領域 F を通過した．その後，荷電粒子は一様な電場が存在する平行板 A，B の中に入り，高電位の A の方に曲がった．

(1) 荷電粒子がもつ電荷の符号を答えよ．

(2) F の磁場は紙面に対して上向きか下向きか答えよ．

解　(1) 荷電粒子が高電位の A の方に曲がったので，荷電粒子の電荷は負である．

(2) F で時計まわりの円運動をするように向心力を受けるので，磁場は紙面に対して下向きである．

13.7 電流間の力

2本の平行で無限に長い導線に電流が流れているとき，どのような力が働くか考えよう．図 13.14 のように，直線電流 I_1, I_2 が距離 r だけ離れて平行に流れている．このとき，I_1 がそれから r だけ離れた I_2 の位置につくる磁束密度の強さは

$$B_1 = \mu_0 \frac{I_1}{2\pi r} \tag{13.36}$$

である．これから，I_2 の長さ l の部分に働く力の大きさは

$$F = B_1 I_2 l = \mu_0 \frac{I_1 I_2}{2\pi r} l \tag{13.37}$$

となる．フレミングの左手の法則から，I_2 に働く力の向きは I_1 に向かう方向となる．同様にして，I_1 に働く力の向きを求めると，力の向きは I_2 に向かう方向となる．したがって，電流が平行な場合には，電流間には引力が働く．一方，電流が反平行な場合には，電流間には反発力が働く．

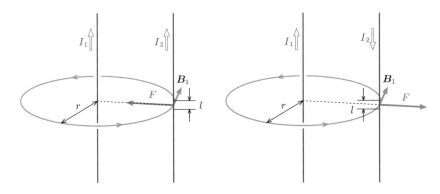

図 13.14 電流間に働く力

例題 13.13 無限に長い2本の導線が真空中に 1.0×10^{-2} m 離れて平行に置いてあり，この2本の導線には同じ向きに 5.0 A の電流が流れている．導線 1.0 m 当たりに働く力を求めよ．ただし，真空の透磁率を $\mu_0 = 4 \times 10^{-7}$ N/A^2 とする．

解 式 (13.37) に $I_1 = I_2 = 5.0$ A, $l = 1.0$ m, $r = 1.0 \times 10^{-2}$ m, $\mu_0 = 4 \times 10^{-7}$ N/A^2 を代入すると，引力の大きさは

$$F = \mu_0 \frac{I_1 I_2}{2\pi r} l = \frac{4\pi \times 10^{-7} \times 5.0 \times 5.0}{2\pi \times 1.0 \times 10^{-2}} = 5.0 \times 10^{-4}\,\mathrm{N}$$

となる.

13.1 2 つの等しい強さの磁極を真空中で 0.100 m 離して置いたところ，磁極間には 6.33×10^2 N の力が働いた．磁極の強さを求めよ．ただし，$4\pi\mu_0 = 1.58 \times 10^{-5}$ Wb^2/(N·m^2) とする．

13.2 無限に長い導線に 20 A の電流が流れている．この導線から 1.0 m 離れた点における磁束密度の強さを求めよ．ただし，真空の透磁率を $\mu_0 = 4\pi \times 10^{-7}$ N/A^2 とする．

13.3 紙面に垂直で下向きに流れる電流がある．この電流に対して，図 (a) から (d) のように磁場を加えたとき，紙面に平行で上向きの力を受けるのはどれか．

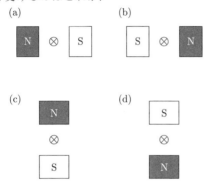

13.4 図のように，20 m 離れて平行に置かれた 2 本の無限に長い導線のそれぞれに 10 A の電流が反対向きに流れている．2 つの導線の中点 P における磁束密度を求めよ．

13.5 図のように，10 m 離れて平行に置かれた 2 本の無限に長い導線のそれぞれに 10 A の電流が同じ向きに流れている．2 本の導線のそれぞれから 10 m 離れた点 P における磁束密度を求めよ．

13.6 図のように，10 m 離れて平行に置かれた 2 本の無限に長い導線のそれぞれに 10 A の電流が反対向きに流れている．2 本の導線のそれぞれから 10 m 離れた点 P における磁束密度を求めよ．

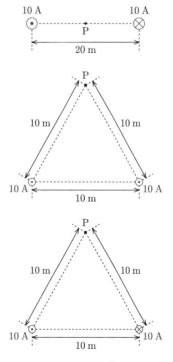

13.7 半径 a の円形の断面をもつまっすぐで無限に長い導線に電流 I が一様に流れている．導体の内側と外側の磁場を求めよ．

13.8 作用・反作用の法則を用いてビオ・サバールの法則を導け．

13.9 図のように，半径 r の円周上を電流 I が流れている．電流が円の中心 O につくる磁束密度を求めよ．

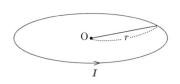

13.10 半径 $0.10\,\mathrm{m}$ の円周を $10\,\mathrm{A}$ の電流が流れている．円の中心における磁束密度の強さを求めよ．ただし，$\mu_0 = 1.26 \times 10^{-6}\,\mathrm{Wb^2/(N \cdot m^2)}$ とする．

13.11 長さ $0.50\,\mathrm{m}$ の円筒に導線を 1000 回巻いたソレノイドに $1.0\,\mathrm{A}$ の電流を流すと，ソレノイド内部の磁場の強さはいくらになるか．

13.12 図のように，長さ $6\,\mathrm{m}$ の円筒形の導体を一様な磁場と垂直になるようにして置き，$6\,\mathrm{A}$ の電流を流すと，導体に $180\,\mathrm{N}$ の大きさの力が働いた．磁束密度の強さを求めよ．

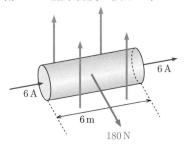

13.13 図のように，磁束密度 B の一様な磁場が紙面に対して垂直で上向きに加えてある．この磁場中を質量 m の荷電粒子 q $(q > 0)$ が磁場に垂直な面内で速さ v_0 の等速円運動をしている．

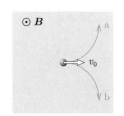

(1) 等速円運動の半径と周期を求めよ．また，円運動の回転の方向は図の a または b のどちらか．

(2) 磁場中で荷電粒子が等速円運動している状態で，磁場に平行な一様な電場 E_1 を加えた．電場を加えた時刻を $t = 0$ として，時刻 t $(t > 0)$ における粒子の速さを求めよ．

13.14 図のように，距離 d だけ離れた平行な平板電極 A, B の間に電圧 V をかけて A から B に向かう一様な電場を極板間につくり，さらに磁束密度 B の一様な磁場を x 軸の正の方向に加えた．この状態で，正の荷電粒子を初速 v_0 で極板間の y 軸の

正の方向に入射させると，荷電粒子はそのまま y 軸の正の方向を速さ v_0 で直進した．B を v_0, V, d を用いて表せ．

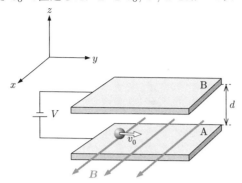

13.15 図のように，無限に長い導線 L と 1 辺が a の正方形回路 ABCD を，L と辺 AB が平行になるようにして，距離を d 離して置く．L には電流 I，正方形回路には電流 i を矢印の向きに流す．このとき，正方形回路が受ける合力を求めよ．ただし，透磁率を μ_0 とする．

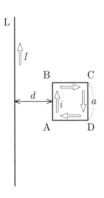

14 電磁誘導

14.1 ファラデーの電磁誘導の法則 ●

磁束密度に面積を掛けたものを磁束という。たとえば，図14.1 (a) のように，磁束密度が B の一様な磁場中に，磁場に垂直に面積 S の円形コイルを置く。このとき円形コイルを貫く磁束は

$$\Phi = BS \tag{14.1}$$

となる。磁束密度の単位は

$$T = \frac{N}{A \cdot m} = \frac{N \cdot m}{A \cdot m^2} = \frac{J}{A \cdot m^2} = \frac{V \cdot s}{m^2} \tag{14.2}$$

なので，磁束の単位は $V \cdot s$ となる (磁束の単位は Wb でもある)。

図14.1 (b), (c) のように，磁石をコイルに近づけたり遠ざけたりすると，コイルに電流が流れる。これは磁石を動かすことでコイルを貫く磁束が変化して，コイルに起電力が発生するからである。このように，コイルなどの回路を貫く磁束が変化することで回路に起電力が発生する現象を電磁誘導，生じた起電力を誘導起電力，生じた電流を誘導電流という。電磁誘導は発電機の原理となる重要な現象である。

誘導電流はそれがつくる磁場が回路を貫く磁束の変化を妨げる方

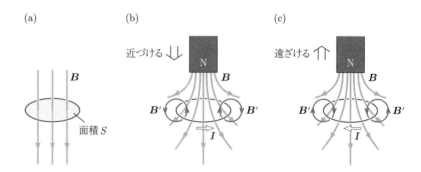

図 14.1 電磁誘導

向に流れる．これをレンツの法則という．図 14.1 (b) のように，磁
石の N 極を回路に近づけると，回路を下向きに貫く磁束が増加する
ので，それを打ち消そうとするため，上向きの磁束 (B') が生じる
ように右向きに誘導電流が流れる．また，図 14.1 (c) のように磁石
の N 極を回路から遠ざけると，回路を下向きに貫く磁束が減少する
ので，それを打ち消そうとするため，下向きの磁束 (B') が生じる
ように左向きに誘導電流が流れる．

　精密な電磁誘導の実験はファラデーによって行われた．その実験
結果をまとめると次のようになる．

(1)　誘導起電力の大きさは回路を貫く磁束の時間変化に比例する．

(2)　誘導起電力はそれによって流れる電流がつくる磁場が磁束の変
　　化を妨げる向きに生じる．

　これを式で表すと，次のようになる．

$$V = -k\frac{\Delta\Phi}{\Delta t} \tag{14.3}$$

ここで，SI 単位系を用いるとき，$k = 1$ となる．また，右辺のマイ
ナス符号は磁束の変化を妨げるように誘導起電力が生じることを表
している．Δt を限りなく 0 に近づける極限をとり SI 単位系を用い
ると，式 (14.3) は次のようになる．

$$V = -\frac{d\Phi}{dt} \tag{14.4}$$

これをファラデーの電磁誘導の法則という．図 14.2 (b) のように，
コイルが n 回巻きの場合，1 回巻きのコイル (図 14.2 (a)) を n 個
直列に接続したことになるので，誘導起電力は

$$V = -n\frac{d\Phi}{dt} \tag{14.5}$$

となる．

(a)　　　　　　　　　　　　　(b)

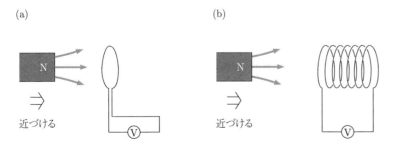

図 14.2　1 巻コイル (a) と n 巻きコイル (b) の電磁誘導

例題 14.1 断面積 $1 \times 10^{-4}\,\mathrm{m}^2$ の 100 回巻きのコイルに一様な磁場が貫いており，その磁束密度が 1 s 間に一定の割合で $4 \times 10^{-3}\,\mathrm{T}$ から $2 \times 10^{-3}\,\mathrm{T}$ に変化した．コイルに誘起される誘導起電力の大きさを求めよ．

解 磁束密度は 1 s 間に $2 \times 10^{-3}\,\mathrm{T}$ 減少するので，誘導起電力は，

$$|V| = n \left| \frac{\Delta\Phi}{\Delta t} \right| = 1\times10^2 \times 2\times10^{-3} \times 1\times10^{-4} = 2\times10^{-5}\,\mathrm{V}$$

となる．

14.2 磁場中を運動する導線

電磁誘導の例として，一様な磁場中に置かれた回路の上を動く導線を考えよう．磁場中を動く導線の場合は，磁束密度は一定であるが，回路の面積が変化することにより，回路を貫く磁束が変化する．これによって誘導起電力が発生する．

図 14.3 のように，一様な磁束密度 B の磁場中で，長さ l の導線 AB を一定の速さ v で 2 本の導線 CF，DE に沿って磁場と垂直な方向に動かす．微小時間 Δt の間に導線は

$$\Delta l = v\Delta t \tag{14.6}$$

移動するので，回路 ABCD の面積は

$$\Delta S = lv\Delta t$$

だけ変化する．これによって，回路を貫く磁束の変化は

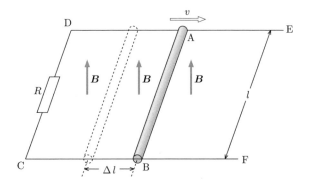

図 14.3 一様な磁場中に置かれた回路上を運動する導線

$$\Delta\Phi = B\Delta S = Blv\Delta t \tag{14.7}$$

となる．したがって，磁束の変化によって生じる誘導起電力の大きさ V は

$$V = \frac{\Delta\Phi}{\Delta t} = Blv \tag{14.8}$$

となる．回路を貫く磁束は導線が右に移動するとき増加するので，レンツの法則から下向きの磁束が生じるように誘導起電力が発生するため，ABCD の向きに誘導電流

$$I = \frac{Blv}{R} \tag{14.9}$$

が流れる．したがって，I が磁場から受ける力の大きさは

$$F = IlB = \frac{(Bl)^2 v}{R} \tag{14.10}$$

となる．また，力の向きはフレミングの左手の法則から，運動を妨げる左向きになる．

一定の速さ v で導線を移動させるためには，F と等しい大きさの外力 F' を右向きに加え続けなければならない (図 14.4)．AB を右向きに距離 x だけ移動させるとき，F' (大きさ F) がする仕事は

$$W = Fx \tag{14.11}$$

となる．また，仕事率 P は単位時間当たりの仕事なので

$$P = \frac{dW}{dt} \tag{14.12}$$

となる．以上のことから，F' のする仕事率 P は

$$P = F\frac{dx}{dt} = \frac{(Bvl)^2}{R} = Blv \times \frac{Blv}{R} = VI \tag{14.13}$$

になることから，電気抵抗で発生するジュール熱は P であることがわかる．

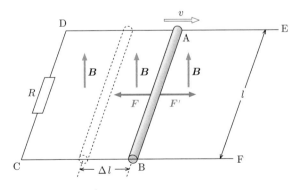

図 14.4 運動を妨げる力 F と外力 F'

(1)

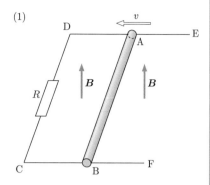

(2)

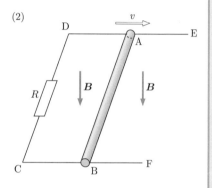

(3)

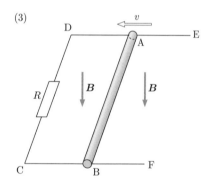

例題 14.2 図のように，一様な磁束密度 B の磁場の中で，導線 AB を一定の速さ v で 2 本の平行な導線 CF, DE に沿って磁場と垂直な方向に動かす．このとき，誘導電流の向きと誘導電流が磁場から受ける力の向きを次の場合について答えよ．

(1) B が上向きで，AB を左方向へ動かす場合．

(2) B が下向きで，AB を右方向へ動かす場合．

(3) B が下向きで，AB を左方向へ動かす場合．

解 (1) AB を左に動かすと回路を貫く磁束は減少するから上向きの磁場が生じるように誘導起電力が発生する．したがって，ADCB の向きに誘導電流が流れる．また，フレミングの左手の法則から AB は右向きの力を受ける．

(2) AB を右に動かすと回路を貫く磁束は増加するから上向きの磁場が生じるように誘導起電力が発生する．したがって，ADCB の向きに誘導電流が流れる．また，フレミングの左手の法則から AB は左向きの力を受ける．

(3) AB を左に動かすと回路を貫く磁束は減少するから下向きの磁場が生じるように誘導起電力が発生する．したがって，ABCD の向きに誘導電流が流れる．また，フレミングの左手の法則から AB は右向きの力を受ける．

例題 14.3 図のように，一様な磁場中に置かれたコの字型の回路上を一定の速さ v で移動する導線について，次の問いに答えよ．

(1) 導線中の自由電子に働くローレンツ力の向きと大きさを求めよ．ただし，電子の電荷を $-e$ とする．

(2) (1)で求めたローレンツ力から，回路に生じる誘導起電力の大きさを求めよ．

(3) 電磁誘導の式 (14.3) の比例定数 k が 1 となることを示せ．

解 (1) 電子は導線とともに右向きに動いているので，電流はそれとは反対の左向きに流れていると考えることができ

る．フレミングの左手の法則から，電子に働くローレンツ力はBからAに向かう方向になり，その大きさはevBとなる．

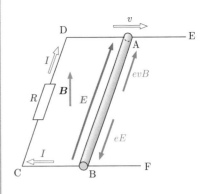

(2) ローレンツ力を受けて電子がBからAに向かう方向に移動するため，Bでは電子が不足して正に帯電し，Aでは電子が過剰になり負に帯電する．その結果，導線中にはBからAに向かう方向に電場が生じる．この電場の強さをEとすると，電子はAからBに向かう方向に大きさeEの静電気力を受ける．回路ABCDには一定の電流が流れるので，電子は一定の速さで移動する．そのため，ローレンツ力と静電気力はつり合い

$$eE = evB$$

の関係が成り立ち

$$E = vB$$

が得られる．また，式(11.21)から誘導起電力の大きさは

$$V_{\mathrm{L}} = vBl$$

となる．

(3) 式(14.3)から誘導起電力の大きさを求めると

$$V = kvBl$$

となる．VとV_{L}は等しいので，$k = 1$が得られる．

14.3 交流発電機

家庭で使用されている電気は交流である．交流では，電流の向きや電圧の値が一定の周期で変わる．交流は磁場中でコイルを一定の角速度で回転させることで発生させることができる．図14.5のように，磁束密度Bの一様な磁場中に磁場に垂直な軸で回転できる面積Sのコイルを置く．このコイルを外部の動力により一定の角速度ωで回転させる．コイルが磁束密度と垂直な状態を時刻$t = 0$とすると，時刻tでコイルを貫く磁束は

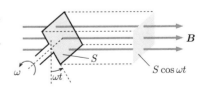

図 14.5 一様な磁場中のコイル

$$\Phi(t) = BS\cos\omega t \tag{14.14}$$

となる．このように磁束が周期的に変化すると，電磁誘導が起こり，誘導起電力は

$$V = -\frac{d\Phi}{dt} = BS\omega \sin \omega t \qquad (14.15)$$

となる．$V_0 = BS\omega$ とすると，交流電圧は

$$V = V_0 \sin \omega t \qquad (14.16)$$

となる．ここで，V_0 は交流電圧の振幅，ω は角周波数である．

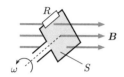

例題 14.4 図のように，抵抗値 R の抵抗が接続された面積 S のコイルを磁束密度 B の一様な磁場中で，角速度 ω で回転させる．

(1) コイルを流れる電流 I を求めよ．

(2) コイルを流れる電流の向きが変わる周期 T を求めよ．

解 (1) コイルに発生する誘導起電力は式 (14.15) となる．オームの法則からコイルを流れる電流は

$$I = \frac{BS\omega}{R} \sin \omega t$$

となる．

(2) 電流の向きは，電流値の正負に現れる．$\sin \omega t$ は ωt の値が π ごとに正負の値が入れ替わるので，電流の向きが変わる周期は

$$T = \frac{\pi}{\omega}$$

となる．

14.1 図のように，紙面 (xy 面) に垂直な方向に角振動数 ω で振動する磁束密度 $B = B_0 \cos\omega t$ の磁場がある．この磁場中に，半径 a の円形回路を回路面が xy 面になるようにして置く．このとき，円形回路に生じる誘導起電力を求めよ．

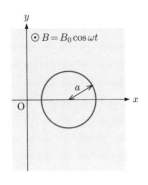

14.2 図のように，磁束密度 B の一様な磁場が z 軸の正の方向に加えられている．一方を原点 O で回転できるように固定した長さ L の導線を，xy 面上を角速度 ω で回転させる．このとき，導線に発生する誘導起電力を求めよ．

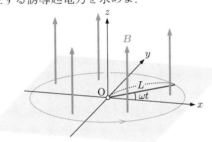

14.3 図のように，紙面の裏から表に向かう一様な磁束密度 B の磁場中に，導線 ab, cd を間隔 L で磁場に垂直に置き，ab, cd の下端に抵抗値 R の抵抗を接続する．ab, cd に接して滑らかに動く質量 m の導体棒 ef を導線に対して垂直に置くと，ef は下方に滑りはじめ，しばらくすると，一定の速さ v になった．重力加速度の大きさを g として，v を求めよ．

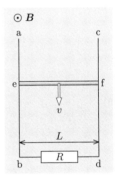

14.4 図 (a) のように，一様な磁束密度 B の磁場の中に，断面積 $2.0 \times 10^{-3}\,\mathrm{m^2}$，巻き数 100 回のコイルを置き，コイルに検流計 G を接続した．コイルに平行な磁束密度を図 (b) のように時間変化させた．

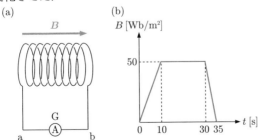

(1) 検流計を流れる電流の向きを求めよ．

(2) ab 間の起電力の大きさを求めよ．

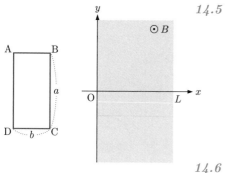

14.5 図のように，$x = 0$ と $x = L$ の境界で挟まれた領域に磁束密度 B の一様な磁場が紙面 (xy 面) に垂直に裏から表の方向に加えられている．xy 面内に，1 辺の長さが a と b の長方形回路 ABCD がその辺 AD と境界が平行になるように置いてある．次に，この回路を一定の速さ v で x 軸に沿って動かす．辺 BC が $x = 0$ の境界に到達した時刻を 0 として，回路に発生する誘導起電力を時間 t $(t > 0)$ の関数として求めよ．

14.6 図 (a) のように，1 辺の長さが L の正方形回路 abcd が鉛直上向きで一様な磁束密度 B の磁場中に，回路面が磁場に垂直になるように置かれている．そして図 (b) のように，時刻 0 から時刻 T の間に磁束密度の大きさを 0 から B_0 まで一定の割合で増加させた．

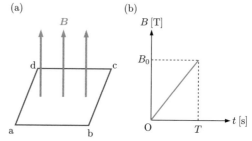

(1) 回路を流れる誘導電流の向きを求めよ．

(2) 微小時間 Δt の間の磁束の変化量 $\Delta\Phi$ を求めよ．

(3) 回路に発生する誘導起電力を求めよ．

15

交流回路

15.1 抵抗を流れる交流

図 15.1 のように，抵抗値 R の抵抗に電圧

$$V(t) = V_0 \sin \omega t \tag{15.1}$$

の交流を流す．交流の場合でも，電流と電圧の間にはオームの法則が成り立ち，回路を流れる電流は

$$I(t) = \frac{V(t)}{R} = \frac{V_0}{R} \sin \omega t = I_0 \sin \omega t \tag{15.2}$$

となる．

図 15.1　抵抗だけを含む交流回路

時間 Δt の間に電荷 $\Delta q(t)$ が回路を流れたとすると，交流電源が電荷 $\Delta q(t)$ にした仕事は

$$\Delta W = \Delta q(t) V(t) = \frac{\Delta q(t)}{\Delta t} V(t) \Delta t \tag{15.3}$$

となる．$\Delta t \to 0$ の極限をとり，単位時間当たりの仕事 (電力) を求めると

$$\frac{dW}{dt} = \frac{dq(t)}{dt} V(t) = I(t) V(t) = I_0 V_0 \sin^2 \omega t \tag{15.4}$$

となる．$\dfrac{dW}{dt}$ は時間変動するので，1 周期 $(T = 2\pi/\omega)$ について時間平均をとり，それを平均電力 P とすると

$$P = \frac{1}{T} \int_0^T \frac{dW}{dt} \, dt = \frac{I_0 V_0}{T} \int_0^T \sin^2 \omega t \, dt = \frac{I_0 V_0}{2} \tag{15.5}$$

となる．さらに，電流と電圧の実効値

$$I_\mathrm{e} = \frac{I_0}{\sqrt{2}}, \quad V_\mathrm{e} = \frac{V_0}{\sqrt{2}} \tag{15.6}$$

を用いると，交流の平均電力を

$$P = I_\mathrm{e} V_\mathrm{e} \tag{15.7}$$

で表すことができる．

例題 15.1　電圧の振幅 V_0 が $141\,\mathrm{V}$ の交流の電圧の実効値を求めよ.

解

$$V_\mathrm{e} = \frac{V_0}{\sqrt{2}} = \frac{141}{\sqrt{2}} \cong 100\,\mathrm{V}$$

例題 15.2　$100\,\mathrm{V}$ 用 $25\,\mathrm{W}$ の電球を $100\,\mathrm{V}$ で点灯させた. 電球を流れる電流の実効値と電球の抵抗を求めよ.

解

$$P = I_\mathrm{e} V_\mathrm{e} = 25\,\mathrm{W}, \quad V_\mathrm{e} = 100\,\mathrm{V}\ \text{より}$$

$$I_\mathrm{e} = P/V_\mathrm{e} = 25/100 = 0.25\,\mathrm{A}$$

$$R = V_\mathrm{e}/I_\mathrm{e} = 100/0.25 = 400\,\Omega$$

となる.

15.2　コイルを流れる交流

図15.2　コイルだけを含む交流回路

コイルを流れる電流が時間変化するとき,それによってつくり出される磁場も時間変化する.このとき,磁場の時間変化を妨げるように誘導起電力が発生する.これを自己誘導という.コイルを流れる電流がつくる磁場は電流に比例するので,自己誘導の場合もコイルを貫く磁束 Φ は電流に比例する.したがって,自己誘導によって生じる誘導起電力は

$$V_\mathrm{i} = -\frac{d\Phi}{dt} = -L\frac{dI}{dt} \tag{15.8}$$

と表せる.ここで,L を 自己インダクタンスといい,その単位はヘンリー〔$\mathrm{H = V \cdot s/A}$〕である.

図 15.2 のように,自己インダクタンス L のコイルを交流電源 $(V(t) = V_0 \sin \omega t)$ に接続する.交流電源の電圧と誘導起電力とはつり合っているので

$$-L\frac{dI}{dt} + V_0 \sin \omega t = 0 \tag{15.9}$$

となる.ここで,正弦関数 $\sin \omega t$ の ωt を位相という.式 (15.9) を時間で積分して,電流を求めると

$$I(t) = \frac{V_0}{L} \int \sin \omega t \, dt = -\frac{V_0}{\omega L} \cos \omega t = \frac{V_0}{\omega L} \sin \left(\omega t - \frac{\pi}{2} \right)$$
$$(15.10)$$

となる．したがって，回路を流れる電流の位相は電圧の位相より $\pi/2$ 遅れている．

15.3 コンデンサーを流れる交流

コンデンサーを直流電源に接続する場合には，極板に電荷が充電されている間は回路に電流は流れるが，充電が完了すると回路に電流は流れなくなる．図 15.3 のように，電気容量 C のコンデンサーを交流電源 $(V(t) = V_0 \sin \omega t)$ に接続すると，回路には電流 $I(t)$ が流れる．このとき，コンデンサーの極板には $\pm Q(t)$ の電荷が現れる．$Q(t)$ と $V(t)$ の間には，直流の場合と同様に

$$Q(t) = CV(t) \tag{15.11}$$

図 15.3 コンデンサーだけを含む交流回路

の関係が成り立つ．交流の場合には，回路に電流

$$I(t) = \frac{dQ(t)}{dt} = \omega CV_0 \cos \omega t = \omega CV_0 \sin \left(\omega t + \frac{\pi}{2} \right) \tag{15.12}$$

が流れる．したがって，回路を流れる電流の位相は電圧の位相より $\pi/2$ 進んでいる．

例題 15.3 コイルと交流電源からなる交流回路とコンデンサーと交流電源からなる交流回路がある．交流電源の電圧が $V(t) = V_0 \sin \omega t$ と変化するとき，横軸を ωt としてそれぞれの交流回路を流れる電流のグラフを描け．

解 コイルだけを含む交流回路の電流は電圧の位相より $\pi/2$ 遅れた式 (15.10) で与えられる．したがって電流のグラフは下図のように描ける．

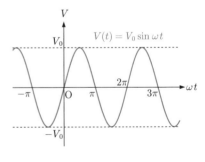

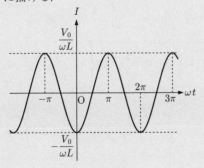

コンデンサーだけを含む交流回路の電流は電圧の位相より $\pi/2$ 進んだ式 (15.12) で与えられる。したがって電流のグラフは下図のように描ける。

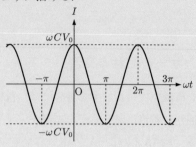

15.4 RLC 回路

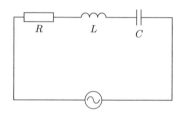

図 15.4 RLC 回路

　図 15.4 のように，抵抗値 R の抵抗，自己インダクタンス L のコイル，電気容量 C のコンデンサーを直列につないだ **RLC 回路** に交流電源を接続して，回路に電流

$$I(t) = I_0 \sin \omega t \tag{15.13}$$

を流す。このとき，抵抗，コイル，コンデンサーにおける電圧降下はそれぞれ

$$V^R(t) = RI_0 \sin \omega t, \tag{15.14}$$

$$V^L(t) = L \frac{dI(t)}{dt} = \omega L I_0 \cos \omega t, \tag{15.15}$$

$$V^C(t) = \frac{1}{C} \int I(t)\, dt = -\frac{I_0}{\omega C} \cos \omega t \tag{15.16}$$

となる。これらの電圧降下の和 $V(t)$ を次のように変形する。

$$
\begin{aligned}
V(t) &= V^R(t) + V^L(t) + V^C(t) \\
&= RI_0 \sin \omega t + \left(\omega L - \frac{1}{\omega C} \right) I_0 \cos \omega t \\
&= I_0 \sqrt{R^2 + \left(\omega L - \frac{1}{\omega C} \right)^2} \left\{ \frac{R}{\sqrt{R^2 + \left(\omega L - \frac{1}{\omega C} \right)^2}} \sin \omega t \right. \\
&\quad \left. + \frac{\omega L - \frac{1}{\omega C}}{\sqrt{R^2 + \left(\omega L - \frac{1}{\omega C} \right)^2}} \cos \omega t \right\}
\end{aligned}
\tag{15.17}
$$

ここで

$$Z = \sqrt{R^2 + \left(\omega L - \frac{1}{\omega C}\right)^2},$$

$$\sin\phi = \frac{\omega L - \frac{1}{\omega C}}{\sqrt{R^2 + \left(\omega L - \frac{1}{\omega C}\right)^2}}, \qquad (15.18)$$

$$\cos\phi = \frac{R}{\sqrt{R^2 + \left(\omega L - \frac{1}{\omega C}\right)^2}}$$

とすると，電圧降下は

$$V(t) = ZI_0 \sin(\omega t + \phi) \qquad (15.19)$$

と表せる．Z はインピーダンスといわれ，直流回路の抵抗に対応し，その単位は Ω である．また，ωL, $\dfrac{1}{\omega C}$ をそれぞれコイルのリアクタンス，コンデンサーのリアクタンスという．特に，交流の角周波数が共振角周波数

$$\omega_r = \frac{1}{\sqrt{LC}} \qquad (15.20)$$

のとき，Z は最小となり，回路を流れる電流は最大となる．この現象を共振または共鳴という．

例題 15.4 図のような RLC 回路に，実効値 100 V，角振動数 100 rad/s の交流電源が接続されている．次の問いに答えよ．

(1) 回路のインピーダンスを求めよ．

(2) 回路を流れる電流の実行値を求めよ．

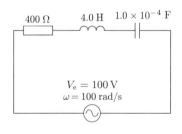

$V_e = 100$ V
$\omega = 100$ rad/s

解 (1) $Z = \sqrt{400^2 + \left(100 \times 4.0 - \dfrac{1}{100 \times 1.0 \times 10^{-4}}\right)^2} = \sqrt{400^2 + 300^2} = 500\,\Omega$

(2) $I_e = \dfrac{V_e}{Z} = \dfrac{100}{500} = 0.20\,\mathrm{A}$

15.1　50 W の電球を実効値 100 V の交流電源に接続するとき，電球を流れる電流の実効値を求めよ．

15.2　交流電圧，交流電流がそれぞれ

$$V(t) = V_0 \cos \omega t, \quad I(t) = I_0 \cos(\omega t - \phi)$$

で与えられるとき，電力は

$$P = \frac{V_0 I_0}{2} \cos \phi$$

となることを示せ．

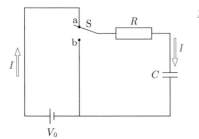

15.3　図のように，抵抗値 R の抵抗，電気容量 C のコンデンサー，起電力 V_0 の電池からなる回路がある．スイッチ S を a に接続すると，コンデンサーに電荷が充電される．次に，スイッチを b に接続すると，コンデンサーは蓄えられた電荷を放電する．

(1)　スイッチを a に接続したとき，コンデンサーに蓄えられる電荷と回路を流れる電流を時間の関数として求めよ．

(2)　スイッチを b に接続したとき，コンデンサーに蓄えられる電荷と回路を流れる電流を時間の関数として求めよ．

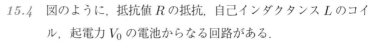

15.4　図のように，抵抗値 R の抵抗，自己インダクタンス L のコイル，起電力 V_0 の電池からなる回路がある．

(1)　スイッチを a に接続したとき，回路を流れる電流を時間の関数として求めよ．

(2)　スイッチを b に接続したとき，回路を流れる電流を時間の関数として求めよ．

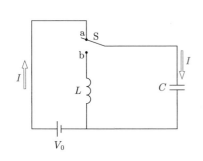

15.5　電気容量 C のコンデンサー，自己インダクタンス L のコイル，起電力 V_0 の電池からなる回路がある．図のように，スイッチ S を a に接続すると，コンデンサーに電荷が充電される．次に，スイッチを b に接続すると，コンデンサーとコイルからなる LC 回路に電流が流れる．スイッチを b に接続したときの時刻を 0 とし，時刻 t において回路を流れる電流 $I(t)$ を求めよ．ただし，$t = 0$ において，コンデンサーに蓄えられた電荷を Q_0，回路を流れる電流を 0 とする．

15.6　図のように，40 Ω の抵抗とインダクタンス L のコイルを実効

値 100 V，周波数 50 Hz の交流電源に接続すると，電流計が 2.0 A を示した.

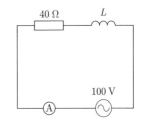

(1) この回路のインピーダンスを求めよ.

(2) コイルのリアクタンスを求めよ.

(3) コイルの自己インダクタンスを求めよ.

15.7 図のように，100 Ω の抵抗，2.00 μF のコンデンサー，1.00 H のコイルを電圧の実効値 100 V，周波数 50.0 Hz の交流電源に接続する.

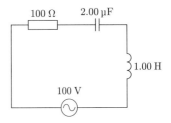

(1) この回路のインピーダンスを求めよ.

(2) 回路を流れる電流の実効値を求めよ.

(3) 共振角周波数を求めよ.

16

変位電流と電磁波

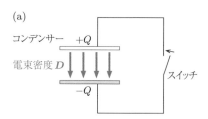

(a)

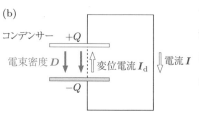

(b)

図 16.1 コンデンサー内部を流れる変位電流

図 16.1 (a) のように，平板コンデンサーに電荷 Q を充電する．次に，図 16.1 (b) のように，充電されたコンデンサーの両極板を導線でつなぐと，導線には矢印の方向に電流

$$I = \frac{dQ}{dt} \tag{16.1}$$

が流れる．しかし，コンデンサーの内部は導線で結ばれていないので，コンデンサーの内部を電流は流れないことになる．したがって，電流はコンデンサーの内部と外部の導線の間で不連続になる．一方，コンデンサーの内部には導線を流れる電流とは異なる**変位電流**が流れていると考えると，電流の流れは閉回路を形成して連続的になる．

コンデンサーの極板間を流れる変位電流について考えよう．コンデンサーの極板の面積を S とすると，コンデンサー内部の電束密度は

$$D = \epsilon_0 E = \frac{Q}{S} \tag{16.2}$$

となる．導線を流れる電流は単位時間当たりに導線の断面を通過する電気量で定義される．これに対して，変位電流 I_d は見かけの電流であり，電束密度を用いて

$$I_\mathrm{d} = S\frac{dD}{dt} \tag{16.3}$$

で表される．$SD = Q$ の関係があるので

$$I_\mathrm{d} = S\frac{dD}{dt} = \frac{dQ}{dt} = I \tag{16.4}$$

となり，I_d と I は等しいことがわかる．つまり，I と I_d は性質は違っても，同じ閉回路を流れる電流であると考えることができる．

第 13 章で述べたように，定常電流のまわりには磁場がつくられ，磁場を表す磁束密度 $\boldsymbol{B}$ と電流 I の間の関係はアンペールの法則

$$\oint_\mathrm{C} \boldsymbol{B} \cdot d\boldsymbol{s} = \mu_0 I \tag{16.5}$$

で表された．変位電流をアンペールの法則 (式 (16.5)) に加えると

$$\oint_\mathrm{C} \boldsymbol{B} \cdot d\boldsymbol{s} = \mu_0(I + I_\mathrm{d}) \tag{16.6}$$

となる．これをマックスウェル・アンペールの法則という．

　アンペールの法則に変位電流を加えた意味は大きく，定常電流が
なくても振動 (時間変化) する電場 (変位電流) だけで振動する磁場
が発生するようになる．また，磁場が振動すると，電磁誘導により
振動する電場が発生することになる (図 16.2)．このように磁場と電
場がお互いを生み出しながら空間を伝わってゆく現象は，電磁波の
存在を示唆しており，電磁波が実在することはヘルツによって実験
的に実証された．X 線などの放射線，光，電波は電磁波であり，電
場と磁場が電磁波の進行方向に対して垂直な方向に振動する横波で
ある (図 16.3)．

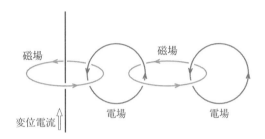

図 16.2　電磁波における磁場と電場の生成

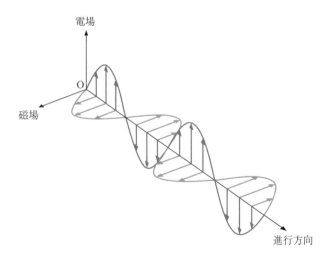

図 16.3　電磁波の振動する電場と磁場

17

波とその性質

17.1 振動と波

物体などがある位置を中心として往復する運動を振動という。我々の身のまわりには，振り子，楽器の弦，ブランコ，ばねなどさまざまな振動するものが存在する。たとえば，図 17.1 に示したばねに接続されたおもりの位置 x の時間変化は

$$x = A\sin(2\pi f t + \varphi) \tag{17.1}$$

で表すことができる。ここで，A は振幅，f は振動数，φ は初期条件で決まる定数 (初期位相) である。また，引数 $2\pi f t + \varphi$ を位相という。このように，位置が正弦関数 (または余弦関数) で表される往復運動を単振動という。

図 17.2 に，$A = 1\,\mathrm{m}$，$f = 2\,\mathrm{Hz}$，$\varphi = 0\,\mathrm{rad}$ とした x の時間変化を示す。おもりの位置は $-1\,\mathrm{m}$ と $1\,\mathrm{m}$ の間を変動して，その範囲は振幅の 2 倍になっている。また，振動の周期は

$$T = \frac{1}{f} = \frac{1}{2}\,\mathrm{s} \tag{17.2}$$

で表される。

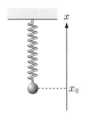

図 17.1 ばねに接続されたおもり

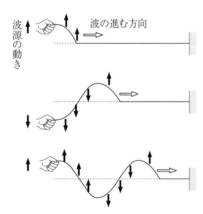

図 17.3 ロープを伝わる波

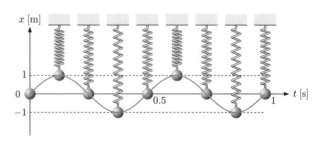

図 17.2 おもりの変位 ($A = 1\,\mathrm{m}$，$f = 2\,\mathrm{Hz}$，$\varphi = 0\,\mathrm{rad}$)

図 17.3 のように，ロープの一端を壁に固定し，他端を上下に振動させると，波が壁に向かってロープを伝わっていく。このとき，ロープの各点は上下に振動をしているだけで，壁の方向へ移動して

いるわけではない．ロープのある部分はその右側の部分を引っ張り上げ，引き上げられた右側の部分はさらに右側の部分を引っ張り上げる，というように次々と振動が伝わっていく．このように振動が空間を伝わる現象を波または波動という．また，波が最初に生じた場所を波源，振動を伝える物質を媒質という．

例題 17.1 図はばねに接続されたおもりの位置 x の時間変化を表しており，x と t の関係は

$$x = A \sin (2\pi f t + \varphi)$$

である．振幅 A，周波数 f，初期位相 φ $(-\pi < \varphi \leq \pi)$ を求めよ．

解 $A = 2\,\mathrm{m}, \qquad f = 0.5\,\mathrm{Hz}, \qquad \varphi = -\dfrac{\pi}{2}\,\mathrm{rad}.$

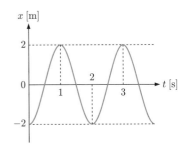

17.2 縦波と横波

図 17.4 (a) のように，ばねの一端を固定して他端を上下に振動させると，ばねの変形が次々と伝わり波が発生する．ばねが振動する方向は各点で波が進む方向に対して垂直になっている．このように，波による変位と波が進む方向が垂直な波を横波という．一方，図 17.4 (b) のように，ばねの方向に沿ってばねを伸縮させてばねに振動を与えると，ばねのすきまが大きい疎の部分とすきまが小さい密の部分が交互に伝わる．このように，波による変位と波が伝わる方向が平行または反平行の波を縦波という．

一般に，横波により媒質の一部が変位するとき，その隣接部は分子間力で引っ張られる．その結果，隣接部は少し遅れて変位して振

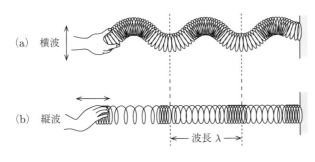

(a) 横波

(b) 縦波

波長 λ

図 17.4 縦波と横波

動が伝わる．このように，横波では隣接部が互いに分子間力を働かせ，振動を順次伝えていく．したがって，横波は分子同士が近接した固体で生じるが，分子間の距離が離れた気体では生じない．

一方，縦波により媒質の一部が変位するとき，その前方にある媒質に衝突するようにして力が及ぼされるため，振動が伝わる．このため，縦波は固体や液体だけでなく分子間の距離が離れた気体中でも生じる．

地震波には縦波のP波と横波のS波があり，P波の方がS波より速く伝わる．また，振幅はP波の方がS波より小さい．したがって，離れたところで地震が起こると両方が同時に発生するが，まず揺れが小さいP波が先に到着し，次にS波が到着して大きな揺れが起こる（図17.5）．

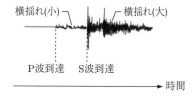

図17.5 地震のP波（縦波）とS波（横波）

17.3 波の表し方

図17.6のように，波の最も高いところを山，最も低いところを谷という．また，山の高さを振幅，山から次の山までの距離を波長（λ）という．波が伝わるとき，媒質の一点に注目すると，媒質は周期的な振動をしている．媒質が1回振動する時間を周期というが，1周期の間に1波長分の波が送り出される．また，単位時間当たりに繰り返される振動の回数を振動数 f とすると，波の速さ v は

$$v = \lambda f \tag{17.3}$$

で与えられる．

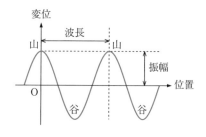

図17.6 波を記述する量

波によって生じる振動は位置によって異なり，また時間によっても変化する．したがって，波の振動による変位は位置 x と時間 t の関数 $y(x, t)$ となる．図17.7のように，原点Oの波源で生じる振

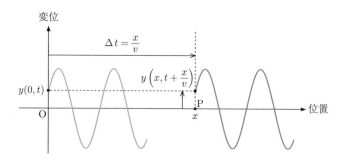

図17.7 波の伝わり方

動が

$$y(0, t) = A \sin(2\pi f t) \tag{17.4}$$

で与えられるとする. 波の伝わる速さを v とすると, O から距離 x の点 P まで波が伝わるのにかかる時間は x/v である. このことから, 時刻 t における波源の変位は時刻 $t + x/v$ における P の波の変位に等しくなり, 次の関係が得られる.

$$y(0, t) = y\left(x, t + \frac{x}{v}\right) \tag{17.5}$$

波を

$$y(x, t) = A \sin(2\pi f(t + \alpha x)) \tag{17.6}$$

で表して, 式 (17.5) の関係を満たすように α を決定すると, $\alpha = -1/v$ となる. したがって, x の正の方向に速度 v で進む波の時刻 t, 位置 x における変位は

$$y(x, t) = A \sin\left\{2\pi f\left(t - \frac{x}{v}\right)\right\} = A \sin\left(2\pi f t - \frac{2\pi}{\lambda} x\right) \tag{17.7}$$

となる. また, x の負の方向に進む波は上式の v を $-v$ で置き換えればよいので

$$y(x, t) = A \sin\left\{2\pi f\left(t + \frac{x}{v}\right)\right\} = A \sin\left(2\pi f t + \frac{2\pi}{\lambda} x\right) \tag{17.8}$$

となる. このような正弦関数で表される波を正弦波という. 正弦関数のカッコ内の量 $2\pi f t - \dfrac{2\pi}{\lambda} x$ や $2\pi f t + \dfrac{2\pi}{\lambda} x$ が位相であり, この値によって波の変位が決まる. たとえば, 位相が $\dfrac{1}{2}\pi$ のとき山, $\dfrac{3}{2}\pi$ のとき谷を与える.

図 17.8 に, x 軸の正の方向に進む正弦波の時刻 $t = 0$, $T/4$, $T/2$, $3T/4$, T における波形を示す. 時刻 $t = 0$ における原点での変位は 1 周期 (T) 後には, 波長 λ だけ移動していることがわかる.

例題 17.2 波長が $0.100\,\mathrm{m}$, 速さが $3.00 \times 10^2\,\mathrm{m/s}$ の波の振動数を求めよ.

解

$$f = \frac{v}{\lambda} = \frac{3.00 \times 10^2}{0.100} = 3.00 \times 10^3\,\mathrm{Hz}$$

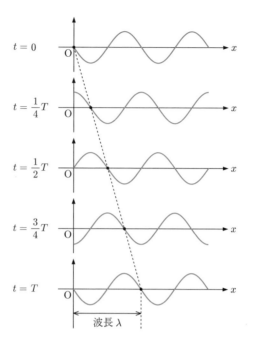

図17.8 時刻 $t = 0,\ T/4,\ T/2,\ 3T/4,\ T$ における正弦波の波形

例題17.3 周期が $5.0 \times 10^{-2}\,\mathrm{s}$, 波長が $2.0\,\mathrm{m}$ の波の速さ
を求めよ.

解

$$v = \lambda f = \lambda \frac{1}{T} = 2.0 \times \frac{1}{5.0 \times 10^{-2}} = 40\,\mathrm{m/s}$$

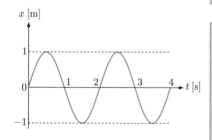

例題17.4 図は振動している物体の変位 $x\,[\mathrm{m}]$ を時間 $t\,[\mathrm{s}]$
に対して示したものである. 振動の振幅, 周期, 振動数を求
めよ.

解 振幅 $1\,\mathrm{m}$, 周期 $2\,\mathrm{s}$, 振動数 $0.5\,\mathrm{Hz}$

(a) $t = 0\,\mathrm{s}$

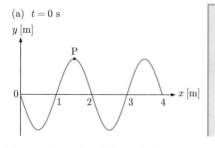

例題17.5 図 (a) は x 軸の正の方向に進む波の時刻 $t = 0\,\mathrm{s}$
における波形を表したものである. また, 図 (b) は図 (a) に
示した波の時刻 $t = 2\,\mathrm{s}$ における波形を示したものである.
図 (a) の山 P は 2 秒後に図 (b) の位置に移動した. 次の問
いに答えよ.

(1) 波の波長を求めよ.

(2) 波が伝わる速さを求めよ.

(3) 周期を求めよ

解 (1) 2 m　　　(2) 0.5 m/s　　　(3) 4 s

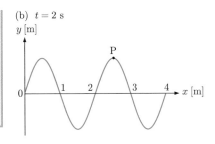

(b) $t = 2$ s

17.4 波の独立性

　図 17.9 (a) のように，高さ 1 の山状の 2 つの波を左右から送り出して中央で衝突させると，2 つの波が重ね合わさって高さ 2 の山状の波となる．その後，波はもとの 2 つの山状の波に戻って左右に別れる．また，図 17.9 (b) のように，高さ 1 の山状の波と深さ 1 の谷状の波を左右から送り出すと，波は中央で一端消滅するが，その後，もとの山状の波と谷状の波に戻って左右に別れる．このように，波は一時的に重なり合っても，通過後は波形や波の速度などが変化することなく，もとの状態に戻る．これを波の独立性という．また，2 つの波が同時にある点に到達したとき，その点での波の変位はそれぞれの波の変位の和で与えられる．これを波の重ね合わせの原理という．

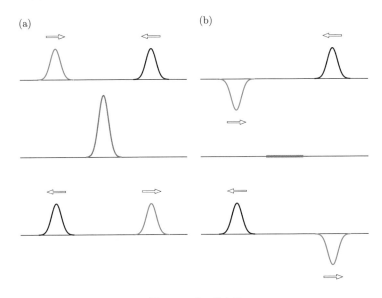

図 17.9　波の独立性

17.5 波の性質

17.5.1 波の回折

水面では，波源を中心として円形の波紋が広がる．このとき，同じ円周上の各点では位相が等しいので振動状態も等しい．このように，位相が等しい点からつくられる面を波面という．波面が球の波を球面波 (図 17.10 (a))，平面の波を平面波 (図 17.10 (b)) といい，どちらの波も波面は波の進む方向に垂直になっている．

波は波面が次々と生成されることにより媒質を伝わる．このとき，波面の生成のしかたについては図 17.10 のように考える．ある瞬間の 1 つの波面 F_1 上の各点が波源となり，球面波を送り出す．この球面波を**素元波**という．このとき，素元波は観測されず，各素元波の波面に接する面が次の波面 F_2 として観測される．これを**ホイヘンスの原理**という．

波を障壁のすきまに入射させると，すきまの長さと波長の関係によって，障壁を通過した後の波の伝わり方が異なる．

図 17.11 (a) のように，障壁のすきまの長さと波長が同程度のと

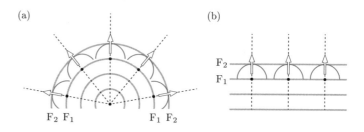

図 17.10 球面波 (a) と平面波 (b) の波面の生成

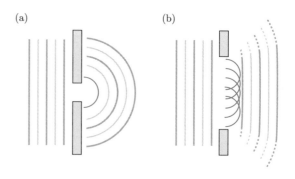

図 17.11 (a) 波長とすきまの長さが同程度の場合，(b) 波長に比べすきまの長さが長い場合

き，波はすきまを中心として波の波面は球状に広がって進み，障壁後方の陰の部分にも回り込む．このような現象を回折という．

一方，図 17.11 (b) のように，すきまの長さが波長より長いとき，素元波がすきまで多数発生できるため，素元波の共通面として生じる波面は平面状になる．その結果，回り込みは少なくなり，波はほぼ直進するように伝わる．

上で述べた回折は，電波を用いた通信・放送などに影響を及ぼす．たとえば，AM ラジオは非常に単純な仕組みの通信であるにも関わらず，大抵の場所で聞くことができる．その理由は，AM 放送の電波の波長が 100〜1000 m と長く，山やビルなどの障害物のサイズと同程度であり，電波が障害物の陰までよく回り込むためである．しかし，波長が障害物のサイズより極端に短くなると，回折の効果が弱まり，障害物の陰への回り込みが減少する．たとえば，テレビで用いられている UHF (極超短波) の波長は 0.1〜1 m であり，山やビルなどの障害物のサイズに比べて極端に短い．そのため，短い波長の電波を用いた通信・放送では，アンテナを増やすなどの工夫が必要となる．

17.5.2 波の干渉

2 つの波源から出た波が媒質中で重なり合うと，媒質中には強め合う部分と弱め合う部分が現れる．強め合う点では，波の山と山または波の谷と谷が重なり合う (図 17.12 (a))．また，弱め合う点では，山と谷が重なり合って変位が 0 になる (図 17.12 (b))．このように，波が重なり合って，媒質のあるところで強め合ったり，別のところで弱め合ったりする現象を干渉という．

図 17.13 のように，2 つの波源 S_1，S_2 が同位相で振動しているとし，ある時刻における波の山を実線，谷を破線で表す．このとき，■は波が干渉して強め合う点であり，□は弱め合う点である．S_1，S_2 から点 P までの距離をそれぞれ L_1，L_2，波源から送り出される波の波長を λ とする．このとき，P で重なり合った波が干渉して強め合うためには，S_1，S_2 からの経路差が半波長の偶数倍であればよい．したがって，強め合う条件は，m を 0 以上の整数として

$$|L_1 - L_2| = 2m \cdot \frac{\lambda}{2} = m\lambda$$

となる．この場合，山と山または谷と谷が出会うことから，波は同位相で重なり合う．一方，波が干渉の結果，弱め合うためには，経

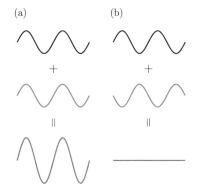

図 17.12 (a) 山と山が重なり合い強め合う場合，(b) 山と谷が重なり合い弱め合う場合

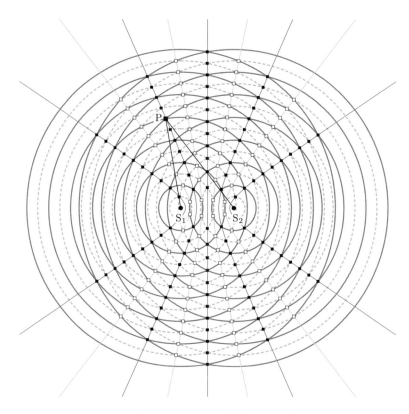

図 17.13 同位相で振動する波の干渉

路差が半波長の奇数倍であればよい．したがって，弱め合う条件は，m を 0 以上の整数として

$$|L_1 - L_2| = (2m + 1) \cdot \frac{\lambda}{2} = \left(m + \frac{1}{2} \right) \lambda$$

となる．この場合は，山と谷が出会うことから，波は反対の位相で重なり合う．

17.5.3 定常波

波は波長と振動数の積で与えられる速さで空間を伝わる．しかし，波の中には空間を伝わらない定常波と呼ばれるものがある．図 17.14 のように，定常波は場所によって大きく振動するところと全く振動しないところがある．最も振動が大きいところを腹，全く振動しないところを節という．このような波は振幅と波長が等しく進行方向が互いに反対の波が重なり合うとき生じる．たとえば，両端が固定された弦を弾くと，生成された波 (横波) が両端で反射を繰り返して，弦には互いに反対向きの波が生じる．そして，この反対向

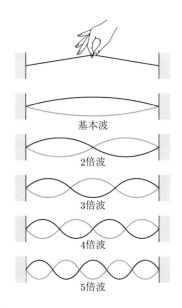

基本波

2倍波

3倍波

4倍波

5倍波

図 17.14 定常波の例 (弦の振動)

きの波が重なり合い，弦には定常波か発生する．

波長，振幅が等しい2つの正弦波が互いに逆向きに進んで重ね合わさるとき生じる波は

$$y(x,t) = A\sin\left(2\pi ft - \frac{2\pi}{\lambda}x\right) + A\sin\left(2\pi ft + \frac{2\pi}{\lambda}x\right) \quad (17.9)$$

で表される．ここで，公式

$$\sin\alpha + \sin\beta = 2\cos\left(\frac{\alpha - \beta}{2}\right)\sin\left(\frac{\alpha + \beta}{2}\right) \quad (17.10)$$

を用いて計算すると

$$y(x,t) = 2A\cos\left(\frac{2\pi}{\lambda}x\right)\sin(2\pi ft) \quad (17.11)$$

となる．この波を1/16周期ごとに図示すると，図17.15の波形を得る．波形の変化からわかるように，波は場所によって決まった一定の振幅で振動する定常波になっている．定常波の隣り合う腹と腹または節と節の間隔はもとの進行波の波長の1/2である．

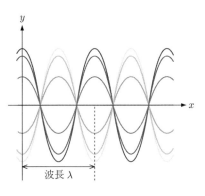

図17.15 互いに反対方向に進む波の重ね合わせによってできる定常波

例題 17.6 波 $y_1 = A\sin(t - x)$，$y_2 = A\sin(t + x)$ に対して，次の問いに答えよ．

(1) 波 y_1，y_2 の振動数 f と波長 λ を求めよ．

(2) 合成波 $y_1 + y_2$ を求めよ．

(3) 合成波の節と節の間隔を求めよ．

解 (1) y_1，y_2 を式 (17.7)，(17.8) と比較すると，$2\pi f = 1$，$\frac{2\pi}{\lambda} = 1$ となる．したがって $f = \frac{1}{2\pi}$，$\lambda = 2\pi$ となる．

(2) $y_1 + y_2 = A\sin(t - x) + A\sin(t + x)$
$$= 2A\cos(-x)\sin t = 2A\cos x\sin t$$

(3) 合成波の節と節の間隔は元の波長の1/2だから π となる．

17.5.4　波の反射

波が媒質の境界面に到達すると，一部は境界面で吸収されたり境界面を透過したりするが，残りは境界面で反射されて反射波になる．媒質が境界面で固定されている場合を固定端，媒質が境界面で自由に動ける場合を自由端という．固定端と自由端で入射波が反射される場合に生じる定常波を考えよう．

固定端に入射波が到達しても固定端における媒質の変位は0となる．これは固定端に入射波の山が到達すると反射波は谷，入射波の

谷が到達すると反射波は山となり，入射波に対して反射波の位相が π ずれることを表す．固定端での反射波を作図により求めるには，まず入射波を固定端の先まで延長し，延長した波の上下を反転させる．次に，反転して得られた波を，固定端を軸として折り返す．折り返しの結果得られた波が固定端での反射波となる (図 17.16 (a)).固定端反射の場合，入射波と反射波が重ね合わされると，固定端を節とする定常波が得られる (図 17.16 (b), (c)).

　自由端では，媒質は入射波の振動方向に自由に動ける．したがって，入射波と同じ変位の波が自由端で反射される．自由端での反射波を作図により求めるには，まず入射波を自由端の先まで延長する．次に，延長により得られた波を，自由端を軸として折り返す．折り返しの結果得られた波が，自由端での反射波となる (図 17.17 (a)).自由端反射の場合，入射波と反射波が重ね合わされると，自由端を腹とする定常波が得られる (図 17.17 (b), (c)).

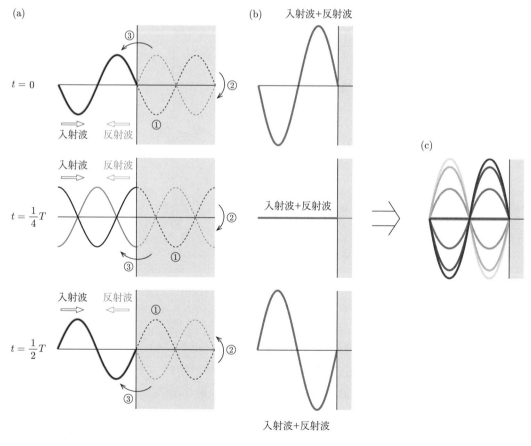

図 17.16　固定端反射により生じる定常波

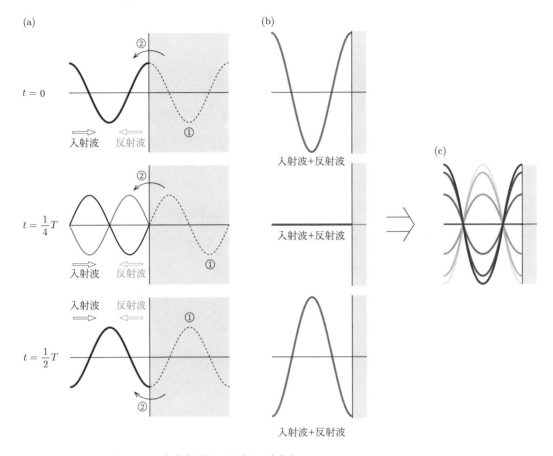

図 17.17 自由端反射により生じる定常波

固定端と自由端で生じる定常波を数学的な表現を用いて考えよう. まず, 固定端が節になることを確かめるために, $x = 0$ の固定端で 入射波が反射されて, 媒質中に定常波が生じたとする. x の正の方 向に進む入射波を

$$y_1(x, t) = A \sin \left(2\pi ft - \frac{2\pi}{\lambda} x \right) \tag{17.12}$$

とする. 波は $x = 0$ の固定端で完全反射されると仮定すると, 位相 を π ずらして進行方向を x の負の方向とした反射波は

$$y_2(x, t) = A \sin \left(2\pi ft + \frac{2\pi}{\lambda} x + \pi \right)$$

$$= -A \sin \left(2\pi ft + \frac{2\pi}{\lambda} x \right) \tag{17.13}$$

となる. また, 波は連続して入射しているとすると, 反射波も連続 して生じる. したがって, 媒質に生じる入射波と反射波の合成波は

$$y(x, t) = y_1(x, t) + y_2(x, t)$$

$$= A\sin\left(2\pi ft - \frac{2\pi}{\lambda}x\right) - A\sin\left(2\pi ft + \frac{2\pi}{\lambda}x\right)$$

$$(17.14)$$

となる．変形すると

$$y(x,t) = -2A\sin\left(\frac{2\pi}{\lambda}x\right)\cos(2\pi ft) \qquad (17.15)$$

が得られ，$x = 0$ の固定端で節になる定常波を表している．

　自由端の場合も，入射波は式 (17.12) を用いる．この場合，$x = 0$ の自由端で反射される反射波は x の負の方向に進む波

$$y_2(x,t) = A\sin\left(2\pi ft + \frac{2\pi}{\lambda}x\right) \qquad (17.16)$$

となるので，入射波と反射波の合成波は

$$y(x,t) = y_1(x,t) + y_2(x,t)$$

$$= A\sin\left(2\pi ft - \frac{2\pi}{\lambda}x\right) + A\sin\left(2\pi ft + \frac{2\pi}{\lambda}x\right)$$

$$(17.17)$$

となる．変形すると

$$y(x,t) = 2A\cos\left(\frac{2\pi}{\lambda}x\right)\sin(2\pi ft) \qquad (17.18)$$

が得られ，$x = 0$ の自由端は定常波の腹になる．

例題 17.7 x の正の方向へ進む入射波 $y_1 = A\sin(3t - 2x)$ が $x = 0$ の固定端で反射されて定常波が生じたとする．次の問いに答えよ．

　(1) 反射波 y_2 の式を求めよ．

　(2) 入射波と反射波の合成波 $y_1 + y_2$ の式を求めよ．

解 (1) 入射波の位相を π ずらすと，$-A\sin(3t - 2x)$ となり，さらに進行方向が x の負の方向であるから，反射波は $y_2 = -A\sin(3t + 2x)$ となる．

　(2) 合成波は

$$y_1 + y_2 = A\sin(3t - 2x) - A\sin(3t + 2x)$$

$$= A\{(\sin 3t\cos 2x - \cos 3t\sin 2x)$$

$$- (\sin 3t\cos 2x + \cos 3t\sin 2x)\}$$

$$= -2A\sin 2x\cos 3t$$

となり，$x = 0$ の固定端を節とする定常波になっている．

例題 17.8 x の正の方向へ進む入射波 $y_1 = A\sin(3t - 2x)$ が $x = 0$ の自由端で反射されて定常波が生じたとする. 次の問いに答えよ.

  (1) 反射波 y_2 の式を求めよ.

  (2) 入射波と反射波の合成波 $y_1 + y_2$ の式を求めよ.

解 (1) 自由端で反射される反射波は入射波と同じ変位であるが, 進行方向が x の負の方向になるので

$$y = A\sin(3t + 2x)$$

となる.

  (2) 合成波は

$$
\begin{aligned}
y_1 + y_2 &= A\sin(3t - 2x) + A\sin(3t + 2x) \\
&= A\{(\sin 3t \cos 2x - \cos 3t \sin 2x) \\
&\qquad + (\sin 3t \cos 2x + \cos 3t \sin 2x)\} \\
&= 2A\cos 2x \sin 3t
\end{aligned}
$$

となり, $x = 0$ の自由端を腹とする定常波になっている.

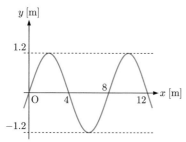

17.1 x 軸の正の向きに進む周期 0.2 s の正弦波がある．この正弦波が図の状態になった瞬間を時刻 $t = 0$ s とすると，正弦波はどのような式で表されるか．

17.2 x 軸上に張られたひもを伝わる波の時刻 t [s] における位置 x [m] の変位 y [m] が

$$y = 2 \sin 2\pi \left(\frac{t}{4} - \frac{x}{2} \right)$$

で表される．

(1) 周期，波長，振幅を求めよ．

(2) 波の振動数と伝わる速さを求めよ．

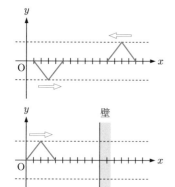

17.3 図のように，2 つの三角波が x 軸の正の向きと負の向きに進んでいる．2 つの三角波は 1 s 間に 1 目盛り進むとして，図の状態から 4 s 後，5 s 後，6 s 後の合成波を描け．

17.4 図のように，三角波が壁に向かって，1 s 間に 1 目盛り進む．

(1) 三角波は壁で自由端反射されるとする．図の状態から，9 s 後に観測される波形を描け．

(2) 三角波は壁で固定端反射されるとする．図の状態から，9 s 後に観測される波形を描け．

17.5 図は x 軸の正の向きに 80 cm/s の速さで進む縦波の変位を横波として表したものである．ただし，媒質の各点が平均の位置から x 軸の正の向きに変位した場合を y 軸の正にしている．また，x 軸上には等間隔に点 $P_1 \sim P_{14}$ をとる．

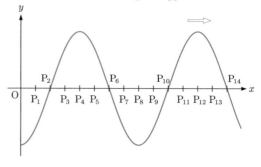

(1) $P_1 \sim P_{14}$ のうち，疎，密の中心となるのはどの点か．

(2) 媒質の速度が 0 の点はどれか．

(3) 媒質の速度が正の向きに最大となるのはどの点か．

(4) P_2, P_{10} の原点からの距離はそれぞれ $4\,\mathrm{cm}$, $20\,\mathrm{cm}$ である．波長，振動数を求めよ．

17.6 媒質中を x 軸の正の向きに進む正弦波がある．図は原点が振動を始めてから $2\,\mathrm{s}$ 後の正弦波の変位を表す．また，この波は $x = 22\,\mathrm{cm}$ の面で自由端反射される．

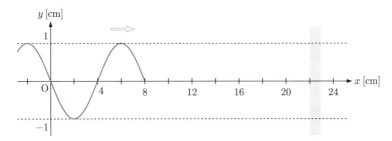

(1) この正弦波が進む速さを求めよ．

(2) 十分時間が経過すると，$0\,\mathrm{cm} \leq x \leq 22\,\mathrm{cm}$ の範囲に定常波ができた．

   (a) $x = 12\,\mathrm{cm}$, $14\,\mathrm{cm}$ における定常波の振幅を求めよ．

   (b) $x = 2\,\mathrm{cm}$ における定常波の変位が $0.3\,\mathrm{cm}$ であるとき，$x = 6\,\mathrm{cm}$, $10\,\mathrm{cm}$ における定常波の変位を求めよ．

17.7 図のように，水面上に $12\,\mathrm{cm}$ 離れた 2 つの波源 P, Q があり，これらの波源は等しい振幅と波長の波を同位相で出している．波の波長を $3\,\mathrm{cm}$ とし，波の減衰は無視できるものとする．

(1) 線分 PQ 上にできる定常波の腹の位置を，P からの距離 x を用いて表せ．

(2) 線分 PQ の延長線で，P, Q の外側ではどのような波ができているか．

18

音波と光波

音波と光波は共に波であり，回折や干渉などの波としての性質を示す．しかし，次の点で異なる．

(1) 音波は媒質の位置の変化や圧力の変化が伝わる縦波であるが，光波は電場と磁場の変化が空間を伝わる横波である．

(2) 伝わる速さが異なる．音波は 0℃ の空気中を 331.5 m/s の速さで進み，光波 (電磁波) は真空中を 299792458 m/s の速さで進む．

(3) 伝わり方が異なる．音波は空気や水などの媒質がないと伝わらないが，光波は真空中でも伝わる．

18.1 音波

楽器には空気を振動させる部分があり，それが振動すると空気に振動が生じて音が伝わる．たとえば，太鼓の皮が振動すると，まわりの空気 (媒質) に，圧縮された部分 (密な部分) と引き伸ばされて膨張した部分 (疎な部分) ができる．圧縮された部分は圧力が高いので膨張しようとし，膨張した部分は圧力が低いので収縮しようとして復元力が働く．このような復元力が振動の方向に働くので，音波は媒質の疎密からなる縦波として伝わる．

音波は気体だけでなく，液体や固体中でも弾性波として伝わる．ただし，固体の場合は，音波は縦波だけではなく，横波としても伝わる．一般に，媒質中を伝わる弾性波のうち，縦波を音波という．人間の可聴域の音波は振動数で 20 Hz～20 kHz くらいに限られる．ここで，20 kHz 以上の領域を超音波領域，20 Hz 以下の領域を超低周波領域という．

超低周波は，地震が起こる際に，地球の一部のような大きな物体がゆっくりと振動するときに発生する．地震の際に，超高層ビルは長周期地震動 (超低周波振動) と共振して，大きく揺れることが判明し，問題になっている．超音波は波長が短いほど直進性がよく，ま

た水中でも吸収や減衰されにくいので魚群探知機などに利用されている.

乾燥している 0℃ の空気中における音速は 331.45 m/s で, 温度が 1℃ 上昇するごとに音速は 0.607 m/s ずつ増加する. したがって, 気温 T [℃] の乾燥した空気中での音速 V は

$$V = 331.45 + 0.607T \ [\text{m/s}] \tag{18.1}$$

となる. 音速は媒質によっても大きく変化する. たとえば, 空気中では 340 m/s 程度であるが, 海水中では 1500 m/s にも達する.

18.1.1　うなり

振動数がわずかに異なる 2 つの波の重ね合わせについて考えよう. これらの波の合成波を観測すると, ある時刻では 2 つの波の山同士が重なって強め合うが, しばらくたつと互いの波の位相がずれて今度は 2 つの波の山と谷が重なって弱め合う. このように時間とともに波の強め合いと打ち消し合いが交互に起こる現象をうなりという.

2 つの音源から出る音波の振動数を f_1, f_2 とし, この 2 つの音波が重ね合わさってうなりが生じたとする. うなりの周期を T_0 とすると, T_0 の間に生じる振動数 f_1 の波の山の数 (振動の数) $f_1 T_0$ と振動数 f_2 の波の山の数 (振動の数) $f_2 T_0$ は 1 つだけ異なるので

$$|f_1 T_0 - f_2 T_0| = 1 \tag{18.2}$$

となる. したがって, うなりの振動数は

$$\frac{1}{T_0} = |f_1 - f_2| \tag{18.3}$$

となる.

うなりを起こす 2 つの波を

$$y_1(x,t) = A \sin\left(2\pi f_1 t - \frac{2\pi}{\lambda_1} x\right),$$
$$y_2(x,t) = A \sin\left(2\pi f_2 t - \frac{2\pi}{\lambda_2} x\right) \tag{18.4}$$

と表す. これら 2 つの波の合成波は公式 (17.10) を用いて

$$y(x,t) = y_1(x,t) + y_2(x,t)$$
$$= 2A \cos\left\{2\pi \frac{f_1 - f_2}{2} t - \pi \left(\frac{1}{\lambda_1} - \frac{1}{\lambda_2}\right) x\right\}$$
$$\times \sin\left\{2\pi \frac{f_1 + f_2}{2} t - \pi \left(\frac{1}{\lambda} + \frac{1}{\lambda_2}\right) x\right\} \tag{18.5}$$

となる. f_1 と f_2 の差はわずかなので

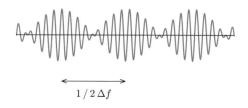

$$1/2\,\Delta f$$

図 18.1 振動数がわずかに異なる 2 つの波によるうなり

$$\Delta f = \frac{f_1 - f_2}{2}, \quad f = \frac{f_1 + f_2}{2} \tag{18.6}$$

とおいて，合成波を表すと

$$y(x,t) = 2A \cos\left\{ 2\pi\Delta ft - \pi\left(\frac{1}{\lambda_1} - \frac{1}{\lambda_2} \right)x \right\}$$

$$\times \sin\left\{ 2\pi ft - \pi\left(\frac{1}{\lambda_1} + \frac{1}{\lambda_2} \right)x \right\} \tag{18.7}$$

となる．$\sin\left\{ 2\pi ft - \pi\left(\dfrac{1}{\lambda_1} + \dfrac{1}{\lambda_2} \right)x \right\}$ は f_1 と f_2 の平均周波数 f の波，$\cos\left\{ 2\pi\Delta ft - \pi\left(\dfrac{1}{\lambda_1} - \dfrac{1}{\lambda_2} \right)x \right\}$ は周波数 Δf のゆっくりとした波を表し，図 18.1 のような波形になる．合成波の腹と腹の時間間隔は $\cos\left\{ 2\pi\Delta ft - \pi\left(\dfrac{1}{\lambda_1} - \dfrac{1}{\lambda_2} \right)x \right\}$ の周期の $\dfrac{1}{2}$，すなわち $\dfrac{1}{2\Delta f}$ となる (図 18.1)．したがって，うなりの振動数は $|f_1 - f_2|$ となる．

例題 18.1 振動数が 395 Hz の音さ A と振動数がわからない音さ B を同時に鳴らしたら，毎秒 2 回のうなりが生じた．また，振動数が 400 Hz の音さ C と音さ B を同時に鳴らしたら，毎秒 3 回のうなりが生じた．音さ B の振動数を求めよ．

解 音さ B の振動数を f とすると

$$|f - 395| = 2, \quad |f - 400| = 3$$

が成り立つ．これから f を求めると 397 Hz となる．

18.1.2　気柱にできる定常波

フルートなどの管楽器は管の中の空気を振動させて音を出している．管楽器の細長い管の内部にある空気のことを気柱という．気柱を伝わる音波は気柱の両端で何度も反射する．管の端に入射する波

と管の端で反射する波は重なり合い，気柱の長さを適当に調節すると，定常波ができて共鳴する．閉口端では振動できないので波は固定端反射して，定常波の節が生じる．一方，開口端では一部は外に出ていくが，残りは自由端反射して，定常波の腹が生じる．

▌閉管の振動▐

図 18.2 に示した閉管の場合には，閉口端を節，開口端を腹とする定常波のみが可能である．管の長さを l，基本振動の波長を λ_1 とすると

$$\frac{\lambda_1}{4} = l \tag{18.8}$$

が得られる．倍振動では，節が 1 つ増すごとに気柱内に存在する波の数は 1/2 増える．したがって，m 倍振動の波長を λ_m とすると，一般的な関係式として

$$m\frac{\lambda_m}{4} = l \quad (m = 1, 3, 5, \ldots) \tag{18.9}$$

が得られる．音速を V とすると，振動数 f_m は次式で定義される．

$$f_m = m\frac{V}{4l} \tag{18.10}$$

▌開管の振動▐

図 18.3 に示した開管の場合には，両端を腹とする定常波のみが可能である．基本振動は中央に 1 つの節をもつので，半波長が管の長さに等しくなり

$$\frac{\lambda_1}{2} = l \tag{18.11}$$

が得られる．m 倍振動では，波の数は $\frac{m}{2}$ となるので，一般的な関係式として

$$m\frac{\lambda_m}{2} = l \quad (m = 1, 2, 3, \ldots) \tag{18.12}$$

が得られる．振動数 f_m は次式で定義される．

$$f_m = m\frac{V}{2l} \tag{18.13}$$

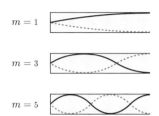

図18.2 閉管の気柱の固有振動 (横波表示)

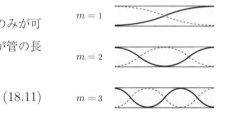

図18.3 開管の気柱の固有振動 (横波表示)

例題 18.2 図のように，長さが l の閉管に開口部が腹，閉口部は節となる定常波ができている．基本振動，3 倍振動，5 倍振動の波長をそれぞれ λ_1，λ_2，λ_3 とし，振動数をそれぞれ f_1，f_2，f_3 とする．また，音速を V とする．次の問いに答えよ．

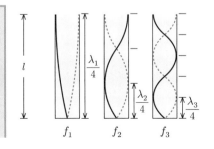

18.1.3 ドップラー効果

救急車が近づいてくるときサイレンの音は高く聞こえ, 遠ざかっていくとき低く聞こえる. この現象をドップラー効果という.

ドップラー効果について考えよう. 図 18.4 のように, 観測者と音源が同一直線上に位置するとし, 音源の音波の振動数を f, 波長を λ, 音速を V とする. 音源は最初 S_1 にあり, そこを速度 u_s で進み, t 秒後に S_2 に到達したとする. この間に音源は ft 個の波を出し, 最初に出た波は左端の A と右端の B に到達したとする. S_2A の間には ft 個の波があるので, この波の波長は

$$\lambda' = \frac{Vt - u_s t}{ft} = \frac{V - u_s}{f} \tag{18.14}$$

となる. $f = V/\lambda$ なので

$$\lambda' = \lambda \frac{V - u_s}{V} \tag{18.15}$$

となる. これから $\lambda' < \lambda$ であり, A での観測者が観測する音波の波長は短くなることがわかる. また, 観測される音波の振動数は

$$f' = \frac{V}{\lambda'} = \frac{V}{V - u_s} f \tag{18.16}$$

となり, $f' > f$ なので音は高く聞こえることになる. 一方, 音源が

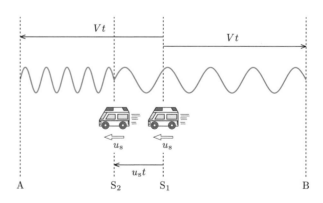

図 18.4 音源が動く場合のドップラー効果

遠ざかる B の場合は，u_s を $-u_s$ にすればよいので

$$\lambda' = \lambda \frac{V + u_s}{V}, \quad f' = \frac{V}{V + u_s} f \tag{18.17}$$

となる．この場合，振動数は $f' < f$ なので，B での観測者には音は低く聞こえる．

例題 18.3　列車が $1000\,\mathrm{Hz}$ の警笛を鳴らしながら $55\,\mathrm{m/s}$ の速さで近づいて，その後通りすぎた．列車のレールのすぐそばで立っている人が聞く警笛の振動数について，次の問いに答えよ．ただし，音速を $330\,\mathrm{m/s}$ とする．

(1) 列車が近づいてくるときの振動数を求めよ．

(2) 列車が遠ざかっていくときの振動数を求めよ．

解　(1) 音源が近づいてくるから振動数は大きくなる．

$$f = 1000 \times \frac{330}{330 - 55} = 1200\,\mathrm{Hz}$$

(2) 音源が遠ざかるので振動数は小さくなる．

$$f = 1000 \times \frac{330}{330 + 55} \cong 857\,\mathrm{Hz}$$

18.2　光波

　荷電粒子が振動などの加速度運動をすると，そのエネルギーが電磁波として放出される．図 18.5 のように，電磁波は振動する電場と

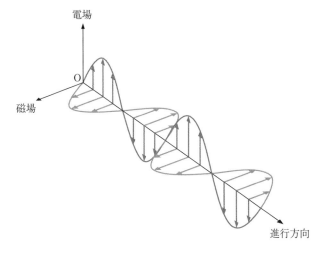

図 18.5　電磁波の電場と磁場

磁場でできている．電場が振動すると，これが振動する変位電流として まわりに磁場を誘起する．この磁場も振動するので，そのまわりには振動する電場が生じる．このように，電磁波は振動する電場と磁場が互いに相手をつくりながら空間を伝わる．また，電場と磁場は進行方向に垂直に振動するので，電磁波は横波であり，電場と磁場の向きは直交している．

電磁波は波長に応じて名称がつけられている．我々が目で見ることができるのは，波長が 400〜800 nm の電磁波であり，この領域の電磁波を可視光という．可視光よりも波長が長い電磁波として，赤外線や電波 (マイクロ波，ラジオ波) などがある．一方，可視光よりも波長が短い電磁波として，紫外線，X 線やガンマ線がある．光波 (光) というと，可視光の他に赤外線や紫外線を含める場合があるが，ここでは可視光のことを光波ということにする．光波は波長の短い方から順に紫 (380〜430 nm)，青 (430〜490 nm)，緑 (490〜550 nm)，黄 (550〜590 nm)，橙 (590〜640 nm)，赤 (640〜810 nm) の色感を我々に与える (図 18.6)．

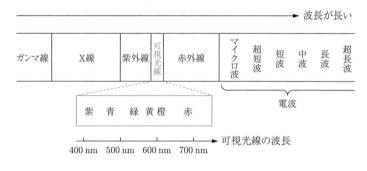

図 18.6 波長による電磁波の分類

18.2.1 光の屈折と反射

図 18.7 のように，媒質 1 の中を進む光が，媒質 1 とは異なる媒質 2 との境界に到達すると，入射光の一部は境界面で反射し，残りは屈折して媒質 2 の中を進んでいく．境界面に立てた法線と入射光のなす角度 θ_1 を**入射角**，法線と反射光のなす角度 θ_3 を**反射角**という．光などの波の反射では，次の**反射の法則**が成り立つ．

入射波および反射波の進行方向と入射点 O に立てた境界面の法線とは同一平面内にあり，$\theta_1 = \theta_3$ となる．

一方，境界面で屈折した光の進行方向と境界面に立てた法線のな

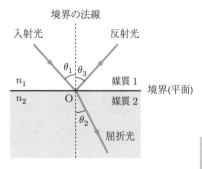

図 18.7 波の反射と屈折

す角度 θ_2 を屈折角という. また, 媒質 1, 媒質 2 の絶対屈折率 (真空に対する屈折率, 表 18.1) をそれぞれ n_1, n_2 とすると, 次の屈折の法則 (スネルの法則) が成り立つ.

入射波および屈折波の進行方向と入射点 O に立てた境界面の法線とは同一平面内にあり, 入射角と屈折角の間には

$$n_1 \sin \theta_1 = n_2 \sin \theta_2 \tag{18.18}$$

が成り立つ.

また, 媒質 1 と 2 での波の速さをそれぞれ v_1, v_2 とすると

$$\frac{\sin \theta_1}{\sin \theta_2} = \frac{v_1}{v_2} \tag{18.19}$$

が成り立つ. これは屈折の法則の別の表現である. たとえば, 真空中での光の速さを c とすると, 絶対屈折率 n の媒質中での光の速さは, 真空中から光が媒質中に入射すると考えると, (18.18), (18.19) の関係から $\dfrac{c}{n}$ となる.

次に, 空気からガラスに向かって進んだ光が境界面で起こす屈折を考えよう. 空気の絶対屈折率を 1.0 (n_1), ガラスの絶対屈折率を 1.5 (n_2), 入射光の入射角を $\theta_1 = 30°$ とすると, 屈折の法則から

$$1.0 \times \sin 30° = 1.5 \times \sin \theta_2 \tag{18.20}$$

が成り立つ. これから, 屈折角を求めると

$$\theta_2 \cong 19° \tag{18.21}$$

となる.

ガラスから空気のように, 屈折率が大きな媒質から小さな媒質に光が進む場合は, 入射角より屈折角が大きくなる (図 18.8). 特に, 屈折角が 90° になり, 屈折光が境界面上を進むときの入射角を臨界角という. 光がガラスに臨界角 θ_c で入射して境界面上を光が進むとき, 屈折の法則から

表 18.1 絶対屈折率 (波長 5.893×10^{-7} m の光に対する値)

媒質	絶対屈折率
空気	1.000292
水	1.333
石英ガラス	1.459
ダイヤモンド	2.420

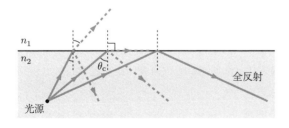

図 18.8 光の全反射

$$1.0 \times \sin 90° = 1.5 \times \sin \theta_c \qquad (18.22)$$

が成り立つ．これから，θ_c を求めると

$$\theta_c \cong 42° \qquad (18.23)$$

となる．入射角が θ_c より大きくなると，**全反射**が起こり，光は境界面ですべて反射される．

　全反射を応用したものとして光ファイバーがある．図 18.9 のように，国際規格の光ファイバーは直径が数 µm から数十 µm のコアと直径が 125 µm のクラッドからなる．コアの屈折率はクラッドの屈折率よりわずかに (数%程度) 大きくなっている．コアとクラッドの境界面へ臨界角以上の角度で光を送ると，境界面で全反射を繰り返し，コア中を光が進む．光通信に用いられるのは単一の波長の光を通すシングルモード型光ファイバーであり，そのコアの直径は数 µm である．また，内視鏡などに用いられるのは複数の波長の光を通す多モード型光ファイバーであり，コアの直径は 50 µm 程度である．

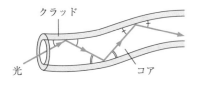

図 18.9　光ファイバー中での光の全反射

例題 18.4　屈折率が $\sqrt{2}$ の媒質から屈折率が 1 の媒質に光が進んだ．このときの臨界角 θ_c を求めよ．

解 屈折の法則から

$$1.0 \times \sin 90° = \sqrt{2} \times \sin \theta_c$$

の関係が得られる．したがって

$$\sin \theta_c = \frac{1}{\sqrt{2}}$$

となり，これから $\theta_c = 45°$ が得られる．

18.2.2　ヤングの干渉実験

　ヤングの干渉実験について考えよう．図 18.10 (a) のように，さまざまな振動数の光をランダムな位相で放出する光源 (電球) の光を，単スリット S_0 に通し，波長と位相がそろった光だけを抽出する．S_0 を通過した光は回折を起こして広がり，2 重スリット S_1，S_2 に到達する．2 重スリットを出た光は再び回折を起こして広がり，干渉を起こして強め合ったり，弱め合ったりして，スクリーンに明暗のしま模様をつくる．

　図 18.10 (b) のように，S_1，S_2 からスクリーン上の点 P までの距

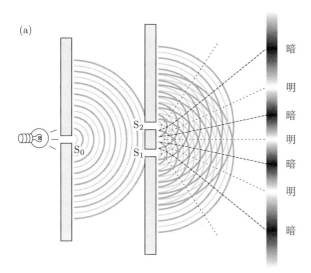

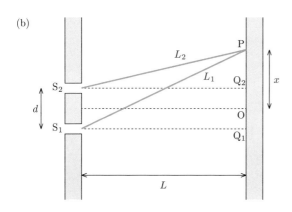

図 18.10 ヤングの干渉実験

離をそれぞれ L_1, L_2, 単色光の波長を λ とすると, 2重スリット
を通過した光の経路差 $|L_1 - L_2|$ が

$$|L_1 - L_2| = m\lambda \tag{18.24}$$

のとき強め合い

$$|L_1 - L_2| = \left(m + \frac{1}{2}\right)\lambda \tag{18.25}$$

のとき弱め合う. ここで m は 0 を含めた正の整数である.

さらに, スリットの間隔を d, 2重スリットからスクリーンまでの
距離を L, スクリーンの中心 O から P までの距離を x, S_1, S_2 から
スクリーンにおろした垂線との交点をそれぞれ Q_1, Q_2 とする. L_1

は，直角三角形 PS_1Q_1 に対して三平方の定理を用いると

$$L_1 = \sqrt{L^2 + \left(x + \frac{d}{2}\right)^2} = L\sqrt{1 + \left(\frac{x + \frac{d}{2}}{L}\right)^2}$$

$$\cong L\left\{1 + \frac{1}{2}\left(\frac{x + \frac{d}{2}}{L}\right)^2\right\} \tag{18.26}$$

となり，L_2 は直角三角形 PS_2Q_2 に対して三平方の定理を用いると

$$L_2 \cong L\left\{1 + \frac{1}{2}\left(\frac{x - \frac{d}{2}}{L}\right)^2\right\} \tag{18.27}$$

となる．ただし，$|\Delta| \ll 1$ のとき

$$\sqrt{1 + \Delta} \cong 1 + \frac{1}{2}\Delta \tag{18.28}$$

と近似できることを用いた (付録 A.4 を参照)．以上のことから，

$$L_1 - L_2 \cong x\frac{d}{L} \tag{18.29}$$

と近似できることがわかる．したがって，明線の位置は

$$x = m\frac{L\lambda}{d} \tag{18.30}$$

で与えられ，暗線の位置は

$$x = \left(m + \frac{1}{2}\right)\frac{L\lambda}{d} \tag{18.31}$$

で与えられる．

例題 18.5 ヤングの干渉実験で，スリットの間隔を $d = 0.30\,\mathrm{mm}$，スリットとスクリーンの距離を $L = 50\,\mathrm{cm}$ とすると，中心から最初の明線までの距離は $1.0\,\mathrm{mm}$ であった．光の波長を求めよ．

解 中心から最初の明線までの距離は，式 (18.30) で $m = 1$ とすると

$$x_1 = \frac{L\lambda}{d}$$

が得られる．これから，波長は

$$\lambda = \frac{dx_1}{L} = \frac{0.30 \times 10^{-3} \times 1.0 \times 10^{-3}}{0.50}$$

$$= 0.60 \times 10^{-6}\,\mathrm{m} = 600\,\mathrm{nm}$$

と求まる．

18.1 長さ 25 cm のメスシリンダーの口から息を吹き込むとき，発生する基本音の振動数を求めよ．ただし，開口端の部分が腹になっているとし，音の速さを 340 m/s とする．

18.2 速さ 26.0 m/s で走る自動車が 800 Hz の警笛を鳴らした．この自動車とは反対向きに 16.0 m/s で進む自動車の運転手は，すれ違う前と後でどのような振動数の音を聞くか．ただし，音の速さを 340 m/s とする．

18.3 図のように，振動数 684 Hz の音源 S が 2 m/s の速さで反射壁 R に近づいている．このとき，S の後方に静止している観測者 O にうなりが聞こえた．音速を 340 m/s として次の問いに答えよ．

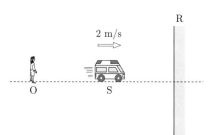

(1) S から直接 O に届く音波の振動数 f_1 を求めよ．

(2) R で反射して O に届く音波の振動数 f_2 を求めよ．

(3) O が聞くうなりの振動数 Δf を求めよ．

18.4 絶対屈折率 1.5 のガラス中での光の速さはいくらか．ただし，真空中での光の速さを 3.0×10^8 m/s とする．

18.5 図のように，絶対屈折率 n の液体中の深さ h の点 P にある物体を，絶対屈折率が 1 の媒質 (空気) の真上から見ると，深さ h' の点 P' に浮き上がっているように見える．これは P から出た光線が屈折によって，P' から出たように見えるからである．境界面にほぼ垂直に進む 2 つの光線を PBE，PB'E' として，これらの光線がそれぞれ目のひとみ E，E' にはいるとする．

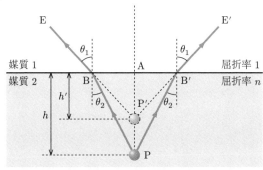

(1) θ_1, θ_2 が十分小さいとき，次の近似式が成立することを示せ．

$$n \cong \frac{h}{h'}$$

(2) $n = 1.3$，$h = 2.6\,\mathrm{m}$ のとき，見える深さ h' を求めよ．

18.6 ある銀河のスペクトルを調べたら，本来，波長 $\lambda = 3.934 \times 10^{-7}\,\mathrm{m}$ にある輝線スペクトルが $2.88 \times 10^{-10}\,\mathrm{m}$ だけ長波長の方に偏移していた．この観測から，銀河はいくらの速さで地球に近づいているか，あるいは，地球から遠ざかっているか．ただし，光の速さを $3.00 \times 10^8\,\mathrm{m/s}$ とする．

18.7 水の絶対屈折率を 1.33，空気の絶対屈折率を 1.00，空気中での光速を $3.00 \times 10^8\,\mathrm{m/s}$ として，次の問いに答えよ．

(1) 水中での光の速さを求めよ．

(2) 水中から空気中に光が出るときの臨界角を求めよ．

18.8 図のように，波長 λ の光が，空気中から厚さが d で絶対屈折率 n の薄膜の膜面に垂直に入射する．入射した光の一部は薄膜の表面 S_1 で反射し，一部が裏面 S_2 で反射する．ただし，S_1 では光の位相が π ずれて反射され，S_2 では位相のずれはない．空気の絶対屈折率を 1.0 として次の問いに答えよ．

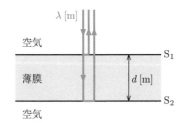

(1) 薄膜の中での光の波長を求めよ．ただし，光の振動数は空気中と薄膜中とで同じである．

(2) S_1 から入射した光が S_2 で反射されて再び S_1 に到達するまでの時間を求めよ．

(3) S_1 と S_2 で反射した光が強め合う条件と弱め合う条件を求めよ．

(4) $n = 1.5$，$\lambda = 6.6 \times 10^{-7}\,\mathrm{m}$ のとき，S_1 と S_2 で反射した光が強め合うための最小の薄膜の厚さを求めよ．

19

原子物理学

19世紀の終わり, 力学, 電磁気学, 光学などに基づいた物理学 (古典物理学) はほぼ完成していると考えられていた. また, 電磁気学により, 光や電波は電場と磁場の振動が空間を伝わる電磁波と呼ばれる波動の一種であることもわかっていた. しかし, 原子や分子を対象としたミクロな世界を探っていくと, これまでの古典物理学では説明ができない現象がいくつも観測された. その中で最も有名なものとして, 黒体放射と光電効果を挙げることができる. これらの現象は電磁波を量子化して離散的なもの (粒子性) として捉え直すことで説明できることがわかった. 一方, 粒子とされていた電子が波動性を示すというド・ブロイの仮説が提唱された後, 電子が回折を起こすことが実験により確かめられ, 電子が波動として振る舞うことも示された. このようにして, 電磁波や電子は粒子性と波動性の両方を合わせもつことがわかり, これを2重性と呼んだ. この2重性の概念は量子力学の誕生と発展に大きく貢献した.

19.1 光電効果

光は電磁場の振動が空間を伝わる波動であり, 回折や干渉といった波動に固有な現象を示す. このような光の波動性は (18.2.2項) で述べたヤングの干渉実験によって検証することができる. すでに述べたように, 光は2重性を示し, 粒子としても振る舞う. 光が粒子性をもつ証拠を与える実験として, 光電効果の実験がある.

図19.1 (a) のように, 亜鉛板を置いた箔検電器を負に帯電させて, 箔を開いた状態にしておく. 次に, 亜鉛板に紫外線などの光を照射すると, 亜鉛板から電子が飛び出し箔は閉じる (図19.1 (b)). このように, 光によって金属などの物質から電子が飛び出す現象を光電効果, 飛び出した電子を光電子という. 光電効果は次のようにして発見された.

金属の表面に光を照射すると荷電粒子が飛び出す現象は1887年

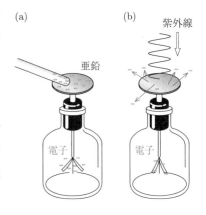

図19.1 光電効果

にヘルツによって発見された. その後, レーナルトは荷電粒子の比電荷 (荷電粒子の電荷と質量の比) を測定し, それが電子であることを確認した (1900 年). さらに, アインシュタインは 1905 年に光電効果に関する次のような光量子仮説を提唱した. 振動数 f の光をエネルギー hf を持つ光子と呼ばれる粒子の流れと考える. ここで, h はプランク定数である. この光を金属に照射すると, 金属内の電子は電子 1 つにつき 1 つの光子を吸収し, 光子が持っていたエネルギーを獲得する. 電子の獲得したエネルギー (hf) が, 電子が金属の内部に束縛された状態から外部に放出するために必要なエネルギーよりも大きい場合, 電子は光電子として金属から飛び出してくる.

アインシュタインの光量子仮説は 1916 年にミリカンによる実験で検証された. ミリカンの実験結果を要約すると次のようになる.

(1) 照射する光の振動数 f が金属に固有な値 f_0 より小さいとき, どんなに強い光を照射しても光電子は飛び出さない.

(2) 照射する光の振動数 f が f_0 より大きいとき, どんなに弱い光でもただちに光電子が飛び出す. 飛び出した光電子は様々な大きさの運動エネルギーをもち, その中で最も大きな運動エネルギーは f と f_0 の差に比例する.

(3) 照射する光を強くすると, 光の強度に比例した数の光電子が飛び出す.

これらの特徴は光を波動とする古典物理学では理解することはできない. たとえば, 光を波動とすると, 光のエネルギーは強度 (光波の振幅と関係) に比例するので, 金属に照射する光の強度を強くすると, 飛び出す光電子の運動エネルギーは大きくなる. 反対に光の強度を弱くすると, 光電子の運動エネルギーは小さくなり, さらに弱くすると光電子は飛び出さなくなる. これは振動数とは無関係に起こるので, 上の実験結果を光の波動性によって説明することはできない.

次に, 光量子仮説に基づいて, 金属内部の電子のエネルギーと関連づけながら考えてみよう. 図 19.2 (a) のように, 金属内部の電子は, 金属原子の原子核との引力によって束縛された状態で, 様々なエネルギーをもっている. 特に, 電子の中で最も大きなエネルギー E_f (フェルミエネルギー) [注1] をもつ電子が, 光子を吸収して金属の外に飛び出すときに, 電子は束縛エネルギー W よりも大きいエネルギーを得る必要がある. W は仕事関数といわれ, プランク定数と

注1 絶対零度 (0 K) において, 電子によって占められた準位のうちで最高の準位のエネルギーをフェルミエネルギーという. また, 0 K 以上の温度では, 電子はフェルミ・ディラック分布則に従ってフェルミ準位以上の準位にも熱励起されるが, ここではそれを無視する.

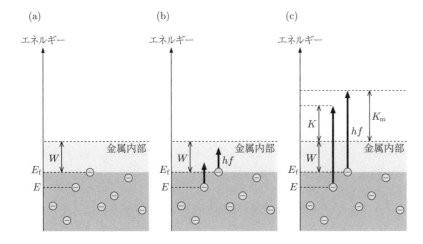

図 19.2 金属内部の電子と光の相互作用

限界振動数 f_0 を用いると，次のように表すことができる．

$$W = hf_0 \tag{19.1}$$

まず，照射する光の振動数 f が f_0 より小さいとする．この場合，図 19.2 (b) のように，電子は光子を吸収して hf のエネルギーを得たとしても，金属の外に飛び出すために必要なエネルギーを得ることができない．したがって，どんなに強い光を照射しても光電効果は起こらない．一方，照射する光の振動数が f_0 より大きいとすると，図 19.2 (c) のように，エネルギー E $(E < E_\mathrm{f})$ の電子がエネルギー hf の光子を吸収して，金属から飛び出す．光電子の運動エネルギーを K，仕事関数を $W = hf_0$ とすると，エネルギー保存則から，hf は次のように表される．

$$hf = E_\mathrm{f} - E + hf_0 + K \tag{19.2}$$

したがって，光電子の運動エネルギーは

$$K = h(f - f_0) + E - E_\mathrm{f} \tag{19.3}$$

となる．

光電子の運動エネルギーが最大となるのは最高準位 (E_f) の電子が光を吸収したときである．運動エネルギーの最大値を K_m とすると，最高準位の電子に対して，式 (19.3) は

$$K_\mathrm{m} = h(f - f_0) \tag{19.4}$$

となる．この式は光電子の運動エネルギーの最大値が $(f - f_0)$ に比例し，比例定数が h であること示している．また，$f > f_0$ であれ

ば，強度に関係なく光電子が生じることも明らかである．

　以上のように，光量子仮説により光電効果が説明できたことから，いままで波動と考えられてきた光は粒子性も示すことが明らかになった．波動性と粒子性とを合わせもつ性質は2重性と呼ばれる．光の2重性から端を発し，電子などのミクロな粒子も2重性を示すことが明らかとなり，これらは量子力学の誕生へとつながっていく．

19.2　2重スリットの実験

　電子などの粒子に付随する波動性を明確に示したのは2重スリットの実験である．図19.3のように，これはヤングの干渉実験の光を電子で置き換えたものである．電子源から出た電子は2重スリットを通過し，スクリーンに到達し白点として記録される．当初は，複数の電子からなる電子ビームに対して干渉実験が行われ，図19.3に示す干渉縞が観測されたが，この実験では干渉縞が複数の電子によって生じたということを否定できていなかった．そのため，電子源から出た1つの電子がスクリーンに到達した後，次の1つの電子を検出するような，1つの電子に対する実験が必要となった．

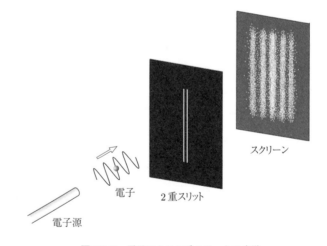

図19.3　電子による2重スリットの実験

図19.4　2重スリットの実験から得られた干渉縞 (P. G. Merli et al., *On the statistical aspect of electron interference phenomena*, Am. J. Phys. **44**(3):306-307(1976) Fig.1)

　1つの電子に対する実験は1974年になってから行われた．その結果，図19.4のような干渉縞が観測された．この実験によって，1つの電子であっても波動性を示すことが明らかとなった．すなわち，1つの電子による電子波が分波して2つのスリットを通過し，その後分波した電子波は重なり合って強め合ったり，弱め合ったりしてス

クリーン上に干渉縞を形成するということである.

　以上のようにして，粒子と考えられてきた電子は波動性を示すということが明確に示された.

19.3　ド・ブロイ波 ─────────────●

　波動と考えられていた光やX線 (0.01〜数百Åの電磁波) が光電効果やコンプトン効果[注2]を起こすことから，これらの電磁波が粒子性を示すことがわかった．1924年，ド・ブロイは波動とされていた光やX線が粒子性を示すのであれば，運動する電子も粒子として振る舞うだけではなく，波動性を示すと考えた．さらに，陽子や中性子などの一般の粒子に対しても，その考えを適用できるとし，次の仮説を提唱した．速さ v で運動する質量 m の粒子 (運動量 p) には波動性が付随し，その波長は次式で与えられる.

$$\lambda = \frac{h}{p} = \frac{h}{mv} \tag{19.5}$$

この運動する粒子に付随する波をド・ブロイ波または**物質波**と呼んだ．この仮説の妥当性は1927年にデヴィッソンとガーマーによって行われた電子回折の実験や19.2節で述べた2重スリットの実験で検証された.

　ド・ブロイ波の波長 (ド・ブロイ波長) は運動量に反比例しているので，運動量が大きくなるほど波長は短くなる．また，プランク定数は極めて小さな数なので，ボールや自動車などのマクロな物体が運動していても，それに付随するド・ブロイ波長は極めて短くなる．たとえば，1000 kg の自動車が 100 km/h の速さで走行していたとしても，ド・ブロイ波長は 10^{-38} m のオーダーである．波はその波長と同程度のサイズの物体と相互作用するとき，波動性を顕著に示すので，自動車から波動性を検出することは不可能である.

　一方，電子などのように質量が非常に小さな粒子に対しては波長が長くなる．たとえば，100 V の電圧で加速された電子のド・ブロイ波長は約 1 Å $(10^{-10}$ m$)$ である．このような電子をオングストロームオーダーの間隔で原子やイオンが配列した結晶に照射すると，電子は回折などの波動に固有な現象を示すことになる.

例題 **19.1** 電圧 V で加速された電子のド・ブロイ波長を求めよ. ただし, 電子の質量を m, 電荷の大きさを e とする. また, プランク定数を h とする.

解 電場が電子にする仕事 eV が電子の運動エネルギーになる. 加速された電子の速さを v とすると次の関係が成り立つ.

$$eV = \frac{1}{2}mv^2 = \frac{1}{2m}p^2, \quad p = mv$$

したがって, 電子の波長は

$$\lambda = \frac{h}{p} = \frac{h}{\sqrt{2meV}}$$

となる.

例題 **19.2** 電子を $100\,\mathrm{V}$ の電圧で加速した. 電子のド・ブロイ波長を求めよ. ただし, 電子の質量を $9.1 \times 10^{-31}\,\mathrm{kg}$, 電気素量を $1.6 \times 10^{-19}\,\mathrm{C}$, プランク定数を $6.6 \times 10^{-34}\,\mathrm{J \cdot s}$ とする.

解

$$\lambda = \frac{h}{\sqrt{2meV}} = \frac{6.6 \times 10^{-34}}{\sqrt{2 \times 9.1 \times 10^{-31} \times 1.6 \times 10^{-19} \times 100}}$$

$$\cong 1.2 \times 10^{-10}\,\mathrm{m}$$

19.4 シュレディンガー方程式

ド・ブロイの仮説は運動する粒子が粒子として振る舞うだけでなく, 波動性も示すということを述べている. しかし, ド・ブロイ波長の式 (19.5) は波長を与えているだけで, 具体的な波動の形を与えていない. 1926 年, シュレディンガーはド・ブロイ波に具体的な意味を与えるシュレディンガー方程式を提唱した. この方程式は, マクロな世界の波動を記述する波動方程式をミクロな電子系に拡張したものであり, 波動力学という量子力学の体系を構築した.

電子を 1 つしかもたない水素原子に対するシュレディンガー方程式を以下に示す. 図 19.5 のように, 水素原子の原子核 (陽子) を原

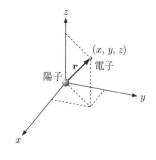

図 19.5 水素原子

点にとり，電子の位置を

$$\boldsymbol{r} = (x, y, z) \tag{19.6}$$

で表すと，電子の位置エネルギーは，$r = \sqrt{x^2 + y^2 + z^2}$ を用いて

$$V(r) = -\frac{1}{4\pi\varepsilon_0}\frac{e^2}{r} \tag{19.7}$$

で表される．これから，水素原子の電子のシュレディンガー方程式は

$$-\frac{h^2}{8\pi^2 m}\left(\frac{\partial^2\varphi}{\partial x^2} + \frac{\partial^2\varphi}{\partial y^2} + \frac{\partial^2\varphi}{\partial z^2}\right) + V(r)\varphi(\boldsymbol{r}) = E\varphi(\boldsymbol{r}) \tag{19.8}$$

で与えられる．ここで，m は電子の質量，E は電子の全エネルギーである．また，$\varphi(\boldsymbol{r})$ は波動関数であり，それがもつ物理的意味は，位置 $\boldsymbol{r}$ に電子を見出す確率が $|\varphi(\boldsymbol{r})|^2$ に比例するということである．実験との比較により，この波動関数の確率的な解釈は正しいことが確かめられている．

19.5 原子の電子配列

19.5.1 水素原子

水素原子の電子に対してシュレディンガー方程式を解くと，3つの量子数 n, l, m で指定される波動関数 φ_{nlm} の他に，電子のエネルギーが得られる．n は主量子数と呼ばれ，その値として許されるのは自然数 $(1, 2, 3, \ldots)$ である．電子のエネルギーは主量子数 n で決まり，n に対するエネルギーを E_n とすると

$$E_n = -\frac{me^4}{8\varepsilon_0 h^2}\frac{1}{n^2} \tag{19.9}$$

となる．$E_n < 0$ であるが，これは電子と陽子が別々に存在するより，共存して水素原子を形成する方がエネルギー的に安定であることを示している．$n = 1$ の状態は最もエネルギーが低い基底状態であり，そのエネルギーをエレクトロンボルト〔eV〕という単位で表すと

$$E_1 = -\frac{me^4}{8\varepsilon_0 h^2}\frac{1}{1^2} \cong -13.60\,\mathrm{eV} \tag{19.10}$$

となる．ここで，1 eV は 1 V の電圧で電気素量 $e = 1.602 \times 10^{-19}\,\mathrm{C}$ の荷電粒子が加速されるときに得る運動エネルギーである（1 eV $= 1.602 \times 10^{-19}\,\mathrm{J}$）．式 (19.9) から n の値が大きくなるとエネルギーは増加し，$n = \infty$ で 0 となることがわかる（図 19.6）．

波動関数は主量子数だけではなく方位量子数 l，磁気量子数 m にも依存する．波動関数を指定する 3 つの量子数のうち，l と m につ

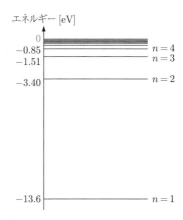

図 19.6 水素原子のエネルギー準位

いては, それらがとる値に制限がある. たとえば, 主量子数が n の
とき, l は $0, 1, \ldots, n-1$ の n 通りの値しかとれない. 同様に, 方位
量子数が l のとき, m は $0, \pm 1, \pm 2, \ldots, \pm l$ の $2l+1$ 通りの値しか
とれない.

波動関数のことを軌道ともいい, 同じ主量子数の値をもつ軌道を
ひとまとめにして殻と呼ぶ. $n = 1, 2, 3, \ldots$ の殻に対して, それぞれ
れ K 殻, L 殻, M 殻, $\ldots$ が用いられ, $l = 0, 1, 2, 3, \ldots$ の軌道に対し
てそれぞれ s, p, d, f, $\ldots$ という軌道記号が用いられる. また, 軌道
が属する殻を明示するために, 軌道記号の前に主量子数の値 n を付
けて, $n\mathrm{s}, n\mathrm{p}, n\mathrm{d}, n\mathrm{f}, \ldots$ と表す. なお, $n\mathrm{s}, n\mathrm{p}, n\mathrm{d}, n\mathrm{f}, \ldots$ のことを
副殻という.

図 19.7 のように, $n = 1$ の K 殻には 1 つの 1s 軌道 $(m = 0)$ だ
けが存在する. $n = 2$ の L 殻には 1 つの 2s 軌道 $(m = 0)$ と 3 つの
2p 軌道 $(m = -1, 0, 1)$ が存在するが, これら 4 つの軌道のエネル
ギーは同じで, これを縮退しているという. また, $n = 3$ の M 殻に
は 1 つの 3s 軌道 $(m = 0)$, 3 つの 3p 軌道 $(m = -1, 0, 1)$ と 5 つ
の 3d 軌道 $(m = -2, -1, 0, 1, 2)$ が存在するが, L 殻の場合と同様
にこれら 9 つの軌道は縮退している.

水素原子の電子の軌道は量子数 n, l, m で指定されることがわ
かったが, 電子にはさらにスピンと呼ばれる内部自由度が存在する.
電子は 2 つのスピン状態をとることがわかっており, それに応じて
スピン量子数 m_s は $\pm \dfrac{1}{2}$ の 2 つの値をとる. $m_\mathrm{s} = \dfrac{1}{2}$ の状態を上
向きスピン, $m_\mathrm{s} = -\dfrac{1}{2}$ の状態を下向きスピンということがある.

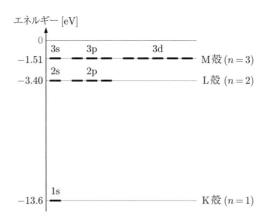

図 19.7 水素原子の軌道とエネルギー準位

以上のように，水素原子の電子が占有する状態は 4 つの量子数 n, l, m, m_s で指定される．また，電子のエネルギーは主量子数 n によって決まり，量子数 l, m, m_s には依存しない．

例題 19.3　水素原子に対して基底状態の電子のエネルギーを eV 単位で求めよ．ただし，電子の質量を $m = 9.109 \times 10^{-31}\,\mathrm{kg}$，電気素量を $e = 1.602 \times 10^{-19}\,\mathrm{C}$，プランク定数を $h = 6.626 \times 10^{-34}\,\mathrm{J \cdot s}$，真空の誘電率を $\varepsilon_0 = 8.854 \times 10^{-12}\,\mathrm{C/N \cdot m^2}$ とする．ただし，$1\,\mathrm{eV} = 1.602 \times 10^{-19}\,\mathrm{J}$ である．

解
$$E_1 = -\frac{me^4}{8\varepsilon_0{}^2 h^2} \frac{1}{1^2}$$
$$= \frac{9.109 \times 10^{-31} \times (1.602 \times 10^{-19})^4}{8 \times (8.854 \times 10^{-12})^2 \times (6.626 \times 10^{-34})^2}$$
$$= 21.7895\cdots \times 10^{-19}\,\mathrm{J} \cong 13.60\,\mathrm{eV}$$

例題 19.4　M 殻 $(n = 3)$ に対して，可能な l, m の値をすべて求めよ．

解　$n = 3$ に対して，l がとることができるのは $0, 1, 2$ である．$l = 0$ に対して，$m = 0$ が可能，$l = 1$ に対して，$m = -1, 0, 1$ が可能となる．また，$l = 2$ に対して，$m = -2, -1, 0, 1, 2$ が可能となる．

19.5.2　多電子原子

軌道電子を 1 つしかもたない水素原子に対して，シュレディンガー方程式は厳密解を与える．一方，多電子原子については，位置エネルギーに電子間の反発項が含まれるため，厳密解を求めることはできなくなるが，高精度な近似解が得られており，次のことがわかっている．

多電子原子の電子の状態も 4 つの量子数 n, l, m, m_s で指定される．水素原子の場合には，同じ殻に属する軌道のエネルギーは縮退していたが，多電子原子では，n が同じであっても l の値に応じて軌道エネルギーは変化する．これは原子核に近い軌道に存在する電

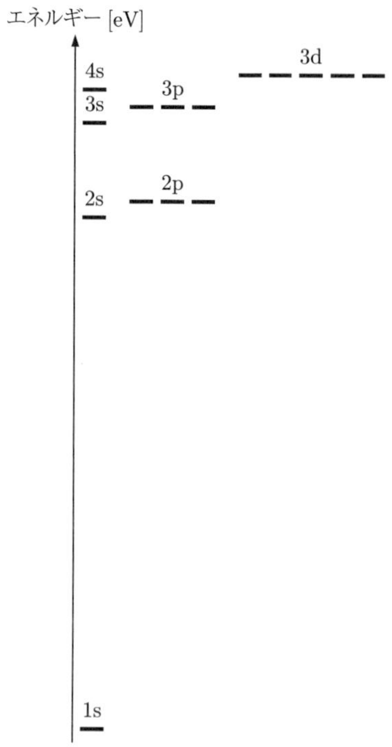

子は，外側の軌道の電子に対して核の正電荷を遮蔽する効果があり，そのため外側の軌道のエネルギーが高くなるためであると考えられている．ただし，水素原子と同様に，軌道エネルギーは，m, m_s の値に依存しない．

図 19.8 のように，s 軌道の電子は p 軌道の電子よりも内側に存在する確率が高いので，主量子数が同じなら p 軌道は s 軌道よりエネルギーが高くなる．同様な理由で，主量子数が同じ場合，d 軌道は p 軌道よりエネルギーが高くなる．以上のことから，多電子原子の軌道エネルギーは $E_{1s} < E_{2s} < E_{2p} < E_{3s} < E_{3p} < E_{4s} < E_{3d}$ となることがわかっている．

電子は 2 つのスピン状態をとるので，s 軌道には 2 つの状態，p 軌道には 6 つの状態，d 軌道には 10 の状態が存在する．これらの状態に電子を配置させるには，「スピンまで含めた量子状態を占有できる電子は 1 つに限られる」というパウリの原理に従わなければならない．したがって，基底状態の電子配置はパウリの原理に従ってエネルギーの低い軌道から電子を占有させれば得られる．図 19.9 に，基底状態の電子配置を示す．

水素原子では，1 つの電子が 1s 軌道を占有する．この電子配置を $1s^1$ と表す．He では，スピンが異なる 2 つの電子が 1s 軌道を占有し，電子配置は $1s^2$ となる．Li では，2 つの電子が 1s 軌道を占有し，1 つの電子が 2s 軌道を占有するので，$1s^2 2s^1$ となる．Be では 1s，2s 軌道をそれぞれ 2 つの電子が占有するので，$1s^2 2s^2$ となる．B では，4 つの電子で 1s，2s 軌道が満たされ，1 つの電子が 2p 軌道を占有するので，$1s^2 2s^2 2p^1$ となる．C では，4 つの電子で 1s，2s 軌道が満たされ，2 つの電子が 2p 軌道を占有するので，$1s^2 2s^2 2p^2$ となり，原子番号 10 の Ne では，2p 軌道は 6 つの電子で満たされ，

図 19.8 多電子原子の軌道とエネルギー準位

1 H $1s^1$							2 He $1s^2$
3 Li $1s^2 2s^1$	4 Be $1s^2 2s^2$	5 B $1s^2 2s^2 2p^1$	6 C $1s^2 2s^2 2p^2$	7 N $1s^2 2s^2 2p^3$	8 O $1s^2 2s^2 2p^4$	9 F $1s^2 2s^2 2p^5$	10 Ne $1s^2 2s^2 2p^6$
11 Na $1s^2 2s^2 2p^6 3s^1$	12 Mg $1s^2 2s^2 2p^6 3s^2$	13 Al $1s^2 2s^2 2p^6 3s^2 3p^1$	14 Si $1s^2 2s^2 2p^6 3s^2 3p^2$	15 P $1s^2 2s^2 2p^6 3s^2 3p^3$	16 S $1s^2 2s^2 2p^6 3s^2 3p^4$	17 Cl $1s^2 2s^2 2p^6 3s^2 3p^5$	18 Ar $1s^2 2s^2 2p^6 3s^2 3p^6$

図 19.9 基底状態の原子の電子配置

$1s^2 2s^2 2p^6$ となる．また，原子番号 18 の Ar では，3p 軌道まで電子で満たされ，$1s^2 2s^2 2p^6 3s^2 3p^6$ となる．

原子を原子番号順に並べると，化学的な性質が規則的に変化し，性質が類似した原子が周期的に現れる．このように，原子の性質が周期性を示すことを原子の周期律という．周期律は最も外側の殻を占有する価電子と密接に関係している．

価電子は最外殻にあり原子核からの束縛が弱いため，自由電子になったり，他の原子と化学反応を起こしたりするので，原子の性質を決定する．図 19.9 では，原子を周期表に従って並べているが，縦列の原子は価電子の数が同じであり，類似した性質を示す．H，Li，Na は最外殻を占有する 1 つの価電子を放出して，1 価の陽イオンになりやすい．一方，最外殻に 7 つの価電子をもつ F，Cl は，外部から 1 つの電子を取り込んで，最外殻が 8 つの電子で満たされた 1 価の陰イオンになりやすい．C や Si はその 4 つの価電子とまわりの原子から出された 4 つの電子を合わせた 8 つの電子を共有して，共有結合という安定な結合を形成する．また，He は K 殻が 2 つの電子で満たされ，Ne，Ar は最外殻の電子数が 8 となっている．一般に，原子は最外殻が電子で満たされるか最外殻の電子数が 8 になると安定化するので，He，Ne，Ar は他の原子と結合して化合物をつくらない．

A

付録

A.1 ベクトルの内積と外積 ●

　力や速度などは大きさと向きの両方を合わせもつ物理量であり，ベクトルで表される．ベクトルは矢印で示され，矢印の長さが物理量の大きさ，矢印の向きが物理量の向きとなる．

A.1.1 ベクトルの内積

　2つのベクトル $\boldsymbol{A} = (A_x, A_y, A_z)$, $\boldsymbol{B} = (B_x, B_y, B_z)$ に対して

$$\boldsymbol{A} \cdot \boldsymbol{B} = A_x B_x + A_y B_y + A_z B_z \tag{A1.1}$$

を $\boldsymbol{A}$ と $\boldsymbol{B}$ の内積という．図 A.1 のように，$\boldsymbol{A}$ を x 軸上のベクトル，$\boldsymbol{B}$ を $\boldsymbol{A}$ と角度 θ をなす xy 面上のベクトルとすると

$$\boldsymbol{A} = (A, 0, 0), \quad \boldsymbol{B} = (B\cos\theta, B\sin\theta, 0) \tag{A1.2}$$

と表せるので，内積は

$$\boldsymbol{A} \cdot \boldsymbol{B} = AB\cos\theta \tag{A1.3}$$

となる．ここで，A と B はそれぞれ $\boldsymbol{A}$ と $\boldsymbol{B}$ の大きさである．特に，$\boldsymbol{A}$ と $\boldsymbol{B}$ が直交しているとき，$\boldsymbol{A} \cdot \boldsymbol{B} = 0$ となる．

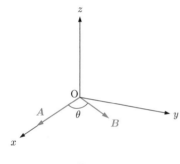

図 A.1

A.1.2 ベクトルの外積

　2つのベクトル $\boldsymbol{A}$ と $\boldsymbol{B}$ の両方に垂直で，$\boldsymbol{A}$ から $\boldsymbol{B}$ に向かって右ねじをまわしたとき，ねじの進む方向と同じ向きをもつベクトル $\boldsymbol{C}$ をつくることができる．これをベクトル $\boldsymbol{A}$ と $\boldsymbol{B}$ の外積といい

$$\boldsymbol{C} = \boldsymbol{A} \times \boldsymbol{B} \tag{A1.4}$$

で表す (図 A.2)．$\boldsymbol{C}$ の大きさ C は，$\boldsymbol{A}$, $\boldsymbol{B}$ の大きさをそれぞれ A, B, $\boldsymbol{A}$ と $\boldsymbol{B}$ の間の角度を θ としたとき

$$C = AB\sin\theta \tag{A1.5}$$

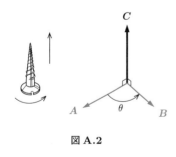

図 A.2

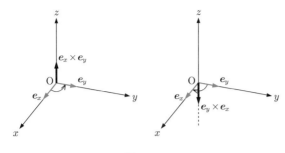

図 A.3

となるとする.

x, y, z 方向の単位ベクトルをそれぞれ $\boldsymbol{e}_x$, $\boldsymbol{e}_y$, $\boldsymbol{e}_z$ とすると, これらのベクトル間の外積は次のようになる (図 A.3).

$$
\begin{cases}
\boldsymbol{e}_x \times \boldsymbol{e}_y = \boldsymbol{e}_z, \quad \boldsymbol{e}_y \times \boldsymbol{e}_z = \boldsymbol{e}_x, \quad \boldsymbol{e}_z \times \boldsymbol{e}_x = \boldsymbol{e}_y \\
\boldsymbol{e}_y \times \boldsymbol{e}_x = -\boldsymbol{e}_z, \quad \boldsymbol{e}_z \times \boldsymbol{e}_y = -\boldsymbol{e}_x, \quad \boldsymbol{e}_x \times \boldsymbol{e}_z = -\boldsymbol{e}_y \\
\boldsymbol{e}_x \times \boldsymbol{e}_x = \boldsymbol{0}, \quad \boldsymbol{e}_y \times \boldsymbol{e}_y = \boldsymbol{0}, \quad \boldsymbol{e}_z \times \boldsymbol{e}_z = \boldsymbol{0}
\end{cases}
\tag{A1.6}
$$

$\boldsymbol{A}$ と $\boldsymbol{B}$ を

$$
\boldsymbol{A} = A_x \boldsymbol{e}_x + A_y \boldsymbol{e}_y + A_z \boldsymbol{e}_z, \quad \boldsymbol{B} = B_x \boldsymbol{e}_x + B_y \boldsymbol{e}_y + B_z \boldsymbol{e}_z \tag{A1.7}
$$

と表し, 式 (A1.6) を用いて, $\boldsymbol{A}$ と $\boldsymbol{B}$ の外積を求めると

$$
\begin{aligned}
\boldsymbol{A} \times \boldsymbol{B} &= (A_x \boldsymbol{e}_x + A_y \boldsymbol{e}_y + A_z \boldsymbol{e}_z) \times (B_x \boldsymbol{e}_x + B_y \boldsymbol{e}_y + B_z \boldsymbol{e}_z) \\
&= (A_y B_z - A_z B_y) \boldsymbol{e}_x + (A_z B_x - A_x B_z) \boldsymbol{e}_y \\
&\quad + (A_x B_y - A_y B_x) \boldsymbol{e}_z
\end{aligned}
\tag{A1.8}
$$

となる. また, 外積は行列式を使って形式的に次のように表すことができる.

$$
\boldsymbol{A} \times \boldsymbol{B} = \begin{vmatrix} \boldsymbol{e}_x & \boldsymbol{e}_y & \boldsymbol{e}_z \\ A_x & A_y & A_z \\ B_x & B_y & B_z \end{vmatrix}
\tag{A1.9}
$$

内積を求めたときと同様に, $\boldsymbol{A}$ を x 軸上のベクトル, $\boldsymbol{B}$ を $\boldsymbol{A}$ と角度 θ をなす xy 面上のベクトルとすると, $\boldsymbol{A}$ と $\boldsymbol{B}$ の外積は

$$
\boldsymbol{C} = \boldsymbol{A} \times \boldsymbol{B} = \begin{vmatrix} \boldsymbol{e}_x & \boldsymbol{e}_y & \boldsymbol{e}_z \\ A & 0 & 0 \\ B\cos\theta & B\sin\theta & 0 \end{vmatrix}
\tag{A1.10}
$$

となる. これから

$$
\boldsymbol{A} \times \boldsymbol{B} = AB\sin\theta\, \boldsymbol{e}_z
\tag{A1.11}
$$

となる．C は大きさが $AB \sin\theta$，A と B の両方に垂直な z 方向を向くベクトルとなっている．また，その大きさは $AB \sin\theta$ となることがわかる．

A.2 関数の微分

変数 x の関数 $y = f(x)$ において，x を Δx だけ変化させるとき，y の増分 $\Delta y = f(x + \Delta x) - f(x)$ と x の増分 Δx の商は

$$\frac{\Delta f}{\Delta x} = \frac{f(x + \Delta x) - f(x)}{\Delta x} \tag{A2.1}$$

となる．これは x から $x + \Delta x$ までの $f(x)$ の平均変化率といわれ，$(x, f(x))$ と $(x + \Delta x, f(x + \Delta x))$ を結ぶ直線の傾きに一致する．平均変化率は x と Δx の値によって定まるが，$\Delta x \to 0$ とした極限では，x の値だけで決まる一定の値に収束する．このとき，式 (A2.1) は

$$\frac{d}{dx} f(x) = f'(x) = \lim_{\Delta x \to 0} \frac{f(x + \Delta x) - f(x)}{\Delta x} \tag{A2.2}$$

となる．この極限値 $f'(x)$ は x における $f(x)$ の接線の傾きになっており，$f'(x)$ を $f(x)$ の微分という．微分の例を表 A.1 に示す．

表 A.1 微分の例

$f(x)$	$\dfrac{d}{dx} f(x)$	$f(x)$	$\dfrac{d}{dx} f(x)$
$x^n \quad (n \neq 0)$	nx^{n-1}	e^{ax}	ae^{ax}
$\cos x$	$-\sin x$	$\sin x$	$\cos x$
$\tan x$	$\dfrac{1}{\cos^2 x}$	$\log x$	$\dfrac{1}{x}$

A.3 関数の積分

A.3.1 定積分と原始関数

次のように，$f(x)$ の定積分を $F(x)$ とする．

$$F(x) = \int_{x_0}^{x} f(x')\, dx' \tag{A3.1}$$

このとき，x の増分 Δx に対する $F(x)$ の増分は

$$F(x + \Delta x) - F(x) = \int_{x_0}^{x+\Delta x} f(x')\, dx' - \int_{x_0}^{x} f(x')\, dx'$$

$$= \int_{x}^{x+\Delta x} f(x')\, dx' \tag{A3.2}$$

となる．積分の平均値の定理 (図 A.4) によって

$$\int_x^{x+\Delta x} f(x')\,dx' = \Delta x f(\alpha) \qquad x < \alpha < x + \Delta x \qquad \text{(A3.3)}$$

となるので

$$\frac{F(x+\Delta x) - F(x)}{\Delta x} = f(\alpha) \qquad \text{(A3.4)}$$

が得られる．$\Delta x \to 0$ のとき $\alpha \to x$ となり

$$\frac{d}{dx} F(x) = f(x) \qquad \text{(A3.5)}$$

である．一般に，式 (A3.5) の関係を満たす $F(x)$ を $f(x)$ の原始関数という．

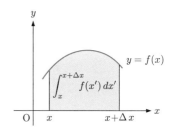

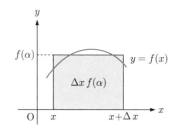

図 A.4 積分の平均値の定理

A.3.2 不定積分

関数 $f(x)$ の原始関数の一般形を

$$\int f(x)\,dx \qquad \text{(A3.6)}$$

で表し，これを $f(x)$ の不定積分という．したがって，$F(x)$ を $f(x)$ の原始関数の 1 つとしたとき，原始関数の一般形は

$$\int f(x)\,dx = F(x) + c \qquad \text{(A3.7)}$$

で表される．c は任意の定数であり，積分定数と呼ばれる．また，$f(x)$ を被積分関数，不定積分を求めることを，$f(x)$ を積分するという．定義から明らかなように，微分することと積分することは互いに逆の演算になっており，次の関係が成り立つ．

$$\frac{d}{dx} F(x) = f(x) \Rightarrow \int f(x)\,dx = F(x) + c \qquad \text{(A3.8)}$$

不定積分の例を表 A.2 に示す．

表 A.2 不定積分の例

$f(x)$	$\int f(x)dx$	$f(x)$	$\int f(x)dx$
x^n	$\dfrac{1}{n+1}x^{n+1} + c$	e^{ax}	$\dfrac{1}{a}e^{ax} + c$
$\cos x$	$\sin x + c$	$-\sin x$	$\cos x + c$
$\dfrac{1}{\sqrt{1-x^2}}$	$\sin^{-1} x + c$	$-\dfrac{1}{\sqrt{1-x^2}}$	$\cos^{-1} x + c$

A.4 マクローリン展開と関数の近似 ─────────●

関数 $f(x)$ が $x = 0$ の近傍で何回でも微分可能で滑らかな関数であるとする。すると，$f(x)$ は次のように x の級数で展開できる。

$$f(x) = a_0 + a_1 x + a_2 x^2 + a_3 x^3 + \cdots \tag{A4.1}$$

展開係数 a_0，a_1，a_2，$\cdots$ は $f(x)$ の微分を用いて表すことができる。$f(x)$ の 1，2，3，4 階微分

$$f'(x) = 1 \times a_1 + 2 \times a_2 x + 3 \times a_3 x^2 + 4 \times a_4 x^3 + \cdots \tag{A4.2}$$

$$f''(x) = 2 \times 1 \times a_2 + 3 \times 2 \times a_3 x + 4 \times 3 \times a_4 x^2 + \cdots \tag{A4.3}$$

$$f'''(x) = 3 \times 2 \times 1 \times a_3 + 4 \times 3 \times 2 \times a_4 x + \cdots \tag{A4.4}$$

$$f''''(x) = 4 \times 3 \times 2 \times 1 \times a_4 + \cdots \tag{A4.5}$$

より，a_0，a_1，a_2，a_3 を求めると，次のようになる。

$$a_0 = f(0), \quad a_1 = \frac{f'(0)}{1!}, \quad a_2 = \frac{f''(0)}{2!}, \quad a_3 = \frac{f'''(0)}{3!} \tag{A4.6}$$

したがって，$f(x)$ は

$$f(x) = f(0) + \frac{f'(0)}{1!}x + \frac{f''(0)}{2!}x^2 + \frac{f'''(0)}{3!}x^3 + \frac{f''''(0)}{4!}x^4 + \cdots \tag{A4.7}$$

となり，これをマクローリン展開という。

次に，展開例を示す。

$f(x) = e^x$

$$e^x = 1 + \frac{1}{1!}x + \frac{1}{2!}x^2 + \frac{1}{3!}x^3 + \frac{1}{4!}x^4 + \frac{1}{5!}x^5 + \cdots \tag{A4.8}$$

$f(x) = \sin x$

$$\sin x = \frac{1}{1!}x - \frac{1}{3!}x^3 + \frac{1}{5!}x^5 - \cdots \tag{A4.9}$$

$f(x) = \cos x$

$$\cos x = 1 - \frac{1}{2!}x^2 + \frac{1}{4!}x^4 - \cdots \tag{A4.10}$$

$f(x) = e^{ix}$

$$e^{ix} = 1 + \frac{1}{1!}(ix) + \frac{1}{2!}(ix)^2 + \frac{1}{3!}(ix)^3 + \frac{1}{4!}(ix)^4 + \frac{1}{5!}(ix)^5 + \cdots$$

$$= \left(1 - \frac{1}{2!}x^2 + \frac{1}{4!}x^4 - \cdots\right) + i\left(\frac{1}{1!}x - \frac{1}{3!}x^3 + \frac{1}{5!}x^5 - \cdots\right)$$

$$= \cos x + i \sin x \tag{A4.11}$$

$$f(x) = \sqrt{1+x}$$

$$\sqrt{1+x} = 1 + \frac{1}{2}x - \frac{1}{8}x^2 + \frac{1}{16}x^3 - \cdots \qquad \text{(A4.12)}$$

$|x|$ が十分小さいとき，$\sin x$，$\cos x$ は

$$\sin x \cong x, \quad \cos x \cong 1 \qquad \text{(A4.13)}$$

と近似できる．また，$\sqrt{1+x}$ は

$$\sqrt{1+x} \cong 1 + \frac{1}{2}x \qquad \text{(A4.14)}$$

と近似できる．

A.5 微分方程式の一般解

未知関数およびその導関数で書かれた方程式を微分方程式という．微分方程式に現れる最高次の導関数の次数を微分方程式の階数という．

力学で現れる微分方程式は線形2階微分方程式である．その最も簡単な例として

$$\frac{d^2x}{dt^2} = a \qquad \text{(A5.1)}$$

を考えよう．ただし，a は t に依存しない定数であるとする．c_1 を積分定数として，式 (A5.1) を1回積分すると

$$\frac{dx}{dt} = at + c_1 \qquad \text{(A5.2)}$$

となる．さらに，積分定数を c_2 として，もう1回積分すると，解 x として

$$x(t) = \frac{1}{2}at^2 + c_1 t + c_2 \qquad \text{(A5.3)}$$

が得られる．$x(t)$ は任意の定数 (積分定数) を2つ含み，微分方程式 (A5.1) の解の一般形になっているので，一般解といわれる．

一般に，2階微分方程式の一般解は任意の定数を2つ含むことが知られている．また，一般解に含まれる任意定数をある特定の値に固定したものを特殊解という．したがって，(A5.1) の一般解は，その右辺を0として得られる一般解 $c_1 t + c_2$ に，(A5.1) の特殊解 $x_0(t) = \frac{1}{2}at^2$ (一般解 (A5.3) の任意の定数を0としたもの) を加えたものになっている．

力学の振動や交流回路で現れる線形2階微分方程式として

$$\frac{d^2x}{dt^2} + 2\gamma\frac{dx}{dt} + \omega^2 x = f(t) \qquad \text{(A5.4)}$$

を考えよう. 上式で $f(t) = 0$ となった

$$\frac{d^2x}{dt^2} + 2\gamma\frac{dx}{dt} + \omega^2 x = 0 \qquad (A5.5)$$

を同次線形2階微分方程式という. また, $f(t) \neq 0$ のとき, 式 (A5.4) を非同次線形2階微分方程式という.

同次線形微分方程式では, 解の重ね合わせの原理が成り立つ. $x_1(t)$ と $x_2(t)$ が式 (A5.5) の解であるとすると

$$\frac{d^2x_1}{dt^2} + 2\gamma\frac{dx_1}{dt} + \omega^2 x_1 = 0, \quad \frac{d^2x_2}{dt^2} + 2\gamma\frac{dx_2}{dt} + \omega^2 x_2 = 0 \quad (A5.6)$$

である. 式 (A5.6) の x_1 に関する式に c_1 の重みを, x_2 に関する式に c_2 の重みを付けて重ね合わせると

$$\frac{d^2}{dt^2}(c_1 x_1 + c_2 x_2) + 2\gamma\frac{d}{dt}(c_1 x_1 + c_2 x_2) + \omega^2(c_1 x_1 + c_2 x_2) = 0$$
$$(A5.7)$$

が得られ

$$x = c_1 x_1 + c_2 x_2 \qquad (A5.8)$$

も解になっていることがわかる. また, 次の A.5.1 で述べるように, x_1 と x_2 が互いに独立であれば, 任意の定数を2つ含む x は式 (A5.5) の一般解になっている.

A.5.1 同次線形2階微分方程式の一般解

同次線形2階微分方程式 (A5.5) の一般解について考えよう. 微分方程式の3つの項 $\frac{d^2x}{dt^2}$, $2\gamma\frac{dx}{dt}$, $\omega^2 x$ はそれぞれ異なる t の関数を与えるが, すべての t の値に対して3つの項の和が常に0となるためには, $\frac{d^2x}{dt^2}$, $\frac{dx}{dt}$, $x(t)$ は相似形 (関数全体にかかる定数だけが異なる) になっている必要がある. そのような条件を満たすものとして, 指数関数形が存在する. そこで, 微分方程式の基本解として, $x(t) = e^{\lambda t}$ を仮定して, 式 (A5.4) に代入すると

$$(\lambda^2 + 2\gamma\lambda + \omega^2)e^{\lambda t} = 0 \qquad (A5.9)$$

が得られる. これから次の2次方程式が得られる.

$$\lambda^2 + 2\gamma\lambda + \omega^2 = 0 \qquad (A5.10)$$

式 (A5.4) の一般解を $\omega > \gamma$, $\omega = \gamma$, $\omega < \gamma$ の3つの場合に分けて考えよう.

(i) $\omega > \gamma$ のとき

$\Omega = \sqrt{\omega^2 - \gamma^2}$ とすると

$$\lambda_1 = -\gamma + i\Omega, \quad \lambda_2 = -\gamma - i\Omega \qquad (A5.11)$$

となるので，一般解は

$$x_1(t) = e^{\lambda_1 t}, \quad x_2(t) = e^{\lambda_2 t} \qquad (A5.12)$$

の 1 次結合

$$x(t) = c_1 x_1(t) + c_2 x_2(t) = e^{-\gamma t}(c_1 e^{i\Omega t} + c_2 e^{-i\Omega t})$$
$$= A e^{-\gamma t} \cos \Omega t + B e^{-\gamma t} \sin \Omega t \qquad (A5.13)$$

で与えられる．ただし

$$A = c_1 + c_2, \quad B = i(c_1 - c_2) \qquad (A5.14)$$

とおいた (付録 A.4 を参照)．c_1, c_2 を A, B を用いて表すと

$$c_1 = \frac{A + iB}{2}, \quad c_2 = \frac{A - iB}{2} \qquad (A5.15)$$

となる．A, B は実数でなければならないので，c_1, c_2 は互いに複素共役の関係にある．

(ii) $\omega < \gamma$ のとき

このとき，一般解は

$$x(t) = c_1 e^{\lambda_1 t} + c_2 e^{\lambda_2 t} = c_1 e^{-(\gamma - \sqrt{\gamma^2 - \omega^2})t} + c_2 e^{-(\gamma + \sqrt{\gamma^2 - \omega^2})t}$$
$$(A5.16)$$

となる．

(iii) $\omega = \gamma$ のとき

このとき，$\lambda_1 = \lambda_2 = -\gamma$ となり基本解は $x_1(t) = x_2(t) = e^{-\gamma t}$ で，1 つだけになる．もう 1 つの解を見つけるために

$$x(t) = e^{-\gamma t} f(t) \qquad (A5.17)$$

を仮定して，同次線形 2 階微分方程式 (A5.5) に代入すると

$$e^{-\gamma t} \frac{d^2 f(t)}{dt^2} = 0 \qquad (A5.18)$$

の関係が得られる．これから，$f(t)$ は

$$\frac{d^2 f(t)}{dt^2} = 0 \qquad (A5.19)$$

の関係を満たすことになり

$$f(t) = c_1 t + c_2 \qquad (A5.20)$$

が得られる．したがって，一般解は

$$x_1(t) = te^{-\gamma t}, \quad x_2(t) = e^{-\gamma t} \tag{A5.21}$$

の1次結合

$$x(t) = c_1 x_1(t) + c_2 x_2(t) = (c_1 t + c_2)e^{-\gamma t} \tag{A5.22}$$

で表されることになる.

任意の定数 c_1, c_2 に対して, $c_1 x_1(t) + c_2 x_2(t)$ を $x_1(t)$ と $x_2(t)$ の1次結合という. 定義域のすべての t に対して

$$c_1 x_1(t) + c_2 x_2(t) = 0 \tag{A5.23}$$

となるのが, $c_1 = c_2 = 0$ の場合に限られるとき, $x_1(t)$ と $x_2(t)$ は1次独立であるといわれる. 一方, $x_1(t)$ と $x_2(t)$ が1次独立でない場合は, 一方が他方の定数倍になり, 0でない c_1, c_2 が存在することになる.

$x_1(t)$, $x_2(t)$ を同次線形2階微分方程式の解として一般解について考えよう. 1次結合

$$x(t) = c_1 x_1(t) + c_2 x_2(t) \tag{A5.24}$$

が同次線形2階微分方程式の一般解になるためには, $x_1(t)$ と $x_2(t)$ が1次独立である必要がある.

まず, 両辺を t で微分する.

$$\frac{d}{dt}x(t) = c_1 \frac{d}{dt}x_1(t) + c_2 \frac{d}{dt}x_2(t) \tag{A5.25}$$

$x_1(t)$ と $x_2(t)$ が1次独立であるか否かの判定は, $x(t) = 0, \dfrac{d}{dt}x(t) = 0$ の関係を用いて行うことができる.

$$\begin{pmatrix} x_1(t) & x_2(t) \\ \dfrac{d}{dt}x_1(t) & \dfrac{d}{dt}x_2(t) \end{pmatrix} \begin{pmatrix} c_1 \\ c_2 \end{pmatrix} = \begin{pmatrix} 0 \\ 0 \end{pmatrix} \tag{A5.26}$$

もし, 行列式の値が

$$\begin{vmatrix} x_1(t) & x_2(t) \\ \dfrac{d}{dt}x_1(t) & \dfrac{d}{dt}x_2(t) \end{vmatrix} = 0 \tag{A5.27}$$

の場合には, $c_1 = c_2 = 0$ 以外の c_1, c_2 が存在して, $x_1(t)$ と $x_2(t)$ が1次独立でないことになる. 一方, 行列式が0でない場合には, 逆行列が存在して, 式 (A5.23) から $c_1 = c_2 = 0$ が得られる. したがって, $x_1(t)$ と $x_2(t)$ が互いに1次独立になる条件は

$$\begin{vmatrix} x_1(t) & x_2(t) \\ \dfrac{d}{dt}x_1(t) & \dfrac{d}{dt}x_2(t) \end{vmatrix} \neq 0 \tag{A5.28}$$

である. この行列式を $x_1(t)$ と $x_2(t)$ のロンスキーの行列式 (ロンスキャン) という.

次の同次線形 2 階線形微分方程式の一般解について考えよう.

$$\frac{d^2 x}{dt^2} + \omega^2 x = 0 \tag{A5.29}$$

上式の 2 つの独立な解の基本形は, $\sin\omega t,\ \cos\omega t$ で与えられる. したがって, 次の 2 つの関数が 1 次独立であれば, その 1 次結合が一般解となる.

$$x_1(t) = \sin\omega t, \quad x_2(t) = \cos\omega t \tag{A5.30}$$

$x_1(t)$ と $x_2(t)$ のロンスキャンは

$$\begin{vmatrix} \sin\omega t & \cos\omega t \\ \omega\cos\omega t & -\omega\sin\omega t \end{vmatrix} = -\omega \neq 0 \tag{A5.31}$$

となり, $x_1(t)$ と $x_2(t)$ が 1 次独立であることがわかる. 以上のことから, A, B を任意の実定数として, 式 (A5.29) の一般解は

$$x(t) = A\sin\omega t + B\cos\omega t \tag{A5.32}$$

で表されることがわかる. また

$$R = \sqrt{A^2 + B^2}, \quad \sin\alpha = \frac{B}{\sqrt{A^2 + B^2}}, \quad \cos\alpha = \frac{A}{\sqrt{A^2 + B^2}} \tag{A5.33}$$

とすると

$$x(t) = R\sin(\omega t + \alpha) \tag{A5.34}$$

と表すことも可能である.

A.5.2　非同次線形 2 階微分方程式の一般解

強制振動に現れる非同次線形 2 階微分方程式

$$\frac{d^2 x}{dt^2} + 2\gamma\frac{dx}{dt} + \omega^2 x = f_0\sin\Omega t \tag{A5.35}$$

の一般解を求めよう. 同次線形 2 階微分方程式

$$\frac{d^2 x}{dt^2} + 2\gamma\frac{dx}{dt} + \omega^2 x = 0 \tag{A5.36}$$

の一般解を

$$X_0(t, c_1, c_2) = c_1 x_1(t) + c_2 x_2(t) \tag{A5.37}$$

とし, 式 (A5.35) の特殊解を $F_S(t)$ とすると, 式 (A5.35) の一般解は

$$X_G(t) = X_0(t, c_1, c_2) + F_S(t) \tag{A5.38}$$

で与えられることが知られている.

特殊解は次のようにして求める. 式 (A5.35) の右辺は角振動数 Ω で振動しているので, 一般解には角振動数 ω で振動する成分と角振動数 Ω で振動する成分が存在すると考えられる. ω で振動する成分は同次線形2階微分方程式の一般解 $X_0(t, c_1, c_2)$ であるので, 角振動数 Ω で振動する成分は特殊解 $F_S(t)$ となる.

特殊解として, 右辺と同じ関数形 $F_S(t) = C \sin \Omega t$ を仮定すると, 左辺第2項から $\cos \Omega t$ が生じる. 右辺には $\cos \Omega t$ が存在しないので $C \sin \Omega t$ は解にはならない.

そこで, 特殊解を

$$F_S(t) = a \sin \Omega t + b \cos \Omega t \tag{A5.39}$$

とおく. 式 (A5.39) を式 (A5.35) に代入して整理すると

$$\begin{cases} (\omega^2 - \Omega^2)a - 2\gamma \Omega b = f_0 \\ 2\gamma \Omega a + (\omega^2 - \Omega^2)b = 0 \end{cases} \tag{A5.40}$$

を得る. これから, a, b を求めると

$$a = f_0 \frac{\omega^2 - \Omega^2}{(\omega^2 - \Omega^2)^2 + (2\gamma \Omega)^2}, \ b = -f_0 \frac{2\gamma \Omega}{(\omega^2 - \Omega^2)^2 + (2\gamma \Omega)^2} \tag{A5.41}$$

となる. したがって, 特殊解として

$$F_S(t) = f_0 \left\{ \frac{\omega^2 - \Omega^2}{(\omega^2 - \Omega^2)^2 + (2\gamma \Omega)^2} \sin \Omega t \right.$$
$$\left. - \frac{2\gamma \Omega}{(\omega^2 - \Omega^2)^2 + (2\gamma \Omega)^2} \cos \Omega t \right\} \tag{A5.42}$$

を得る. また, $F_S(t)$ は

$$\sin \alpha = \frac{2\gamma \Omega}{\sqrt{(\omega^2 - \Omega^2)^2 + (2\gamma \Omega)^2}}, \ \cos \alpha = \frac{\omega^2 - \Omega^2}{\sqrt{(\omega^2 - \Omega^2)^2 + (2\gamma \Omega)^2}} \tag{A5.43}$$

とすると

$$F_S(t) = \frac{f_0}{\sqrt{(\omega^2 - \Omega^2)^2 + (2\gamma \Omega)^2}} \sin(\Omega t - \alpha) \tag{A5.44}$$

と表すことができる.

A.6 偏微分と全微分

これまで微分を考えるとき, 関数が1つの独立変数 x に依存している場合のみを扱ってきた. しかし, 変数は1つとは決まっておら

ず，複数の独立変数をもつ関数も考えなければならない．ここでは，微分を一般化させ，複数の独立変数に対応した偏微分について考えよう．

独立変数 x, y に依存する関数 $f(x, y)$ を考える．y を一定の値に固定して，x を Δx だけ変化させる．このとき，次の極限値

$$\frac{\partial}{\partial x} f(x, y) = \lim_{\Delta x \to 0} \frac{f(x + \Delta x, y) - f(x, y)}{\Delta x} \tag{A6.1}$$

を f の x に関する偏微分という．また，x を一定の値に固定して，y を Δy だけ変化さたときの極限値

$$\frac{\partial f(x, y)}{\partial y} = \lim_{\Delta y \to 0} \frac{f(x, y + \Delta y) - f(x, y)}{\Delta y} \tag{A6.2}$$

を f の y に関する偏微分という．

$f(x, y)$ の変化について考えてみよう．座標 (x, y) が微少量変化して $(x + \Delta x, y + \Delta y)$ となったとする．このときの関数の値は

$$f(x, y) + \Delta f = f(x + \Delta x, y + \Delta y) \tag{A6.3}$$

と書けるので，変化量 Δf は

$$\Delta f = f(x + \Delta x, y + \Delta y) - f(x, y)$$

$$= f(x + \Delta x, y + \Delta y) - f(x, y + \Delta y) + f(x, y + \Delta y) - f(x, y)$$

$$= \frac{f(x + \Delta x, y + \Delta y) - f(x, y + \Delta y)}{\Delta x} \Delta x$$

$$+ \frac{f(x, y + \Delta y) - f(x, y)}{\Delta y} \Delta y \tag{A6.4}$$

となる．式 (A6.4) で，$\Delta x \to 0$，$\Delta y \to 0$ の極限をとると

$$df = \frac{\partial f(x, y)}{\partial x} dx + \frac{\partial f(x, y)}{\partial y} dy \tag{A6.5}$$

となる．df は f の全微分といわれ，x, y をそれぞれ無限小量 dx, dy だけ変化させたときの f の変化を表す．

索　引

著者紹介

町田　光男（まちだ　みつお）

1987 年九州大学大学院博士課程修了．1987 年京都大学原子炉実験所助手，1990 年金沢大学理学部助手，1992 年九州大学理学部助教授（理学研究院准教授）を経て，現在，元 崇城大学総合教育センター教授．

三浦　好典（みうら　よしのり）

1998 年九州大学大学院博士課程修了．1998 年九州大学中央分析センター助手，現在，九州大学中央分析センター助教．

理工系の基礎物理学

2019 年 3 月 20 日	第 1 版	第 1 刷	発行
2019 年 5 月 10 日	第 1 版	第 2 刷	発行
2019 年 11 月 30 日	第 2 版	第 1 刷	発行
2023 年 3 月 10 日	第 3 版	第 1 刷	印刷
2023 年 3 月 20 日	第 3 版	第 1 刷	発行

著　者　　町 田 光 男
　　　　　三 浦 好 典
発 行 者　　発 田 和 子
発 行 所　　株式会社　学術図書出版社

〒113-0033　　東京都文京区本郷 5 丁目 4 の 6
TEL 03-3811-0889　　振替　00110-4-28454
印刷　三和印刷（株）